AI+Java
编程入门

让代码跑起来

王辰飞 ◎ 编著

清华大学出版社
北京

内 容 简 介

本书旨在通过系统性的讲解和丰富的实战案例，帮助读者全面掌握 Java 编程的核心知识。本书内容从 Java 的基础语法开始，逐步深入到面向对象编程、异常处理、集合框架、输入流和输出流、多线程编程、数据库编程以及图形用户界面设计等高级主题。每一章都围绕特定的主题展开，通过详细的理论介绍和代码示例，让读者能够轻松理解和上手实践。

此外，本书还充分利用了文心快码这一智能代码助手工具，通过文心快码的实时续写代码、生成注释、对话式生成代码等功能，极大地提高了编程效率和代码质量。对于初学者或经验较少的开发者来说，文心快码无疑是一个强大的辅助工具，能够帮助他们更快地掌握 Java 编程技能。

本书可作为高等院校计算机、软件开发、人工智能等相关专业的教材和教学参考书，也可作为 Java 开发人员、IT 求职者、编程爱好者的自学用书和参考手册。

图书在版编目（CIP）数据

AI+Java 编程入门：让代码跑起来 / 王辰飞编著.

北京：清华大学出版社，2025.8. -- ISBN 978-7-302-70090-6

Ⅰ. TP312.8

中国国家版本馆 CIP 数据核字第 2025VP2900 号

责任编辑：贾小红
封面设计：刘　超
版式设计：楠竹文化
责任校对：范文芳
责任印制：刘海龙

出版发行：清华大学出版社
　　　网　　址：https://www.tup.com.cn，https://www.wqxuetang.com
　　　地　　址：北京清华大学学研大厦 A 座　　　　　邮　　编：100084
　　　社 总 机：010-83470000　　　　　　　　　　邮　　购：010-62786544
　　　投稿与读者服务：010-62776969，c-service@tup.tsinghua.edu.cn
　　　质量反馈：010-62772015，zhiliang@tup.tsinghua.edu.cn
印 装 者：三河市君旺印务有限公司
经　　销：全国新华书店
开　　本：185mm×260mm　　　印　　张：19.5　　　字　　数：428 千字
版　　次：2025 年 9 月第 1 版　　　　　　　　　印　　次：2025 年 9 月第 1 次印刷
定　　价：89.80 元

产品编号：111710-01

前 言

Preface

Java 作为一种广泛使用的编程语言,自其诞生以来,便以其独特的魅力吸引了无数编程爱好者的关注。它不仅继承了 C++语言的众多优点,还摒弃了 C++语言中一些难以理解的概念,如多重继承和指针,从而实现了功能强大与简单易用的完美结合。Java 的跨平台特性、面向对象的编程思想、强大的安全性和丰富的生态系统,使其成为企业级应用开发、大数据处理、云计算服务以及 Android 应用开发等多个领域的首选语言。

内容介绍

本书以"从基础到实战,逐层递进"为设计原则,围绕 Java 核心技术体系划分为五部分,帮助读者构建完整的知识框架,并通过实战项目实现能力跃迁。

以下是各部分的核心目标与内容概览。

第一部分:Java 基础。该部分涵盖了 Java 语言的起源、特点、主要应用领域以及环境搭建等基础内容。Java 作为一门跨平台的面向对象编程语言,以其安全性、简单性和强大的功能而闻名。通过了解 Java 的历史、特性和应用,读者可以建立对 Java 语言的全面认识。此外,该部分还详细介绍了 Java 开发环境的搭建过程,包括 JDK 的安装、环境变量的配置以及 IDEA 集成开发环境的使用,为后续的 Java 编程学习打下坚实的基础。

第二部分:面向对象编程。该部分深入讲解了 Java 中的类、对象、继承、多态、抽象类与接口等核心概念。面向对象编程是一种将现实世界中的实体抽象为程序中的对象的编程范式,通过类来定义对象的属性和行为,并通过继承、多态等机制实现代码的复用和扩展。该部分通过丰富的示例和详细的解释,帮助读者理解面向对象编程的原理和应用,掌握如何在 Java 中创建类、对象,以及如何利用继承、多态等特性构建灵活且可维护的软件系统。

第三部分:Java 进阶知识。该部分涵盖了异常处理、常用类与枚举、集合框架与泛型等高级主题。异常处理是 Java 中处理运行时错误的重要机制,通过合理的异常处理可以提升程序的健壮性和用户体验。常用类与枚举则介绍了 Java 标准库中的一些核心类以及枚举类型的使用,这些类和方法在日常开发中极为常见。集合框架与泛型则提供了丰富的接口和类来管理和操作数据集合,同时泛型的使用进一步增强了代码的复用性和类型安全性。该部分内容对于提升 Java 编程能力和编写高质量代码至关重要。

第四部分:Java 高级应用。该部分聚焦于 Java 在数据库编程、Swing 图形用户界面开发以及 Java 绘图与图像处理等领域的应用。数据库编程介绍了如何通过 JDBC 技术连接和操作数据库,实现数据的持久化存储和检索。Swing 图形用户界面开发则讲解了使用 Swing 库创建图形用户界面,包括窗体、布局管理器、常用组件以及事件监听器的使用。Java 绘图与图像处理则介绍了 Java 中的绘图类和图像处理技术,帮助读者掌握如何在 Java 程序中进行图形绘制和图像处理。通过对这些高级应用主题的学习,读者能够开发出功能更加丰富和复杂的 Java 应用程序。

第五部分:Java 实战与项目开发。该部分通过一个完整的 Java 推箱子游戏项目示例,展示了如何将前面所学的 Java 基础知识和高级应用技术应用于实际的项目开发中。该项目从需求分析、系统设计到资源准备、主窗口类设计、游戏面板类设计,以及读取地图类设计等各个环节进行了详细的讲解，使读者能够了解一个完整 Java 项目的开发流程。通过动手实践这个项目，读者可以巩固所学知识，提升项目开发能力，为将来从事 Java 开发工作打下坚实的基础。

本书特点

图文并茂，易于理解：书中配有丰富的插图和代码示例，帮助读者更好地理解和掌握所学知识。

注重细节，讲解透彻：对于每个知识点和代码示例，本书都进行了详细的讲解和分析，确保读者能够深入理解其背后的原理和实现方式。

实战导向，学以致用：通过设计多个实战项目，本书引导读者将所学知识应用于实际开发中，从而帮助读者提升编程能力和解决实际问题的能力。

紧跟技术前沿，融入 AI 元素：本书在介绍 Java 编程的同时，还融入了 AI 辅助编程的相关内容，帮助读者熟练应用 AI 辅助编程。

读者服务

本书提供了大量的辅助学习资源，同时还提供了专业的知识拓展与答疑服务，旨在帮助读者提高学习效率并解决学习过程中遇到的各种疑难问题。

➤ 开发环境搭建视频

本书提供了开发环境搭建讲解视频，可以引导读者快速准确地搭建本书项目的开发环境。扫描右侧二维码即可观看学习。

环境搭建

➤ 项目源码

本书系统全面地讲解了每个项目的设计及实现过程。为了方便读者学习，本书提供了完整的项目源码（包含项目中用到的所有素材，如图片、数据表等）。

➤ AI 辅助开发手册

在人工智能浪潮的席卷之下，AI 大模型工具呈现百花齐放之态，辅助编程开发的代码助手类工具不断涌现，可为开发人员提供技术点问答、代码查错、辅助开发等非常实用的服务，极大地提高了编程学习和开发效率。为了帮助读者快速熟悉使用辅助开发工具，本书精心配备了文心快码开发手册。

➤ 学习答疑

在学习过程中，读者难免会遇到各种疑难问题。本书配有完善的新媒体学习矩阵，包括微信公众号、学习交流群等，可为读者提供专业的知识拓展与答疑服务。扫描右侧二维码，根据提示操作，即可享受答疑服务。

学习答疑

致读者

感谢您选择本书，由衷地希望它能成为您 Java 学习道路上的得力助手，助您在人工智能浪潮中乘风破浪、勇往直前。在编写本书的过程中，我们本着科学、严谨的态度，力求精益求精，但由于水平有限，书中难免有疏漏之处，欢迎广大读者在学习的过程中提出疑问和建议，我们将竭诚为您服务。

编者

目 录

Contents

第 1 章　初识 Java 与环境搭建

　　Java 这一名称源自印度尼西亚盛产咖啡的一个岛屿，寓意着该语言能够为程序员带来如咖啡般的浓郁与醇厚，它不仅能够编写出功能强大的应用程序，还能为开发者带来优雅而简洁的编程体验。

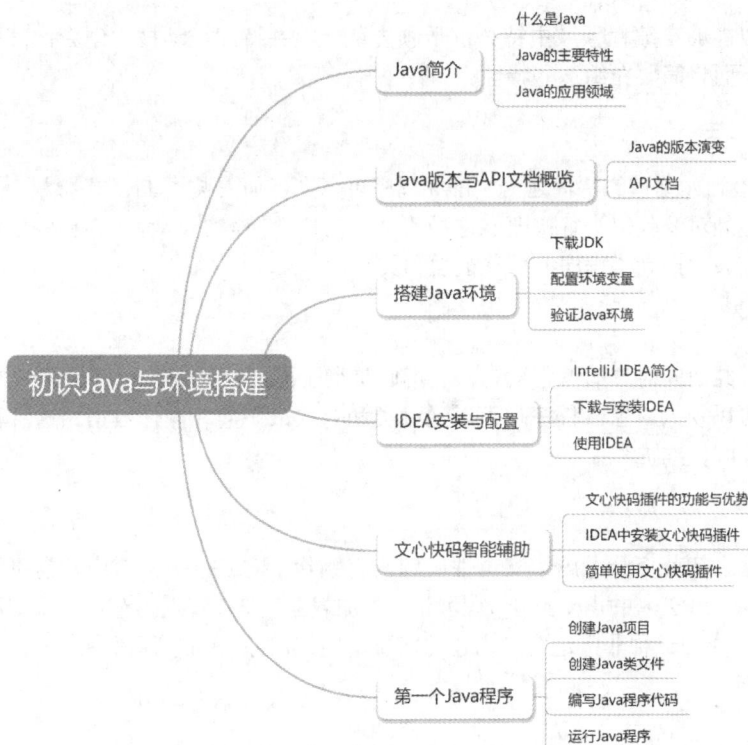

```
初识Java与环境搭建
├─ Java简介
│    ├─ 什么是Java
│    ├─ Java的主要特性
│    └─ Java的应用领域
├─ Java版本与API文档概览
│    ├─ Java的版本演变
│    └─ API文档
├─ 搭建Java环境
│    ├─ 下载JDK
│    ├─ 配置环境变量
│    └─ 验证Java环境
├─ IDEA安装与配置
│    ├─ IntelliJ IDEA简介
│    ├─ 下载与安装IDEA
│    └─ 使用IDEA
├─ 文心快码智能辅助
│    ├─ 文心快码插件的功能与优势
│    ├─ IDEA中安装文心快码插件
│    └─ 简单使用文心快码插件
└─ 第一个Java程序
     ├─ 创建Java项目
     ├─ 创建Java类文件
     ├─ 编写Java程序代码
     └─ 运行Java程序
```

1.1　Java 简介

　　Java 是一种面向对象的高级程序设计语言，其编写的程序具备跨平台能力。这得益于 Java 所秉持的"一次编写，到处运行"的核心理念。基于这一理念，Java 程序能够跨越不同的计算机平台和操作系统，并在任何兼容 Java 的硬件设备上实现无缝运行与高效部署。

1.1.1　什么是 Java

　　Java 自诞生之日起，便以其独特的魅力吸引了无数编程爱好者的目光。它是一门静态的、面向对象的编程语言，由 Sun Microsystems 公司（后被 Oracle 公司收购）的 James Gosling 等人在 1991 年设计并推出。Java 是一种通过解释方式来执行的语言，Java 不仅继承了 C++语言的众多优点，还摒弃了 C++语言中难以理解的多重继承、指针等概念，从而实现了功能强大与简单易用的完美结合。

此外，Java 还以其强大的安全性、良好的内存管理（通过垃圾回收机制）、广泛的社区支持和丰富的第三方库而闻名。这些特性共同构建了一个强大而灵活的生态系统，使得 Java 成为企业级应用开发、大数据处理、云计算服务以及 Android 应用开发等多个领域的首选语言。

1.1.2　Java 的主要特性

Java 之所以能够在编程领域中持久位于领先地位，并持续推动技术创新，离不开其独特且强大的特性。下面将简要介绍这些特性。

1. 平台独立性

这是 Java 最为人称道的特性之一。Java 程序可以在任何安装了 Java 虚拟机（JVM）的计算机上运行，而无须对源代码进行修改。这种跨平台的特性使得 Java 程序能够轻松地在不同操作系统之间迁移，大大提高了程序的可移植性和灵活性。

2. 面向对象

Java 是一种纯面向对象的编程语言，它彻底贯彻了面向对象的编程思想。在 Java 中，所有的数据类型都可以视为对象，程序员可以通过类和对象来访问和操作数据。这种特性使得 Java 程序更加易于理解、维护和扩展。

3. 安全性

Java 在设计之初就充分考虑了安全性问题。它删除了 C/C++等语言中容易引发安全漏洞的指针和内存释放等语法，并引入了字节码验证、类加载器、安全管理器等机制确保程序的安全运行。这使得 Java 成为一种非常适合于构建防病毒、防篡改系统的编程语言。

4. 多线程

Java 提供了内置的多线程支持，使得程序员可以方便地创建和管理多线程应用程序。多线程机制使得应用程序在同一时间内并行执行多项任务，从而提高了程序的并发性能和响应速度。

5. 高性能

虽然 Java 是一种高级编程语言，但其编译后的字节码可以在 JVM 中高效地运行。此外，JVM 还提供了即时编译（JIT）等优化技术，使得 Java 程序在运行时能够获得接近本地代码的执行速度。

6. 简单性

Java 语言相对简洁，省略了 C++等语言中一些复杂和容易出错的特性，如指针、多重继承等。这使得 Java 语言更加易于学习和使用，降低了编程的门槛。

7. 健壮性

Java 语言具有强大的异常处理机制和垃圾回收机制，这些机制能够有效地处理程序中的错误和异常情况，防止程序崩溃。同时，Java 还提供了丰富的类库和 API，使得开发者能够更加方便地构建健壮的应用程序。

8. 动态性

Java 支持动态绑定和反射机制，这使得程序能够在运行时动态地加载和调用类和方法。这种动态性为 Java 程序提供了更大的灵活性和可扩展性。

9. 分布式

Java 语言支持网络编程，提供了丰富的网络应用编程接口（如 java.net 包），这使得开发者能够方便地开发分布式应用程序。Java 的 RMI（远程方法调用）机制也是开发分布式应用的重要手段。

1.1.3　Java 的应用领域

Java 凭借其强大的特性和广泛的应用领域，已经成为世界上最流行的编程语言之一。掌握 Java 可以为程序员提供广泛的职业发展机会，同时 Java 也应用于许多领域。以下是 Java 在不同领域中的典型应用。

1. 企业级应用开发

Java 在企业级应用开发领域具有举足轻重的地位。Java EE 提供了丰富的企业级服务，如事务管理、安全性、持久化等，使得 Java 成为构建企业级应用的首选语言。目前，许多大型企业的核心业务系统都是基于 Java 开发的。

2. 移动应用开发

虽然 Android 官方推荐使用 Kotlin 作为首选编程语言，但 Java 仍然是 Android 应用开发中的重要语言之一。Java 提供了丰富的图形和音频处理库，支持移动应用开发所需的各种功能。此外，许多第三方移动应用开发框架也支持 Java 语言。

3. 网站开发

Java 可用于开发各种类型的 Web 应用程序，包括企业级 Web 应用、电子商务平台和社交网络平台。JSP（JavaServer Pages）和 Servlet 等技术可以用于创建动态网页内容。Spring 等 Java 框架提供了强大的后端开发支持，简化了 Web 应用的开发过程。

4. 游戏开发

Java 在游戏开发领域也有着广泛的应用。基于 Java 的《我的世界》（Minecraft）等游戏证明了 Java 在游戏开发中的潜力。Java 提供了强大的图形渲染和音频处理能力，以及灵活的事件处理机制，使得游戏开发者能够轻松地创建出富有创意和趣味性的游戏作品。

5. 大数据处理工具开发

随着大数据技术的兴起，Java 在大数据处理领域也发挥着越来越重要的作用。Hadoop 等大数据处理框架都是基于 Java 开发的。Java 提供了丰富的数据处理和分析能力，支持大规模数据的存储、处理和分析，这使其成为构建大数据应用的重要工具之一。

1.2 Java 版本与 API 文档概览

作为一名 Java 开发者，了解 Java 语言的各版本演变及其背后的核心更新内容，是提升技能与保持竞争力的关键。

1.2.1 Java 的版本演变

自 1995 年 Java 1.0 横空出世以来，Java 平台经历了多次重大更新，每一次都带来了性能的提升、新特性的引入以及旧问题的修复。在 Java 1.2 版本中，Sun 公司将 Java 拆分为三个方向：J2SE（标准版）、J2EE（企业版）和 J2ME（微型版），分别针对不同的应用领域。

以 J2SE 为例，各版本的特点如下：

- **Java 1.0 至 1.4**：这是 Java 的初创期，从最初的 1.0 版本到较为成熟的 1.4 版本，Java 逐渐确立了其在企业级应用开发中的地位。期间，Java 引入了诸如 AWT、Swing 等图形用户界面库，以及用于数据库连接的 JDBC。

- **Java 5**：这是一个里程碑式的版本，引入了泛型、增强的 for 循环、自动装箱/拆箱、枚举、静态导入等新特性，极大地提高了代码的安全性和可读性。同时，Java 5 还推出了注解（annotations），为代码元数据的处理提供了新途径。

- **Java 6**：在 Java 5 的基础上，Java 6 进一步增强了性能和稳定性，同时加入了脚本引擎 API、JDBC 4.0 等，使得 Java 平台更加灵活和强大。

- **Java 7**：这个版本带来了多项重大改进，如 try-with-resources 语句、钻石操作符（用于简化泛型实例化）、多异常捕获等，同时改进了对并发编程的支持，引入了 Fork/Join 框架。

- **Java 8**：Java 8 无疑是 Java 历史上最重要的版本之一，它引入了 Lambda 表达式和函数式接口，彻底改变了 Java 的编程范式，使其更加接近现代编程语言。此外，Java 8 还引入了 stream API，极大简化了集合处理逻辑。

- **Java 9**：从 Java 9 开始，Java 平台采用了模块化的设计（Jigsaw 项目），使得 Java 平台更加轻量级且易于维护。从这个版本开始，JDK 固定为每半年一个版本，更新内容相应缩减。

- **Java 10**：增加了局部变量类型推断（var 关键字）、新的垃圾收集器等。

- **Java 11**：这是一个长期支持（LTS）版本，提供了新的 HTTP 客户端 API、改进的垃圾收集等。

- **Java 12**：扩展了 switch 语句的功能，使其可以用作表达式，简化了日常代码。新增了一个低暂停时间的垃圾回收器 shenandoah。

- **Java 13**：增强了字符串文字的处理能力，允许多行字符串文字并保留格式。

- **Java 14**：添加了 "record class" 记录类，用于不可变数据类，简化了不可变类的创建过程。

- **Java 15**：添加了隐藏类（incubator module），引入了一种新的 JVM 和语言特性，旨在探索孵化模块系统。

- **Java 16**：提供了实例主方法（instance main methods），该方法允许在接口中定义 main() 方法，使得可以通过实现该接口的类的实例直接运行 Java 程序。

- **Java 17**：增强的空指针异常，提高了 NullPointerException 的可读性，可以打印出在抛出异常位置所调用的方法的名称和空变量的名称。添加了密封类（sealed classes），限制其他类能够扩展或实现的类，提供了更严格的继承规则。

- **Java 18**：简单 Web 服务器的 API，简化了开发小型 Web 应用程序的过程。引入 vector API（孵化器），在 Java 16 中首次引入后，继续在 Java 18 中作为孵化器模块发展。

- **Java 19**：提供了结构化并发（structured concurrency），结构化并发旨在通过结构化并发库来简化多线程编程，提高可靠性和可观察性。此外还新增了虚拟线程、外部函数和内存 API 以及 Linux/RISC-V 端口等操作。

- **Java 20**：新增作用域值（scoped values），允许在线程内和线程间共享不可变的数据。再次孵化了结构化并发和向量 API。

- **Java 21**：引入了字符串模板，类似于其他语言中的字符串插值。对 ZGC 进行了优化，减少了内存占用和暂停时间。

- **Java 22**：Java 22 是一个非长期支持版本，且与 Java 23 的新特性有所重叠。

- **Java 23**：新增 Markdown 文档注释，允许在 JavaDoc 中使用 Markdown 语法编写注释。新增模块导入声明（preview），简化了模块之间的依赖关系声明。添加了隐式声明的类和实例主方法（third preview），进一步简化了类的声明方式。

说明

　　JDK 与 JRE 的区别：对于 Java 开发者而言，JDK 与 JRE 是两个不可或缺的概念。尽管它们都与 Java 运行相关，但各自的角色和用途截然不同。

　　JRE：Java Runtime Environment，即 Java 运行环境，是运行 Java 程序所必需的最小集合。它包含了 Java 虚拟机（JVM）、核心类库以及支持 Java 程序运行的其他文件。简单来说，JRE 是运行 Java 应用程序的"引擎"。

　　JDK：Java Development Kit，即 Java 开发工具包，是 Java 开发者用于创建、编译、测试和调试 Java 应用程序的完整工具集。除了包含 JRE 的所有组件，JDK 还提供了编译器（javac）、调试器（jdb）、文档生成器（javadoc）以及其他实用工具。简而言之，JDK 是开发 Java 应用程序的"工具箱"。

　　以上介绍的是 Oracle 公司推出的 JDK，不同版本的 JDK 之间可能存在不兼容的问题。当开发者编写程序时，需要提前了解 JDK 的版本，按照各版本的要求编写 Java 代码。

1.2.2　API 文档

　　API（application programming interface，应用程序编程接口）文档是 Java 开发者不可或缺的资源。它是 Java 类库和框架的详细说明，为开发者提供了使用这些类库和框架的方法、参数、返回值等详细信息。读者可以在官方网站找到 Java SE23 的 API 文档，如图 1.1 所示。

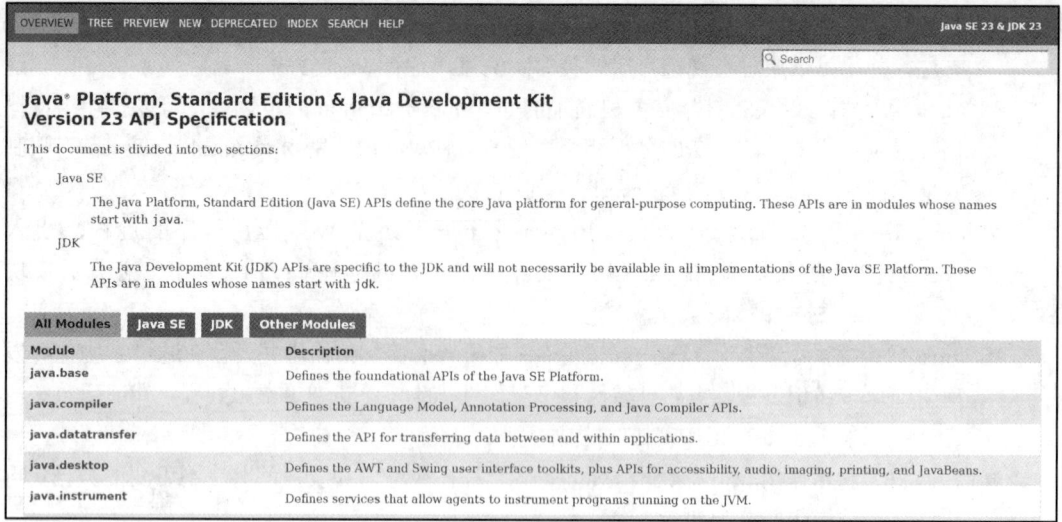

图 1.1　Java API 文档页面

1.3　搭建 Java 环境

在正式踏入 Java 编程世界之前，搭建一个稳定且功能完备的 Java 开发环境是至关重要的。这不仅包括安装 Java 开发工具包（JDK），还涉及环境变量的配置，以确保你的系统能够正确识别并运行 Java 程序。下面将详细指导你完成这一过程。

1.3.1　下载 JDK

访问 Oracle 官方网站或 OpenJDK 等开源项目网站，根据你的操作系统（Windows、macOS、Linux 等）选择合适的 JDK 版本下载。推荐使用最新稳定版或长期支持版（LTS）。

下面介绍下载 JDK 的方法，具体步骤如下。

（1）打开浏览器，访问网址 https://www.oracle.com/cn/java/，进入 Java 介绍页，如图 1.2 所示。下拉浏览器右侧滚动条，找到"立即下载 Java"按钮并单击。

（2）进入 JDK 下载页面以后，根据自己的系统选择下载相对应的安装文件。由于笔者使用的是 Windows 11 操作系统，因此选择 Windows 选项卡中的 x64 Compressed Archive 对应的下载链接，如图 1.3 所示。

1.3.2　配置环境变量

在 Windows 系统下配置 JDK 环境并不需要安装 JDK，只需要将前面下载好的压缩包解压到硬盘中，再配置好环境变量即可。

1. 解压缩

下载完 JDK23 的 ZIP 压缩包后，将压缩包解压到计算机的硬盘中，例如把 JDK23 的 ZIP 压缩包解压到 D:\JDK 目录下，如图 1.4 所示。

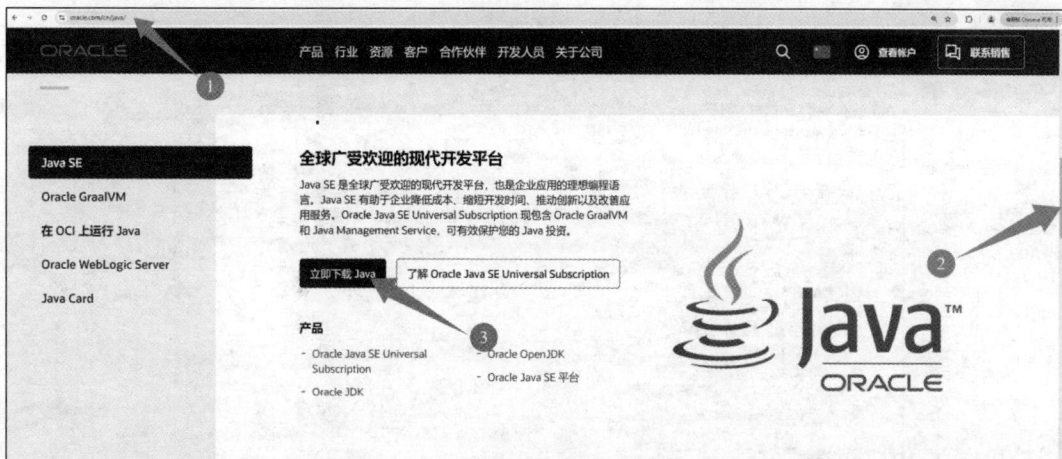

图 1.2 Java 介绍页

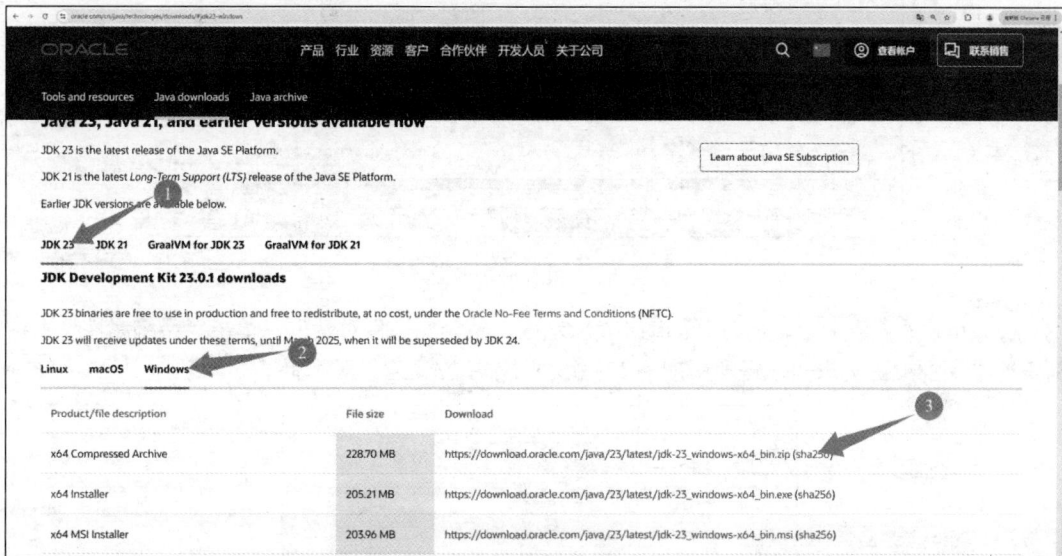

图 1.3 JDK 下载列表

图 1.4 解压 JDK23 的压缩包

2. 配置环境变量

（1）在桌面的搜索栏中搜索"查看高级系统设置"，单击搜索到的"查看高级系统设置"选项卡，接着单击右侧的"打开"，如图 1.5 所示。

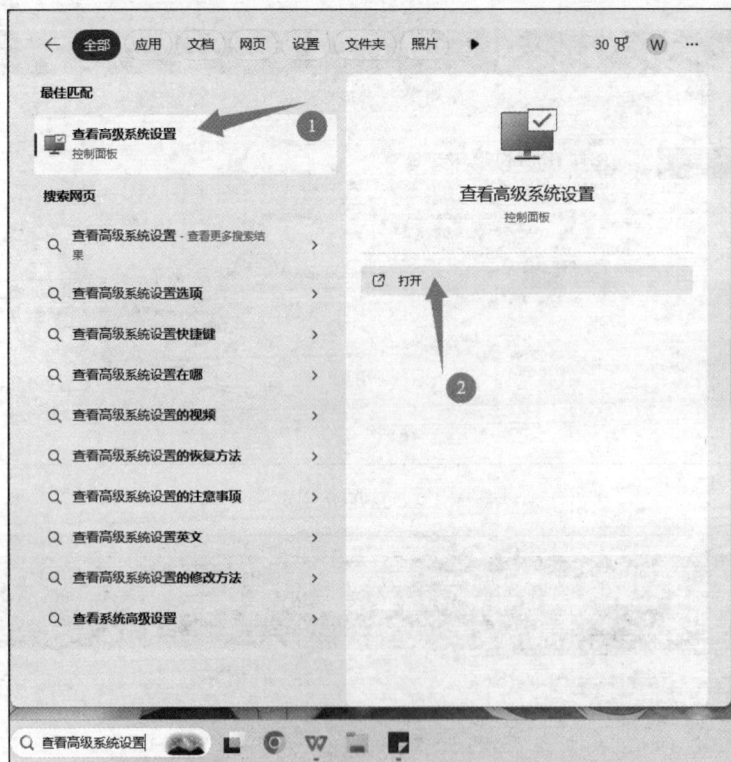

图 1.5　系统搜索界面

（2）单击"打开"后，将打开如图 1.6 所示的"系统属性"对话框。单击"系统属性"对话框中的"环境变量"按钮，将弹出如图 1.7 所示的"环境变量"对话框。

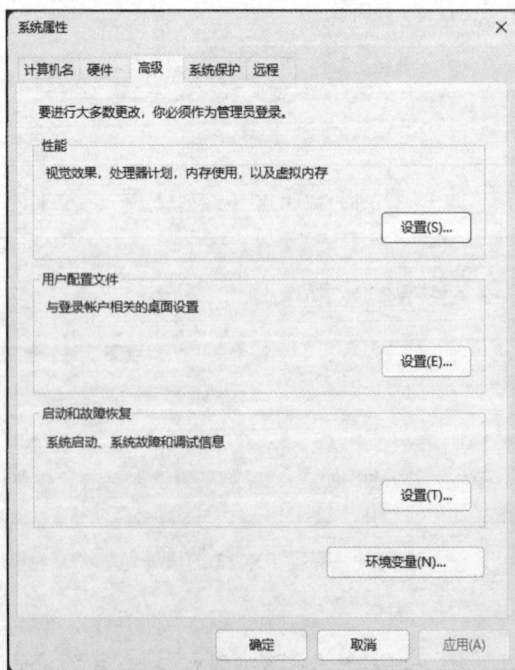

图 1.6　"系统属性"对话框

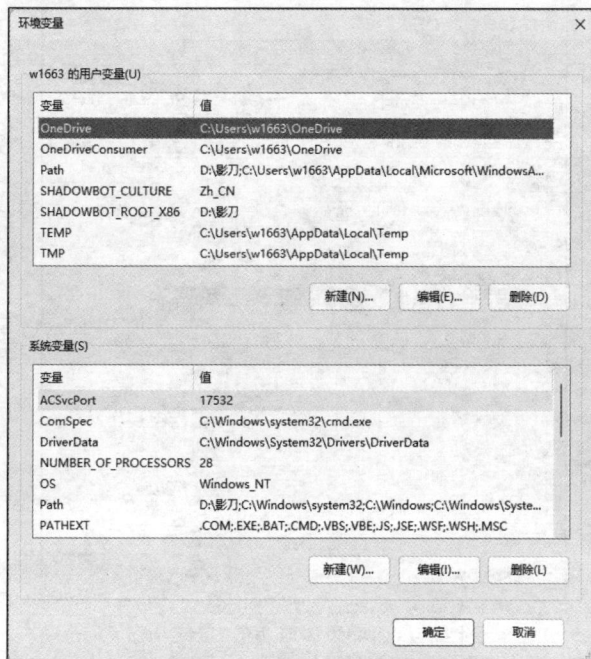

图 1.7　"环境变量"对话框

（3）在"环境变量"对话框中选中"系统变量"栏中的"Path"变量，再单击下方的"编辑"按钮，如图 1.8 所示。然后在弹出的"编辑环境变量"对话框中，先单击右侧的"新建"按钮，列表会出现一个空环境变量，再将 JDK23 的 bin 文件夹路径填入这个空环境变量中，如图 1.9 所示，最后单击下方的"确定"按钮。

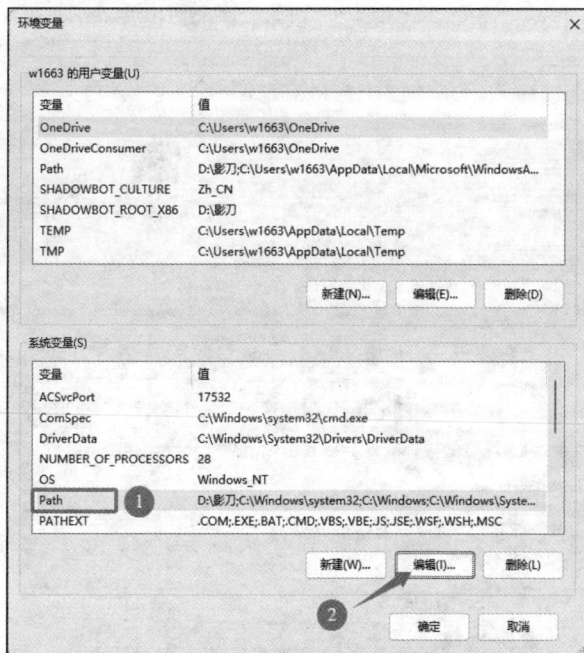

图 1.8　在"环境变量"对话框中单击"编辑"按钮

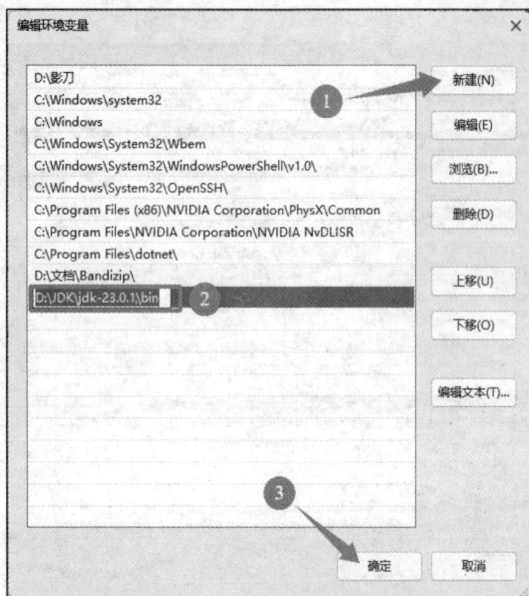

图 1.9 "编辑环境变量"对话框

（4）逐个单击对话框中的"确定"按钮，依次退出上述对话框后，即可完成在 Windows 11 下配置 JDK 环境变量的相关操作。

1.3.3 验证 Java 环境

JDK 配置完成后，需要确认其是否配置准确。在 Windows 11 下测试 JDK 环境时，需要先在桌面下方的搜索框中输入 cmd，选中"命令提示符"，单击右侧的"以管理员身份运行"，如图 1.10 所示。

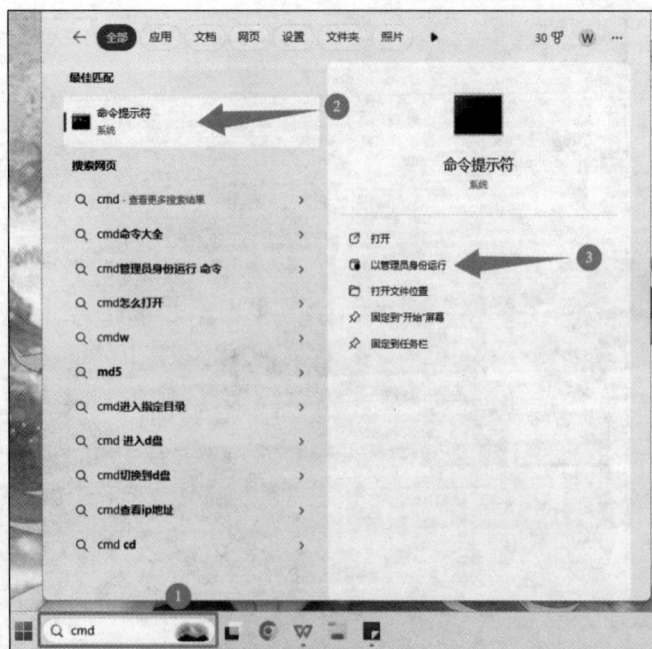

图 1.10 在系统搜索界面中启动命令提示符对话框

在已经启动的命令提示符对话框中输入 javac，按下 Enter 键，将输出 JDK 编译器的信息，如图 1.11 所示，这说明 JDK 环境搭建成功。如果显示"XXX 不是内部或外部命令"，则说明 JDK 环境搭建失败，请检查前面的步骤是否正确。

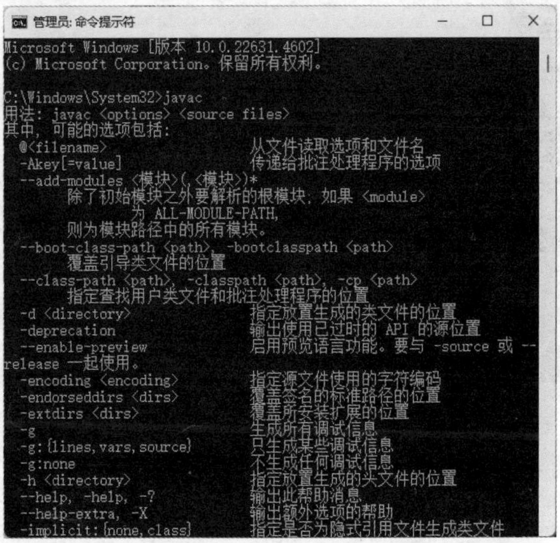

图 1.11　JDK 编译器信息

1.4　IDEA 安装与配置

成功安装 Java 环境之后，还需要安装一个集成开发工具（IDE）编写 Java 程序，这样可以避免编码错误，方便管理项目结构，而且使用 IDE 的代码辅助功能可以快速地输入程序代码。本节将介绍 IntelliJ IDEA 开发工具，包括它的安装、配置、启动、菜单栏和工具栏等。

1.4.1　IntelliJ IDEA 简介

IntelliJ IDEA，由 JetBrains 公司开发，是一款广泛使用的 IDE。它不仅提供了丰富的编码辅助功能，如智能代码补全、语法高亮、即时错误检测等，还集成了版本控制、测试和调试等多种开发工具，极大地提升了开发效率和代码质量。

IntelliJ IDEA 以其出色的性能、灵活的配置选项以及对多种编程语言的广泛支持，赢得了全球开发者的青睐。无论是 Java、Kotlin、Scala 等 JVM 语言，还是 Python、JavaScript 等现代编程语言，IntelliJ IDEA 都能提供流畅的开发体验。此外，其强大的插件生态系统让开发者可以根据自身需求定制 IDE，实现个性化开发。

1.4.2　下载与安装 IDEA

1. 下载 IDEA

（1）打开浏览器，在地址栏中输入 http://www.jetbrains.com/，按下 Enter 键以访问 IDEA 官网首页，进入官网后单击导航栏中的"Developer Tools"，再单击"Find your tool"按钮，如图 1.12 所示。

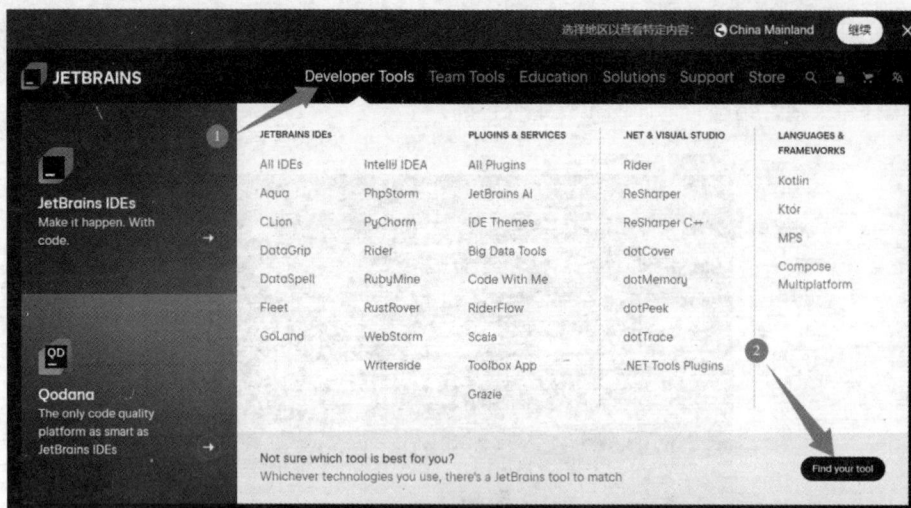

图 1.12　IDEA 官网

（2）进入 Find the right tool 界面后，找到 IntelliJ IDEA 并单击"Download"按钮，如图 1.13 所示。

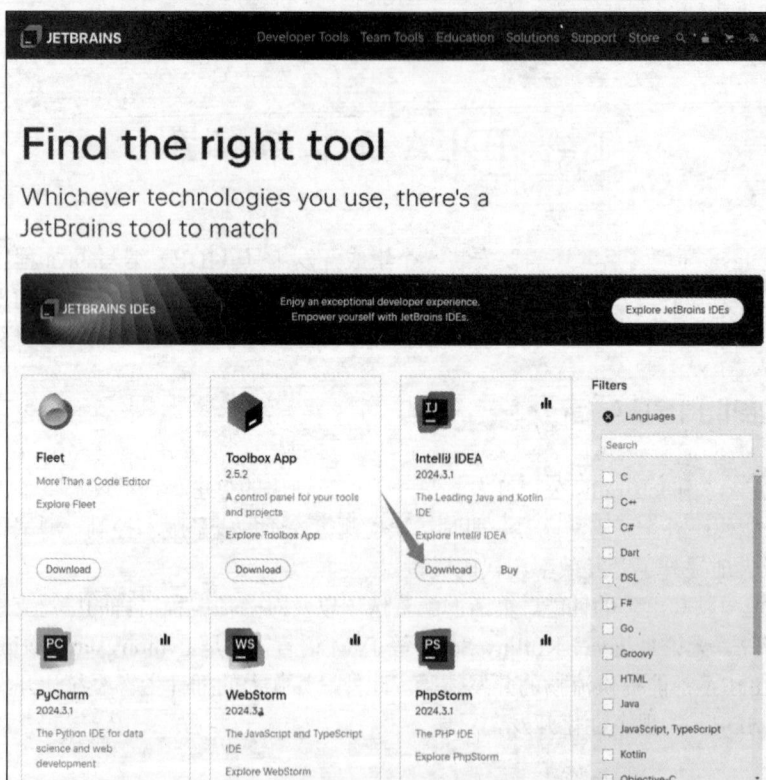

图 1.13　Find the right tool 界面

（3）进入 IDEA 下载页面后，先根据读者的计算机系统选择操作系统，再选择下载的版本（Ultimate 是旗舰版，需要付费使用；Community 是社区版，可免费使用），这里以 Windows 和 Community 为例，如图 1.14 所示。

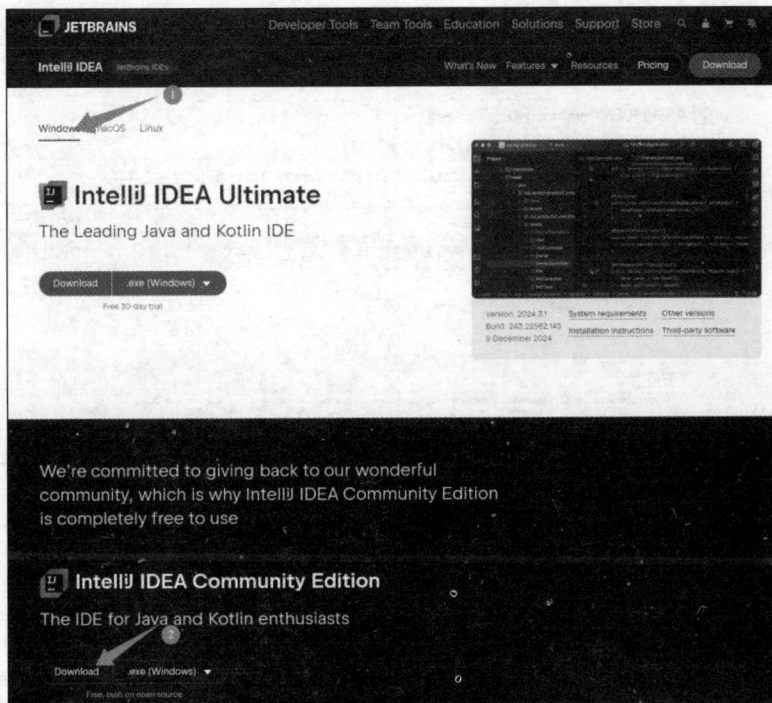

图 1.14　IDEA 下载界面

2. 安装 IDEA

（1）双击下载好的.exe 文件，如图 1.15 所示。如果弹出"你要允许此应用对你的设备进行更改吗"对话框，单击"是"按钮。

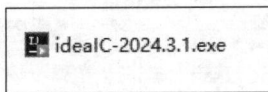

图 1.15　下载好的.exe 文件

（2）在弹出如图 1.16 所示的对话框后，单击"下一步"按钮。

图 1.16　"欢迎使用"对话框

（3）在弹出的"选择安装位置"对话框后，单击"浏览"按钮选择 IDEA 的安装路径，再单击"下一步"按钮，如图 1.17 所示。

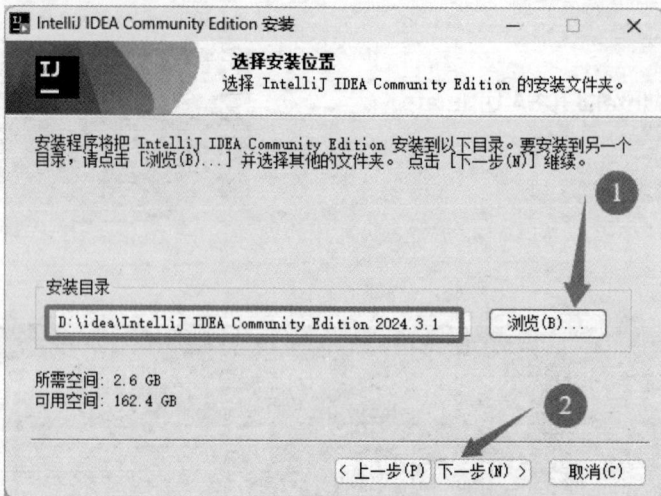

图 1.17　"选择安装位置"对话框

（4）在弹出的"安装选项"对话框中，选中"创建桌面快捷方式"复选框，再单击"下一步"按钮，如图 1.18 所示。

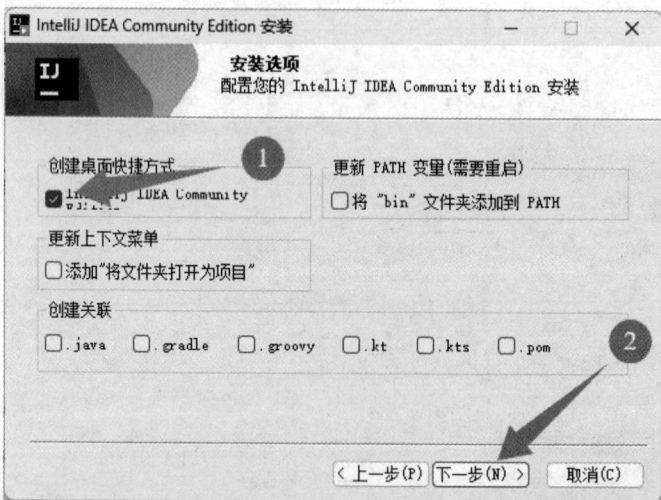

图 1.18　创建桌面快捷方式

（5）在弹出的"选择'开始'菜单文件夹"对话框后，单击"安装"按钮，如图 1.19 所示。

（6）等待安装完成后，单击"完成"按钮，如图 1.20 所示。随后桌面上就会出现 IntelliJ IDEA 的图标，如图 1.21 所示。

1.4.3　使用 IDEA

在 1.4.2 节中，我们已经完成了 IDEA 的下载与安装，下面将介绍如何使用 IDEA 创建和导入项目。

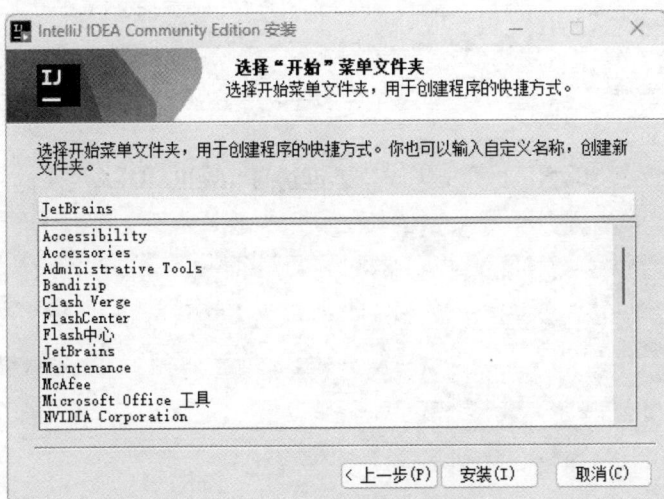

图 1.19　"选择'开始'菜单文件夹"对话框

图 1.20　安装结束对话框

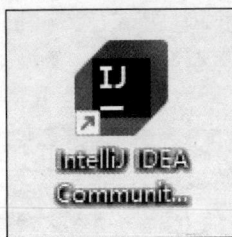

图 1.21　IntelliJ IDEA 图标

1. 新建 Java 项目

（1）双击打开 IDEA 后，弹出"欢迎访问 IntelliJ IDEA"对话框。在对话框中单击"项目"，再单击"新建项目"按钮，如图 1.22 所示。

（2）在弹出的对话框中，设置好项目"名称"和项目"位置"。如图 1.23 所示，项目名称为 Demo，项目位置为 D:\JavaDemo。设置完成后单击"创建"按钮。

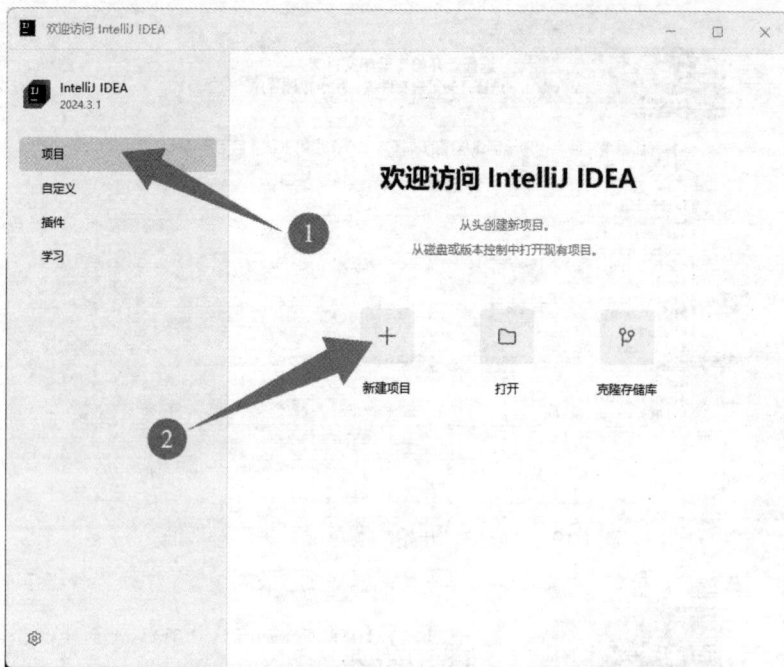

图 1.22 "欢迎访问 IntelliJ IDEA"对话框

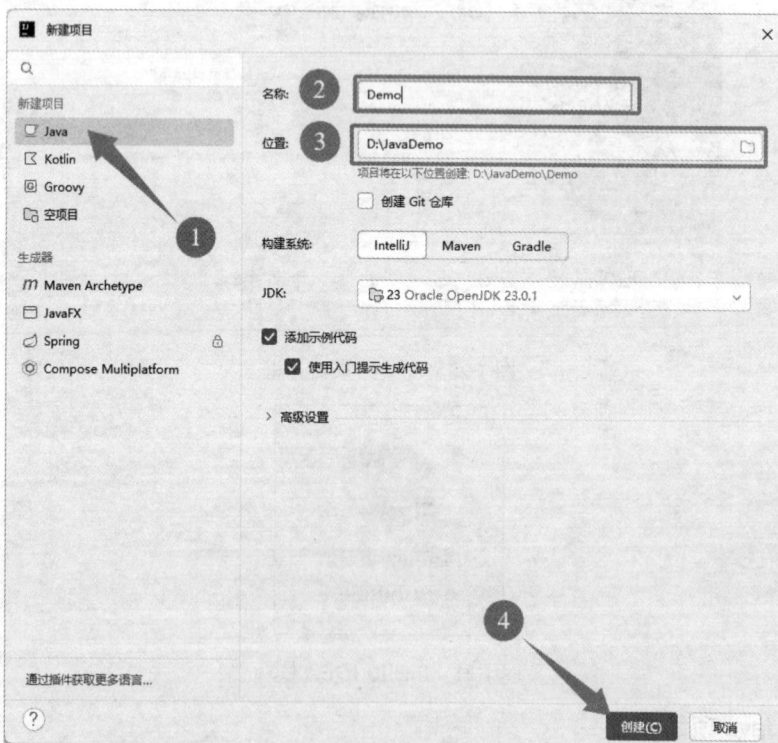

图 1.23 新建项目对话框

（3）在项目创建后弹出的对话框中右击。在弹出的菜单中选择"运行'Main.main()'"命令，运行 Main.java 文件，运行结果在下方控制台打印，如图 1.24 所示。

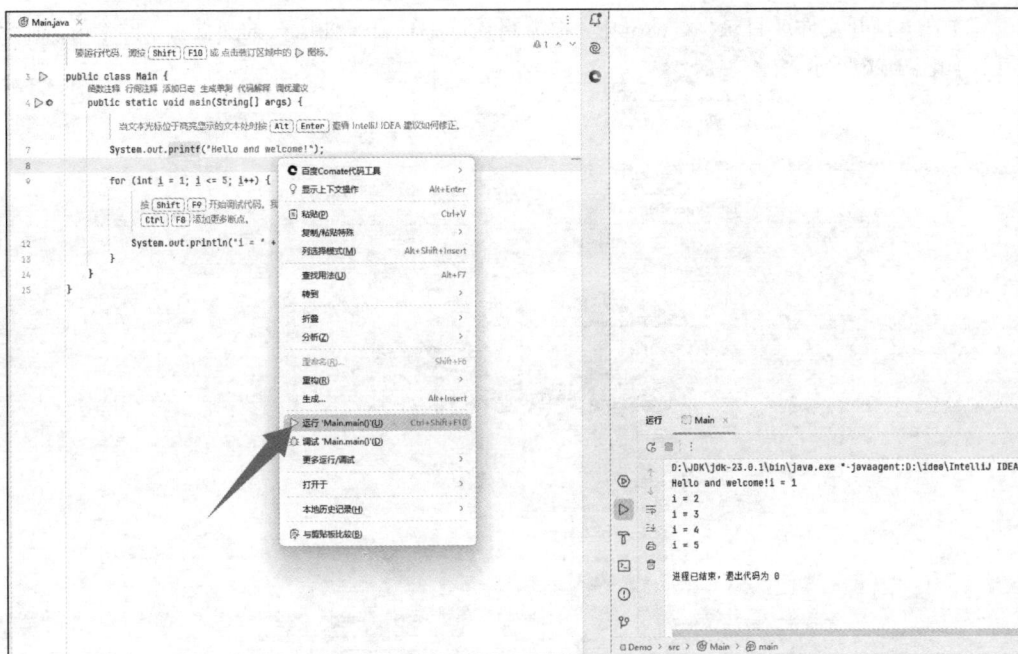

图 1.24　运行 Main.java 文件

2. 导入 Java 项目

（1）单击菜单栏中的"文件"，再单击弹出菜单中的"打开"命令，如图 1.25 所示。

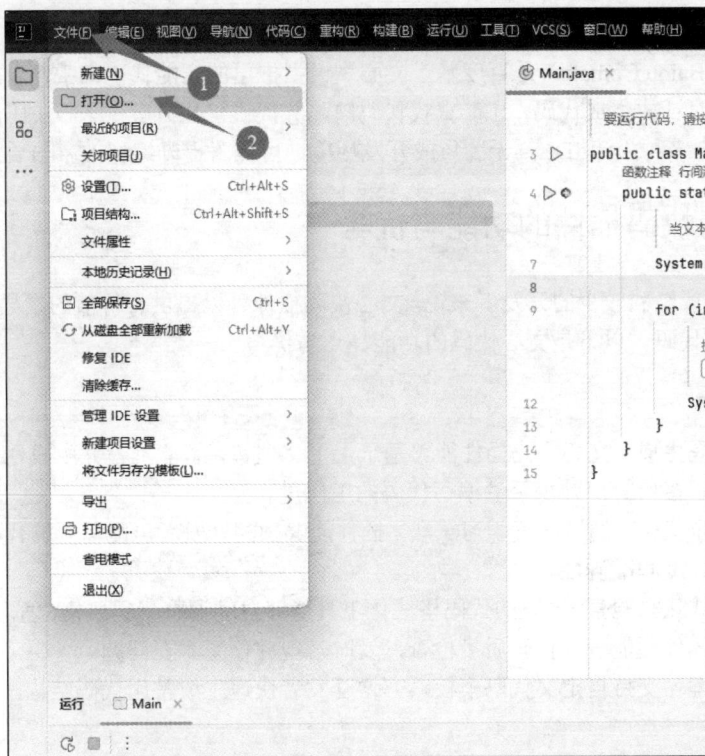

图 1.25　单击"打开"命令

（2）在"打开文件或目录"对话框中，根据路径选中项目文件所在的文件夹，再单击"确定"按钮，如图 1.26 所示。

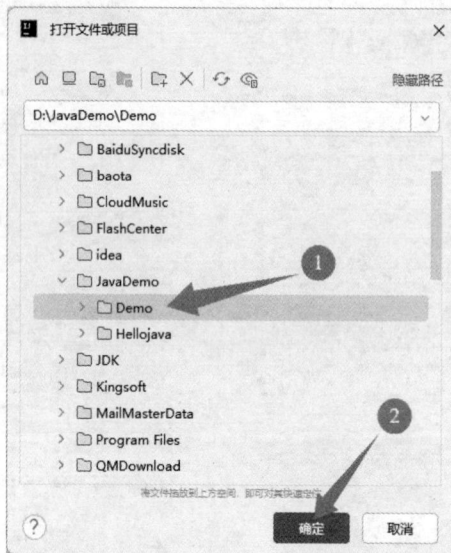

图 1.26 选择项目文件

1.5 安装文心快码插件

文心快码（Baidu Comate）是百度基于文心大模型推出的智能代码助手，它能够实时续写代码、生成注释、对话式生成代码，还能查找代码缺陷并提供优化方案。文心快码能够支持 100 多种编程语言和 10 多种主流 IDE，无缝集成开发环境，可显著提升编程效率与质量。

1.5.1 文心快码插件的功能与优势

对于初学者或经验较少的开发者来说，文心快码插件可以提供有价值的指导和建议，帮助更好地理解和编写代码。以下是文心快码的功能亮点与优势。

1. 功能亮点

- 智能代码生成：文心快码插件能够基于上下文理解，智能推荐并生成代码片段，包括方法、类、接口等，减少手动编写代码的工作量。
- 代码补全优化：通过深度学习算法，插件能够预测开发者可能需要的代码补全选项，提高编码速度和准确性。
- 代码格式化与检查：内置的代码格式化工具能够自动调整代码风格，确保代码整洁一致；同时，插件还能进行代码质量检查，及时发现并修复潜在问题。
- 模板管理：支持自定义代码模板，方便开发者快速生成常用代码结构，提高开发效率。

2. 优势

- 高效性：显著缩短编码时间，让开发者有更多精力专注于业务逻辑和创新。

- 准确性：减少人为错误，提高代码质量和可维护性。
- 易用性：界面友好，操作简单，不需要复杂配置即可上手使用。
- 可扩展性：支持插件扩展和自定义，满足不同开发场景的需求。

1.5.2　IDEA 中安装文心快码插件

文心快码提供了两种安装途径：其一为安装插件，其二为安装 Comate AI IDE。读者若需了解安装 Comate AI IDE 的详细步骤，可扫描右侧二维码获取。本节将介绍如何在 IDEA 中安装文心快码插件，具体步骤如下。

（1）打开 IDEA 后，先单击菜单栏中的"文件"，再单击弹出菜单中的"设置"命令，如图 1.27 所示。

图 1.27　单击"设置"命令

（2）在弹出的"设置"对话框中，先选择"插件"，再在输入框中输入"文心快码"或者 Baidu Comate，在搜索的结果中找到 Baidu Comate 并单击"安装"按钮（若弹出第三方插件声明，单击"接受"按钮），如图 1.28 所示。

（3）安装插件需要等待一段时间，待安装完成后状态会从"安装"变为"已安装"，再单击"确定"按钮。

1.5.3　简单使用文心快码插件

在 1.5.2 节中已经安装了文心快码插件，本节将简单介绍如何使用文心快码。

（1）打开 IDEA，单击 IDEA 右侧的文心快码图标会弹出文心快码对话框，此时需要先登录账号才能使用，单击"登录"按钮，如图 1.29 所示。

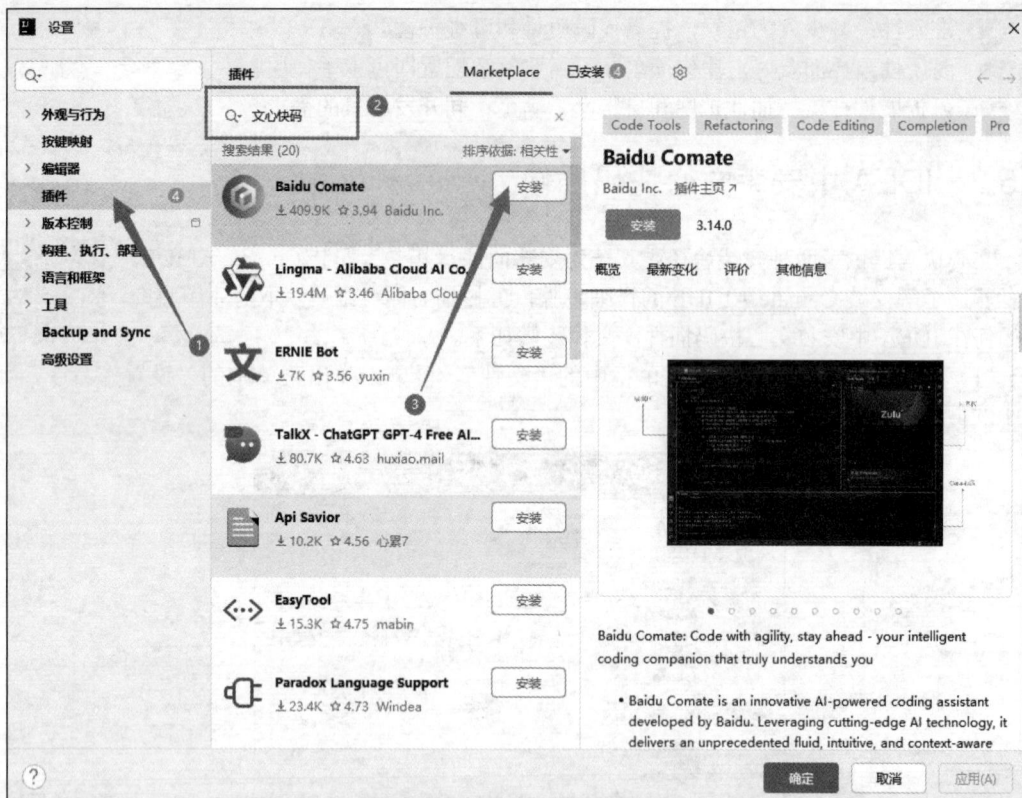

图 1.28　安装文心快码插件

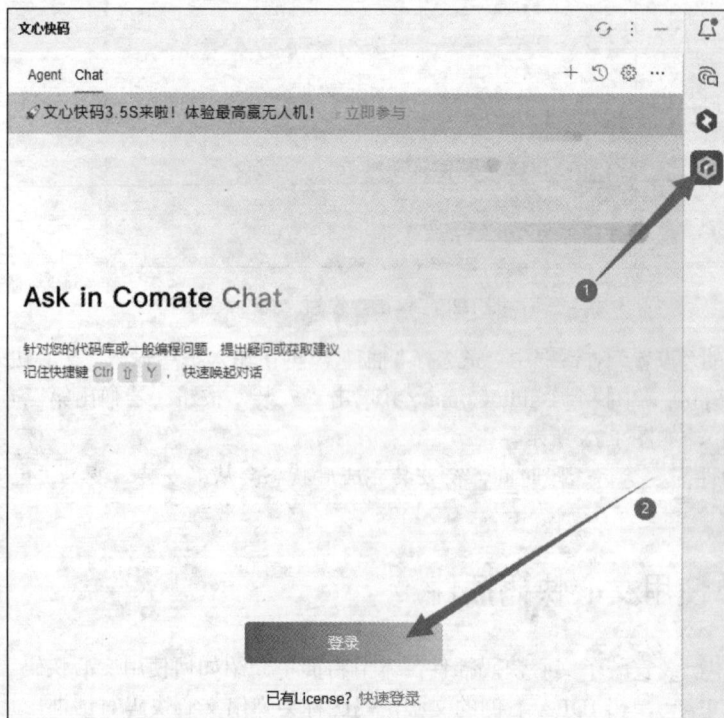

图 1.29　文心快码对话框

（2）进入登录页面后，登录自己的百度账号并单击"确认"按钮，如图 1.30 所示。随后会显示登录成功页面，如图 1.31 所示。

图 1.30　登录百度账号

图 1.31　登录成功页面

（3）登录成功后返回 IDEA，在文心快码对话框中输入"用 Java 语言写一个九九乘法表"，再单击右下角发送图标，如图 1.32 所示。

（4）需求发送后，文心快码很快会回答所需要的代码以及代码解析，如图 1.33 所示。

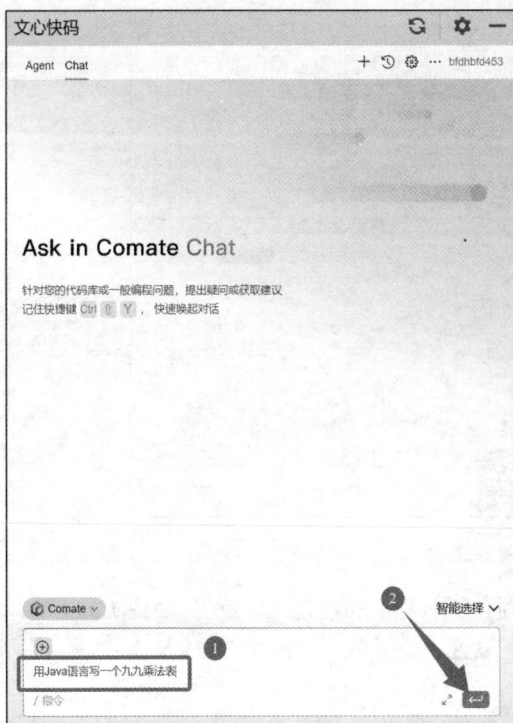

图 1.32　向文心快码提问

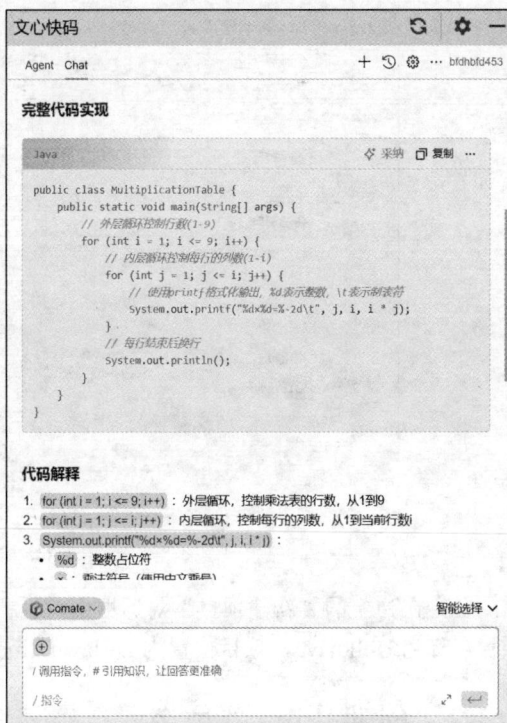

图 1.33　文心快码的回答内容

1.6 第一个 Java 程序

现在读者已经对 IDEA 工具以及文心快码有了大体的认识，本节将介绍如何使用 IDEA 完成 "Hello Java" 程序的编写和运行。

1.6.1 创建 Java 项目

在 IDEA 中编写程序，首先要创建一个 Java 项目，用于管理和编写 Java 程序，创建项目的详细步骤如下。

（1）单击菜单栏中的 "文件"，选择 "新建"，单击 "项目"，如图 1.34 所示。

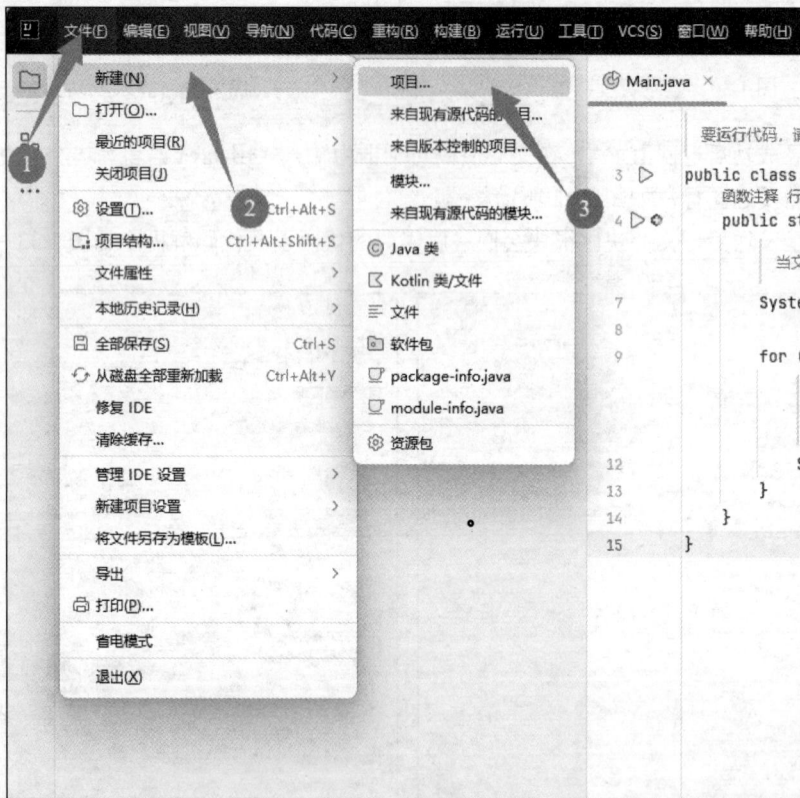

图 1.34 创建新项目

（2）在弹出的 "新建项目" 对话框中，设置项目 "名称" 和项目 "位置"。如图 1.35 所示，项目名称为 Hellojava，项目位置为 D:\JavaDemo。设置完成后单击 "创建" 按钮。

1.6.2 创建 Java 类文件

（1）右键单击项目结构中的 src 文件夹，在弹出的菜单中选择 "新建" 命令后单击 "Java 类" 命令，如图 1.36 所示。

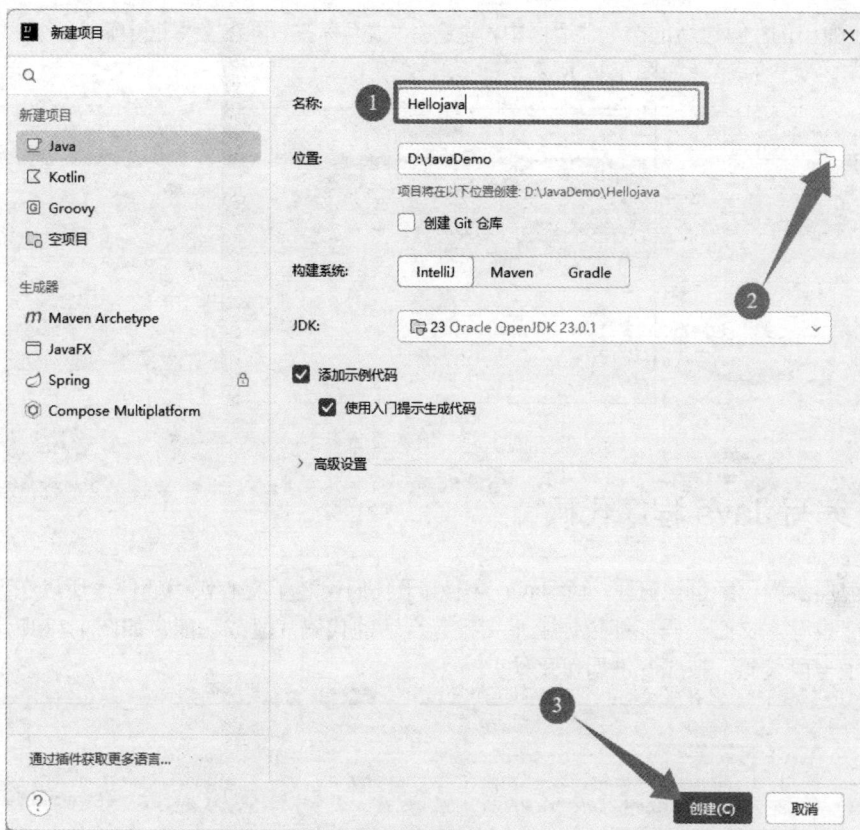

图 1.35 "新建项目"对话框

图 1.36 新建 Java 类

（2）在弹出的"创建新的类"对话框中，先选择"类"标签，再在文本框中输入类名"Demo"，完成后双击"类"标签，如图 1.37 所示。

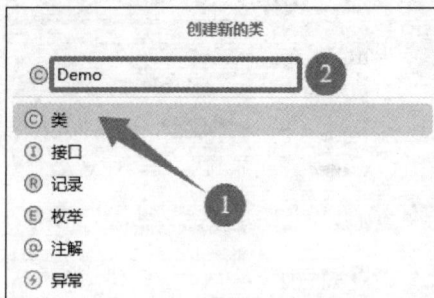

图 1.37　输入类名

1.6.3　编写 Java 程序代码

通过前面步骤已经创建好了一个 Java 类，由于我们安装了文心快码插件，所以在编辑器中会进行智能推荐，文心快码能够根据上下文推荐合适的代码片段或功能，如图 1.38 所示，文心快码推荐了一段代码，按 Tab 键即可采纳。

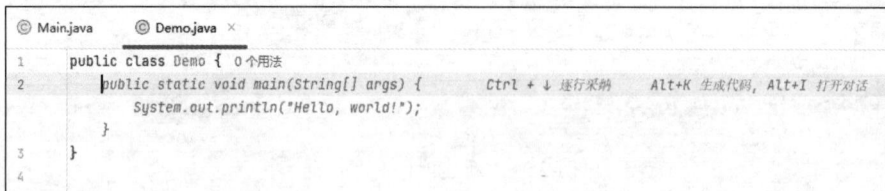

图 1.38　文心快码智能推荐

采纳这段代码后，可以对代码中的"Hello, world!"进行修改，例如改为"Hello, Java!"，代码如下：

```
public class Demo {
        public static void main(String[] args) {
            System.out.println("Hello, Java!");
        }
    }
```

这段代码的作用是在控制台打印出"Hello，Java!"，下面将对这段代码进行详细说明。

第一行 public class Demo {}定义一个公开类。其中 public 是一个访问修饰符，表示这个类是公开的，可以被任何其他类访问；class 是 Java 中定义类的关键字；Demo 是这个类的名字。在 Java 中，每个文件通常包含一个类，且文件名应该与这个公开类的名字相同。

第二行 public static void main(String[] args) {}声明了一个方法。其中 public 同样是访问修饰符，表示这个方法是公开的；static 表示这个方法是静态的，可以直接通过类名调用，而不需要创建类的实例；void 表示这个方法没有返回值；main 是 Java 程序的入口点。当运行一个 Java 程序时，JVM 会查找这个名为 main 的方法并运行它；String[] args 是 main()方法的参数，它是一个字符串数组。这个数组包含了运行程序时从命令行传递给程序的参数。

第三行 System.out.println("Hello, Java!")是 Java 编程语言中的一条语句，用于在控制台上打印文本信息。其中 System 是 Java 的一个预定义类，提供了访问系统资源的方法；out 是 System

类的一个静态字段，代表标准输出流；println()是 out 字段的一个方法，用于打印传递给它的字符串并在末尾添加一个换行符；"Hello, Java!"是要打印的字符串。

1.6.4 运行 Java 程序

Demo 类包含 main()主方法，所以它是一个可以运行的类。在 IDEA 中运行 Demo.java 文件有多种方法，可以在上方工具栏单击▷图标，也可以单击 Java 编辑器中的▷图标，或者在 Java 编辑器中右击，在弹出的菜单中选择"运行‘Demo.main()'"命令，运行 Demo.java 文件，如图 1.39 所示。程序运行结果如图 1.40 所示。

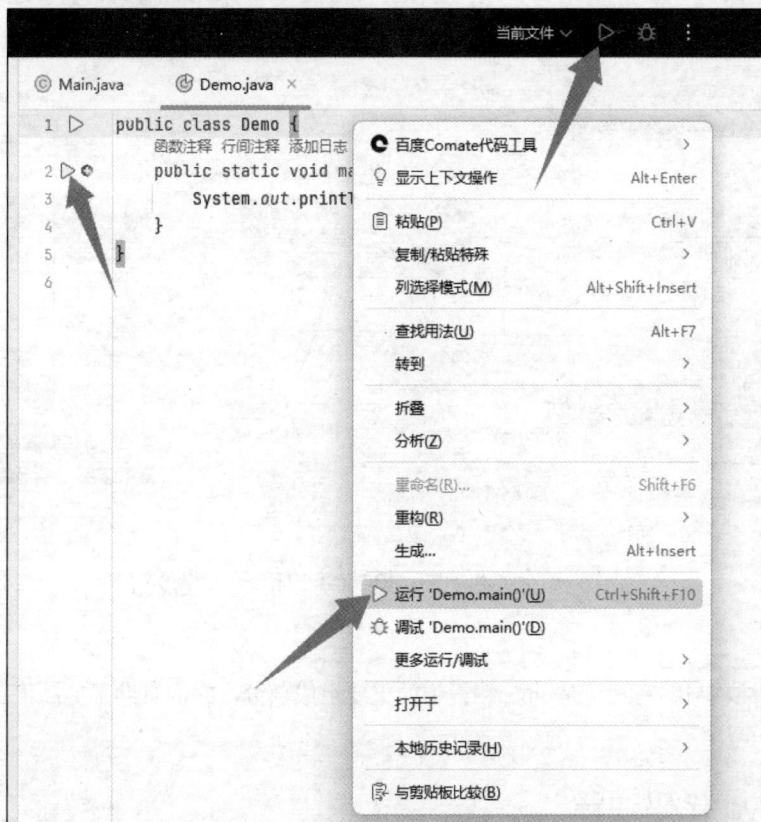

图 1.39　运行 Demo.java 文件

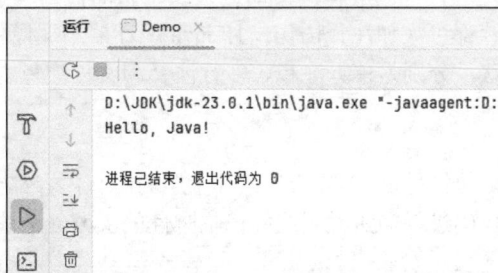

图 1.40　运行结果

第2章　Java 语言基础

在上一章中，我们已经了解到什么是 Java 以及如何搭建 Java 的开发环境。从本章开始，我们将深入讲解 Java 的基本语法。掌握 Java 的语法规则是正式学习 Java 语言的第一步，建议读者仔细阅读并理解本章内容。

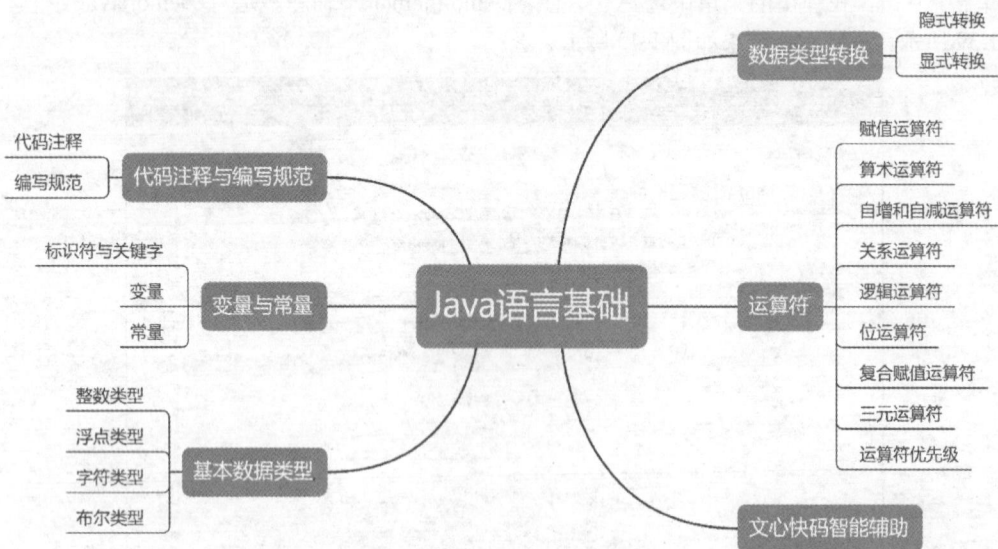

2.1　代码注释与编写规范

Java 代码注释与编写规范是 Java 编程中的重要组成部分，它们有助于提高代码的可读性、可维护性和可重用性。

2.1.1　Java 代码注释

代码注释的主要作用是进行代码解释，帮助他人或未来的自己理解代码的功能和目的。在 Java 源程序文件的任意位置都可添加注释语句，且 Java 编译器不编译代码中的注释。Java 语言提供了 3 种添加注释的方法，分别是单行注释、多行注释和文档注释。

1. 单行注释

"//" 为单行注释标记，从符号 "//" 开始到该行末尾的所有内容都会被编译器忽略，不作为代码执行。常用于对某行代码进行简短说明或标记临时性的更改。语法如下：

```
//注释内容
```

例如，以下代码示例为打印 "Hello,Java!" 到控制台，并为代码加注释。

```
System.out.println("Hello, Java!");      // 这行代码的作用是打印"Hello, Java!"到控制台
```

2. 多行注释

多行注释以"/*"作为开头，注释内容位于中间，以"*/"结束。需要注意的是，Java 中的多行注释不能嵌套使用，即在一个多行注释内部不能再包含另一个多行注释。语法如下：

```
/*
注释内容1
注释内容2
…
*/
```

3. 文档注释

以"/**"作为起始，注释内容填充在中间，最后以"*/"作为结束。这种注释方式经常被用于类、接口、方法以及字段等成员的详细解释。语法如下：

```
/**
注释内容1
注释内容2
…
*/
```

4. 文心快码智能辅助

文心快码关于注释的辅助主要体现在以下两个方面。

（1）自动生成函数注释和行间注释。文心快码能够智能地分析代码的结构和逻辑，并自动生成与代码内容紧密相关的注释。单击方法上面的"函数注释"或"行间注释"即可自动生成，如图 2.1 所示。

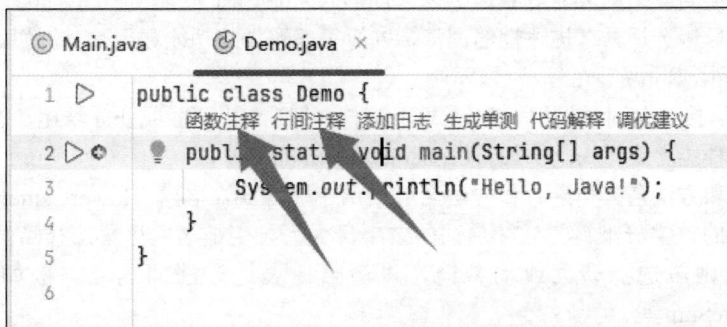

图 2.1　自动生成注释

（2）注释自动生成代码。除了自动生成注释，文心快码还支持根据注释生成代码。开发者只需在注释中描述所需功能，文心快码就能生成完整的函数代码。例如输入一个单行注释"//在控制台打印出心形图形"后，按 Enter 键会自动生成代码，再按 Tab 键即可采纳代码，如图 2.2 所示。

2.1.2　Java 代码编写规范

遵循一定的编写规范是写出高质量、易于维护、易于理解的代码的基础。这些规范不仅有助于提升代码的可读性，还能促进团队成员之间的协作，减少因代码风格不一致而导致的沟通成本。在此对命名规范和代码格式作了以下总结。

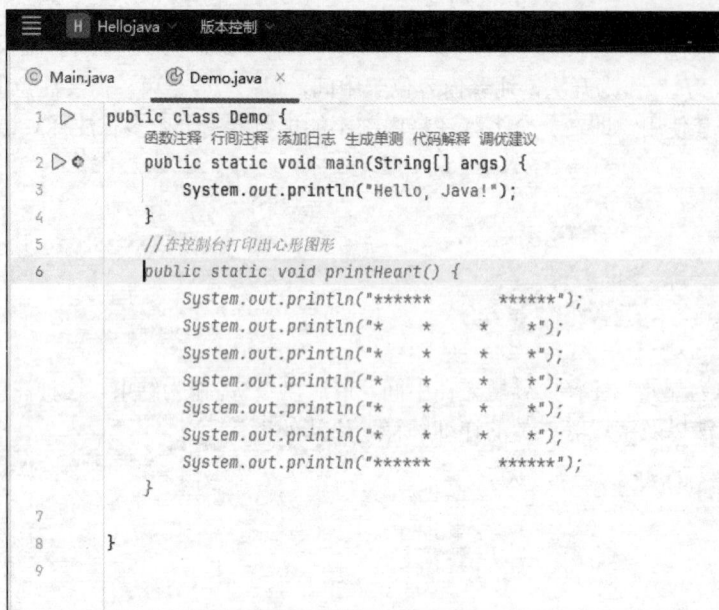

图 2.2　注释生成代码

1. 命名规范

- **包名**：包名应采用小写字母，并且尽量使用完整的英文描述符，避免使用特殊符号和下画线。例如，com.example.project 是一个合理的包名结构。
- **类名**：类名应采用大驼峰式命名法（UpperCamelCase），即每个单词的首字母都大写。类名应尽量选择具有描述性的词汇，以便于理解类的功能和用途。例如，UserManager、OrderProcessor 等。
- **接口名**：接口名同样采用大驼峰式命名法，并且常以 able 或 ible 结尾，以表示该接口代表了一种能力或行为。例如，Printable、Sortable 等。
- **变量名和方法名**：变量名和方法名应采用小驼峰式命名法（lowerCamelCase），即第一个单词的首字母小写，后续单词的首字母大写。变量名应尽量选择简洁明了的词汇，方法名则应选择动词或动名词，以清晰地表达方法的功能。例如，firstName、calculateSum 等。
- **常量名**：常量名应采用全大写字母，并且单词之间用下画线分隔。例如，MAX_SIZE、DEFAULT_VALUE 等。

2. 代码格式

- **缩进**：代码缩进应采用统一的单位，通常建议使用四个空格进行缩进。这有助于保持代码结构的清晰和一致性。
- **行宽**：单行字符数最好不要超过一定的限制（如 120 个字符），超出部分应适当换行。换行后，应保持适当的缩进，以便于理解代码的逻辑结构。
- **空行**：在方法体内、一组执行语句之间、一组变量的定义语句之间以及不同的业务逻辑之间，可以适当地插入空行，以增加代码的可读性。
- **括号**：左括号 { 应紧跟在所属语句的后面，右括号 } 则应单独占一行。这样有助于清晰地划分代码块的结构。

2.2　变量与常量

变量是在程序执行过程中可以存储和改变其值的命名数据容器，用于动态地处理数据；而常量是在程序执行期间其值固定不变的量，通常用于表示不应或不需要改变的值。变量与常量的命名都必须使用合法的标识符。本节将向读者讲解标识符与关键字、变量与常量的声明方法。

2.2.1　标识符与关键字

1. 标识符

标识符是指用于标识某个实体或变量的名称或符号。在计算机编程语言中，标识符是用户编程时使用的名字，用于给变量、常量、函数、类、接口、对象等命名，以建立起名称与使用之间的关系。

在 Java 编程语言中，标识符的命名规则如下。

- 标识符必须以字母（A-Z，a-z）、下画线（_）或美元符号（$）开头，不能以数字开头。
- 标识符的其他部分可以是字母、数字、下画线或美元符号的任意组合。
- 标识符区分大小写，即 myVar 和 MyVar 是两个不同的标识符。
- 标识符的长度没有限制，但通常建议使用有意义且易读的名称，以便于代码的阅读和维护。
- 不能使用 Java 的保留字（如 class、int、public 等）作为标识符。

2. 关键字

关键字是在编程语言中预先定义并保留的标识符，它们具有特定的含义和用途，不能用作变量名、函数名或其他标识符的名称。关键字通常用于控制程序的结构、定义数据类型、声明变量或函数等。Java 中的关键字如表 2.1 所示。

表 2.1　关键字及说明

关键字	说明	关键字	说明
abstract	表明类或者成员方法具有抽象属性	interface	用于声明接口
assert	断言，用来调试程序	instanceof	判断两个类的继承关系
boolean	布尔类型	long	长整数类型
break	跳出语句，提前跳出一段代码	native	用于声明一个方法是由与计算机相关的语言（如 C/C++/FORTRAN 语言）实现的
byte	字节类型	new	用于创建新实例对象
case	用在 switch 语句之中，表示其中的一个分支	package	包语句
catch	用在异常处理中，用来捕捉异常	private	私有权限修饰符
char	字符类型	protected	受保护权限修饰符
class	用于声明类	public	公有权限修饰符

关键字	说明	关键字	说明
const	保留关键字，没有具体含义（未使用）	return	返回方法结果
continue	跳过当前循环体中剩余的代码，并立即开始下一次循环迭代	short	短整数类型
default	默认，如在 switch 语句中表示默认分支	static	静态修饰符
do	do-while 循环结构使用的关键字	strictfp	用于声明 FP_strict（单精度或双精度浮点数）表达式遵循 IEEE 754 算术标准
double	双精度浮点类型	super	父类对象
else	用在条件语句中，表明当条件不成立时的分支	switch	分支结构语句关键字
enum	用于声明枚举	synchronized	线程同步关键字
extends	用于创建继承关系	this	本类对象
final	用于声明不可改变的最终属性，如常量	throw	抛出异常
finally	声明异常处理语句中始终会被执行的代码块	throws	方法将异常处理抛向外部方法
float	单精度浮点类型	transient	声明不用序列化的成员域
for	for 循环语句关键字	try	尝试监控可能抛出异常的代码块
goto	保留关键字，没有具体含义（未使用）	void	表明方法无返回值
if	条件判断语句关键字	volatile	表明两个或多个变量必须同步发生变化
implements	用于创建类与接口的实现关系	while	while 循环语句关键字
import	导入语句	var	声明局部变量
int	整数类型		

2.2.2　变量

变量可以理解为一个"装数据的盒子"。这个盒子在程序运行时被用来存储和管理数据。以下是对 Java 中变量的说明。

1. 命名与标识

每个变量都有一个独特的名字，就像每个盒子都有一个标签一样。这个名字（或标签）用于在程序中识别和引用变量。例如，你可以有一个名为 age 的变量，它就像是一个标有"年龄"的盒子，用于存储人的年龄数据。

2. 数据类型

变量有不同类型，就像盒子有不同的大小和形状一样。这些类型决定了变量可以存储什么类型的数据。例如，int 类型的变量就像是一个只能装整数的盒子，而 String 类型的变量则像是一个可以装文本（字符串）的盒子。

3. 声明与初始化

在 Java 中，你需要先声明一个变量（即创建一个盒子），然后才能使用它。声明变量时，你需要指定它的数据类型和名字。初始化是为变量分配一个初始值的过程，就像是把东西放进盒子里一样。在 Java 中，局部变量在使用前必须显式初始化，而实例变量和类变量则可以在声明时初始化，或者在类的构造器或静态初始化块中初始化。

4. 作用域与生命周期

变量的作用域决定了在程序的哪些部分可以访问这个变量。就像盒子的放置位置决定了哪些人可以拿到它一样。例如，局部变量就像是一个放在方法或代码块里的盒子，只有在这个方法或代码块执行时才能访问它。变量的生命周期是指变量从创建到销毁的时间段。就像盒子的使用寿命一样，有些盒子（如局部变量）在方法执行结束时就被销毁了，而有些盒子（如实例变量和类变量）则在整个程序运行期间都存在。

以下是一个简单的 Java 代码示例，展示了变量的声明、初始化和使用。

```
int x=1;        //声明 int 型变量 x，并赋值 1
int y;          //声明 int 型变量 y
y=2;            //给变量 y 赋值 2
```

2.2.3 常量

在 Java 中，常量可以被理解为一个特殊的变量，它的值在程序运行期间不能被改变。我们可以把常量想象成一块固定在墙上的公告板，上面写着一些信息，这些信息一旦写上就不能被任何人更改。这种特性使得常量非常适合用来存储那些不应该被改变的值，比如圆周率 π、一天总共的秒数（86400 秒）或者一些配置参数。以下是关于常量的一些特点。

- 不可变性：这是常量的核心特性。一旦常量被赋值，它的值就不能再被修改。
- 命名约定：在 Java 中，通常使用大写字母和下画线来命名常量，以区别于普通的变量。例如，PI、MAX_USERS、DEFAULT_TIMEOUT 等。
- 使用 final 关键字：Java 使用 final 关键字来声明常量。final 关键字可以应用于任何数据类型，包括基本数据类型（如 int、double 等）和引用类型（如 String、对象等）。

以下是一个简单的 Java 代码示例，展示了常量的声明、初始化和使用。

```
// 定义一个常量，表示圆周率
public static final double PI = 3.141592653589793;
// 定义一个常量，表示一年的天数
public static final int DAYS_IN_YEAR = 365;
```

2.3 基本数据类型

Java 中的基本数据类型包括整型（byte、short、int、long）、浮点型（float、double）、字符型（char）和布尔型（boolean），如图 2.3 所示。

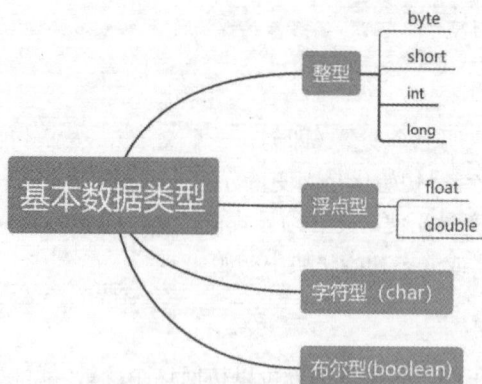

图 2.3　Java 基本数据类型

2.3.1　整数类型

整数类型是指那些用于存储没有小数部分的数值的数据类型。Java 提供了四种不同的整数类型，以满足不同大小和范围的整数存储需求。每种整数类型都有其特定的内存空间和取值范围，如表 2.2 所示。

表 2.2　整数类型的内存空间及取值范围

数据类型	内存空间（位）	取值范围
byte	8	−128～127
short	16	−32768～32767
int	32	−2147483648～2147483647
long	64	−9223372036854775808～9223372036854775807

下面分别对这四种整数类型进行介绍。

1. byte

byte 类型占用 8 位（1 个字节）的内存空间。它是 Java 中最小的整数类型，通常用于需要节省内存空间的场合。使用 byte 关键字声明一个 byte 型变量的示例代码如下：

```
byte x = 100; // 声明并初始化一个 byte 型变量
```

注意，下面这行代码的赋值会导致编译错误，因为 130 超出了 byte 的范围。

```
byte x = 130; // 声明并初始化一个 byte 型变量
```

编译错误，不兼容的类型：int 无法转换为 byte。正确的做法是先进行类型转换（但这通常不是一个好的做法，因为它可能导致数据丢失）。

```
byte x;          // 声明一个 byte 型变量
x = (byte) 130;  // 将 int 型变量转换为 byte 型
```

这会导致 x 变成−126（因为 130 超出了 byte 的正数范围并绕回了负数范围），更好的做法是确保值在 byte 的范围内。

```
byte x = -50; // 这是一个有效的 byte 值
```

2. short

short 类型的声明方式与 byte 型相同，声明 short 类型变量，代码如下：

```
short x;
short y;
```

3. int

在 Java 中，可以使用 int 关键字来声明一个 int 类型变量。声明的语法如下：

```
int x;
```

其中，x 是变量指定的名称。在声明变量的同时，还可以使用赋值运算符 "=" 对其进行初始化，代码如下：

```
int x = 100; // 声明并初始化一个 int 类型的变量
```

值得注意的是，int 型变量并不总是必须在声明时立即初始化，但它们必须在使用之前被初始化，例如：

```
int x;                  //声明一个 int 型变量 x
System.out.println(x);
```

这行代码在运行时会报错，提示变量未初始化。正确代码如下：

```
int x;                  //声明一个 int 型变量 x
int x=1;                //给变量 x 初始化
System.out.println(x);  //输出 1
```

4. long

long 类型变量是一种用于存储较大整数值的数据类型，能够存储的数值范围比 int 类型更大，声明变量时与 int 型相同，代码如下：

```
long x;
long y;
```

为了区分 long 类型的字面量和 int 类型的字面量，需要在 long 类型的字面量后面加上 L 或 l 后缀（尽管 l 也可以使用，但为了避免与数字 1 混淆，通常推荐使用 L）。例如：

```
long x = 123456789012345L;
```

2.3.2　浮点类型

浮点类型是用于表示具有小数部分的数值的数据类型。Java 中的浮点类型主要分为两种：单精度浮点类型（float）和双精度浮点类型（double），它们的取值范围也不同，如表 2.3 所示。

表 2.3　浮点类型的内存空间及取值范围

数据类型	内存空间（8 位等于 1 字节）	取值范围
float	32 位	$\pm 1.4E{-}45 \sim \pm 3.4E38$
double	64 位	$\pm 4.9E{-}324 \sim \pm 1.7E308$

1. float 类型

使用 float 关键字来声明一个 float 类型的变量，并在需要时进行初始化。代码如下：

```
float myFloat = 3.14f;
```

注意，在数字后面需要加上 f 或 F 后缀，以表示这是一个 float 类型的值。

2. double 类型

使用 double 关键字来声明一个 double 类型的变量，并在需要时进行初始化。代码如下：

```
double myDouble = 3.141592653589793;
```

注意，在默认情况下，小数都被看作 double 类型，因此不需要额外的后缀。

2.3.3　字符类型

1. char 型

字符类型是专门用于存储和处理单个字符数据。字符常量使用单引号'括起来，例如'A'、'b'、'1'或'&'等，它可以通过 char 关键字来声明。代码如下：

```
char ch='a';
```

由于字符 a 在 Unicode 表中的排序位置是 97，因此允许将上面的语句写成如下语句：

```
char ch=97;
```

Java 的 char 类型完全支持 Unicode 标准，因此它可以表示世界上大多数语言的字符。

2. 转义字符

转义字符是一种特殊的字符序列，用于表示那些无法直接在字符串或字符常量中表示的字符，或者表示某些具有特殊含义的字符。转义字符通常以反斜杠（\）开头，后跟一个或多个字符。

以下是一些常见的 Java 转义字符及其用途：

\n——换行符（New Line）：将光标移动到下一行的开头。

\t——制表符（Tab）：将光标向右移动一个制表位。

\b——退格符（Backspace）：将光标向左移动一个字符位置（但某些情况下可能不工作）。

\r——回车符（Carriage Return）：将光标移动到当前行的开头。

\f——换页符（Form Feed）：将光标移动到下一页的开头（在大多数现代系统中，这个效果可能不明显）。

\"——双引号（Double Quote）：在字符串中表示一个双引号字符。

\'——单引号（Single Quote）：在字符或字符串中表示一个单引号字符。

\\——反斜杠（Backslash）：在字符串中表示一个反斜杠字符。

示例代码如下：

```
// 创建一个字符串，其中包含普通文本、换行符和制表符
// \n 表示换行符，\t 表示制表符
String example = "Hello, World!\nThis is a new line.\tThis is indented.";

// 使用 System.out.println()方法打印字符串
// 由于字符串中包含了换行符和制表符，所以输出将显示在不同的行并带有缩进
System.out.println(example);
```

```
// 定义一个字符变量 doubleQuote，并使用转义字符\"来表示双引号
char doubleQuote = '\"';

// 定义一个字符变量 singleQuote，并使用转义字符\'来表示单引号
char singleQuote = '\'';

// 定义一个字符变量 backslash，并使用转义字符\\来表示反斜杠
char backslash = '\\';

// 打印出 doubleQuote 变量的值，即双引号字符
System.out.println("Double quote: " + doubleQuote);

// 打印出 singleQuote 变量的值，即单引号字符
System.out.println("Single quote: " + singleQuote);

// 打印出 backslash 变量的值，即反斜杠字符
System.out.println("Backslash: " + backslash);
```

2.3.4　布尔型

布尔型是一种数据类型，专门用于表示逻辑值。它只有两个可能的取值：true（真）和 false（假）。布尔型通常用于条件判断、循环控制以及逻辑运算等场合。下面是一个简单的 Java 代码示例，展示了布尔型变量的使用。

```
boolean isRaining = true;      // 声明并初始化一个布尔型变量

    if (isRaining) {           // 使用布尔型变量进行条件判断
        System.out.println("现在下雨了");
    } else {
        System.out.println("现在没有下雨");
    }

    boolean flag = false;  // 声明并初始化另一个布尔型变量

    while (!flag) {            // 使用布尔型变量控制循环
        System.out.println("等待变量 flag 更改为 true");
        flag=true;            //变量 flag 更改为 true，跳出循环
    }
```

2.4　数据类型转换

数据类型转换是指将一个数据类型的值转换为另一种数据类型的值。这种转换可以分为两大类：隐式类型转换（也称为自动类型转换）和显式类型转换（也称为强制类型转换）。

2.4.1　隐式转换

隐式转换是指将一个小范围的数据类型赋值给一个大范围的数据类型时，编译器自动完成的转换。这种转换不会导致数据丢失，因此是安全的。隐式转换的规则描述如下。

● 从小范围到大范围：例如，int 可以自动转换为 long，float 可以自动转换为 double。
● 兼容的数据类型：例如，char 可以自动转换为 int（基于 ASCII 值）。
● 表达式中的类型提升：在表达式中，小范围数据类型会自动提升为大范围数据类型。

示例代码如下：

```
int num1 = 100;
long num2 = num1;          // 隐式转换：int 自动转换为 long

float num3 = 10.5f;
double num4 = num3;        // 隐式转换：float 自动转换为 double

char ch = 'A';
int ascii = ch;            // 隐式转换：char 自动转换为 int（ASCII 值为 65）
```

2.4.2 显式转换

显式转换是指将一个大范围的数据类型赋值给一个小范围的数据类型时，需要开发者手动指定的转换。这种转换可能导致数据丢失或精度降低，因此需要谨慎使用。显式转换的规则描述如下。

- 从大范围到小范围：例如，double 可以强制转换为 int，long 可以强制转换为 short。
- 使用强制转换语法：在需要转换的值前加上小括号和对应的目标类型，即（目标类型）。
- 可能导致数据丢失：例如，将 double 转换为 int 时，小数部分会被截断。

示例代码如下：

```
double num1 = 100.5;
int num2 = (int) num1;        // 显式转换：double 强制转换为 int，结果为 100

long num3 = 1000L;
short num4 = (short) num3;    // 显式转换：long 强制转换为 short，可能导致数据丢失

int num5 = 65;
char ch = (char) num5;        // 显式转换：int 强制转换为 char，结果为 'A'
```

2.4.3 隐式转换与显式转换的对比

这两种转换方式在使用场景和语义上有明显的区别。隐式转换和显式转换的详细对比如表 2.4 所示。

表 2.4 隐式转换对比显式转换

特性	隐式转换	显式转换
转换方式	自动完成	手动指定
安全性	安全，不会导致数据丢失	可能导致数据丢失或精度降低
适用场景	小范围到大范围的转换	大范围到小范围的转换
语法	不需特殊语法	使用（目标类型）语法

2.5 运 算 符

在 Java 中，运算符是用于执行特定操作的符号。它们可以用来进行数学计算、逻辑判断、

赋值操作等。本章将详细介绍 Java 中的各种运算符及其使用方法。

2.5.1 赋值运算符

赋值运算符用于将一个值赋给一个变量。最基本的赋值运算符用符号"="表示。

1. 基本赋值运算符（=）

基本赋值运算符 = 用于将右侧的值赋给左侧的变量。语法如下：

```
变量 = 值;
```

示例代码如下：

```
int a = 10;  // 将 10 赋值给变量
int b = a;   // 将 a 的值（10）赋值给变量 b
```

第一行代码将整数值 10 赋值给变量 a，第二行代码将变量 a 的值（即 10）赋值给变量 b。

2. 多重赋值

Java 支持多重赋值，即一次性为多个变量赋值。示例代码如下：

```
int a, b, c;
a = b = c = 10; // 将 10 赋值给 c，然后将 c 的值赋值给 b，最后将 b 的值赋值给 a
System.out.println(a); // 输出 10
System.out.println(b); // 输出 10
System.out.println(c); // 输出 10
```

c=10：将 10 赋值给 c。b=c：将 c 的值（10）赋值给 b。a=b：将 b 的值（10）赋值给 a。

3. 赋值运算符的注意事项

● 类型匹配：赋值运算符两侧的类型必须兼容。例如，不能将字符串赋值给整型变量。

```
int a = "Hello"; // 错误：类型不匹配
```

● 自动类型转换：如果右侧的值类型与左侧变量类型兼容，Java 会自动进行类型转换。

```
double d = 10; // 将整型 10 自动转换为 double 类型
```

2.5.2 算术运算符

算术运算符用于执行基本的数学运算，如加、减、乘、除和取模。Java 中算术运算符的功能及使用方式如表 2.5 所示。

表 2.5　算术运算符的功能及使用方式

运算符	描述	示例
+	加法	a + b
−	减法	a − b
*	乘法	a * b
/	除法	a / b
%	取模（取余）	a % b

示例代码如下：

```
int a = 10, b = 3;
System.out.println(a + b);    // 输出 13
System.out.println(a − b);    // 输出 7
System.out.println(a * b);    // 输出 30
System.out.println(a / b);    // 输出 3（整数除法）
System.out.println(a % b);    // 输出 1
```

在整数除法中，结果会自动截断小数部分。取模运算符%可以用于获取除法运算的余数。上述程序的运行结果如图 2.4 所示。

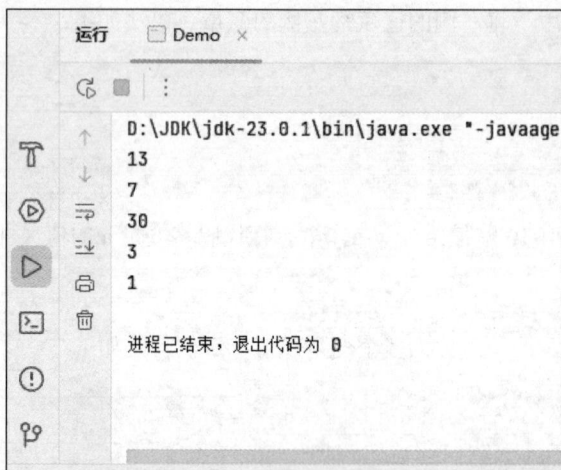

图 2.4　运行结果

2.5.3　自增和自减运算符

自增和自减运算符用于将变量的值增加或减少 1。

1. 自增运算符（++）

- 前置自增：++a，先将 a 的值加 1，再使用。
- 后置自增：a++，先使用 a 的值，再将其加 1。

2. 自减运算符（−−）

- 前置自减：−−a，先将 a 的值减 1，再使用。
- 后置自减：a−−，先使用 a 的值，再将其减 1。

示例代码如下：

```
int a = 10;
int b = ++a; // a = 11, b = 11（前置自增）
int c = a++; // a = 12, c = 11（后置自增）
```

自增和自减运算符在表达式中可能会导致混淆，建议谨慎使用。

2.5.4　关系运算符

关系运算符用于比较两个值之间的关系，返回一个布尔值 true 或 false。在 Java 中，关系运算符常用于条件语句（如 if、while）中，以控制程序的流程。

（1）等于（==），用于判断两个值是否相等。示例代码如下：

```
int a = 10, b = 20;
System.out.println(a == b); // 输出 false
System.out.println(a == 10); // 输出 true
```

（2）不等于（!=），用于判断两个值是否不相等。示例代码如下：

```
int a = 10, b = 20;
System.out.println(a != b); // 输出 true
System.out.println(a != 10); // 输出 false
```

（3）大于（>），用于判断第一个值是否大于第二个值。示例代码如下：

```
int a = 10, b = 20;
System.out.println(a > b); // 输出 false
System.out.println(b > a); // 输出 true
```

（4）小于（<），用于判断第一个值是否小于第二个值。示例代码如下：

```
int a = 10, b = 20;
System.out.println(a < b); // 输出 true
System.out.println(b < a); // 输出 false
```

（5）大于或等于（>=），用于判断第一个值是否大于或等于第二个值。示例代码如下：

```
int a = 10, b = 20;
System.out.println(a >= b); // 输出 false
System.out.println(b >= a); // 输出 true
System.out.println(a >= 10); // 输出 true
```

（6）小于或等于（<=），用于判断第一个值是否小于或等于第二个值。示例代码如下：

```
int a = 10, b = 20;
System.out.println(a <= b); // 输出 true
System.out.println(b <= a); // 输出 false
System.out.println(a <= 10); // 输出 true
```

2.5.5　逻辑运算符

逻辑运算符用于组合多个条件，并返回布尔值 true 或 false。它们在控制程序流程（如条件语句和循环语句）中非常重要。Java 提供了三种主要的逻辑运算符：逻辑与（&&）、逻辑或（||）和逻辑非（!）。

1. 逻辑与（&&）

逻辑与运算符用于判断两个条件是否都为 true。只有当两个条件都为 true 时，结果才为 true；否则，结果为 false。逻辑与的真值如表 2.6 所示。

表 2.6　逻辑与真值表

条件 1	条件 2	结果
true	true	true
true	false	false
false	true	false
false	false	false

示例代码如下：

```
boolean x = true, y = false;
System.out.println(x && y); // 输出 false
System.out.println(x && true); // 输出 true
System.out.println(false && y); // 输出 false
```

2. 逻辑或（||）

逻辑或运算符用于判断两个条件中是否至少有一个为 true。只要有一个条件为 true，结果就为 true；只有当两个条件都为 false 时，结果才为 false。逻辑或的真值如表 2.7 所示。

表 2.7 逻辑或真值表

条件 1	条件 2	结果
true	true	true
true	false	true
false	true	true
false	false	false

示例代码如下：

```
boolean x = true, y = false;
System.out.println(x || y); // 输出 true
System.out.println(x || true); // 输出 true
System.out.println(false || y); // 输出 false
```

3. 逻辑非（!）

逻辑非运算符用于对布尔值取反。如果原值为 true，则结果为 false；如果原值为 false，则结果为 true。逻辑非的真值如表 2.8 所示。

表 2.8 逻辑非真值表

条件	结果
true	false
false	true

示例代码如下：

```
boolean x = true, y = false;
System.out.println(!x); // 输出 false
System.out.println(!y); // 输出 true
System.out.println(!(x && y)); // 输出 true
```

2.5.6 位运算符

位运算符用于对整数的二进制位进行操作。这些运算符直接操作整数的二进制表示形式，因此在某些场景下可以实现高效的计算。位运算符在底层编程、性能优化以及某些算法中非常有用。

1. 按位与（&）

按位与运算符用于对两个整数对应二进制位进行逻辑与操作。只有当两个位都为 1 时，结果位才为 1；否则为 0。按位与的真值如表 2.9 所示。

表 2.9　按位与真值表

位 1	位 2	结果
0	0	0
0	1	0
1	0	0
1	1	1

示例代码如下：

```
int a = 5; // 二进制：0101
int b = 3; // 二进制：0011
System.out.println(a & b); // 输出 1（二进制：0001）
```

2. 按位或（|）

按位或运算符用于对两个整数对应二进制位进行逻辑或操作。只要有一个位为 1，结果位就为 1；否则为 0。按位或的真值如表 2.10 所示。

表 2.10　按位或真值表

位 1	位 2	结果
0	0	0
0	1	1
1	0	1
1	1	1

示例代码如下：

```
int a = 5; // 二进制：0101
int b = 3; // 二进制：0011
System.out.println(a | b); // 输出 7（二进制：0111）
```

3. 按位异或（^）

按位异或运算符用于对两个整数对应二进制位进行逻辑异或操作。当两个位不同时，结果位为 1；否则为 0。按位异或的真值如表 2.11 所示。

表 2.11　按位异或真值表

位 1	位 2	结果
0	0	0
0	1	1
1	0	1
1	1	0

示例代码如下：

```
int a = 5; // 二进制：0101
int b = 3; // 二进制：0011
System.out.println(a ^ b); // 输出 6（二进制：0110）
```

4. 按位取反（~）

按位取反运算符用于对一个整数的二进制位进行逐位取反操作。0 变为 1，1 变为 0。示例代码如下：

```
int a = 5; // 二进制：0101
System.out.println(~a); // 输出 -6
```

0101 按位取反后为 1010。在 Java 中，整数使用补码表示，1010 的补码表示为-6。

5. 左移（<<）

左移运算符用于将一个整数的二进制位向左移动指定的位数。左移时，左边的位数被丢弃，右边补 0。左移一位相当于将数字乘以 2。示例代码如下：

```
int a = 5; // 二进制：0101
System.out.println(a << 1); // 输出 10（二进制：1010）
```

6. 右移（>>）

右移运算符用于将一个整数的二进制位向右移动指定的位数。右移时，右边的位数被丢弃，左边补符号位（正数补 0，负数补 1）。右移一位相当于将数字除以 2。示例代码如下：

```
int a = 5; // 二进制：0101
System.out.println(a >> 1); // 输出 2（二进制：0010）
```

7. 无符号右移（>>>）

无符号右移运算符用于将一个整数的二进制位向右移动指定的位数。与右移运算符不同，无符号右移运算符在左边补 0，而不考虑符号位。因此，它适用于无符号整数。示例代码如下：

```
int a = -5; // 二进制：11111111 11111111 11111111 11111011（补码表示）
System.out.println(a >>> 1); // 输出 2147483646（二进制：01111111 11111111 11111111 11111101）
```

a >>> 1 将 a 的二进制位向右移动一位，左边补 0：11111111 11111111 11111111 11111011 >>> 1 = 01111111 11111111 11111111 11111101，结果为 2147483646。

2.5.7 复合赋值运算符

复合赋值运算符结合了赋值运算符和其他运算符（如算术运算符、位运算符等），用于简化代码。它们可以减少代码的冗余，提高代码的可读性和效率。常见的复合赋值运算符及其用法如表 2.12 所示。

表 2.12 复合赋值运算符及其用法

运算符	示例	等价于	描述
+=	a+=b	a=a+b	将 a 和 b 相加后，将结果赋值给 a

续表

运算符	示例	等价于	描述
-=	a-=b	a=a-b	将 a 减去 b 后，将结果赋值给 a
*=	a*=b	a=a*b	将 a 和 b 相乘后，将结果赋值给 a
/=	a/=b	a=a/b	将 a 除以 b 后，将结果赋值给 a
%=	a%=b	a=a%b	将 a 对 b 取模后，将结果赋值给 a
&=	a&=b	a=a&b	将 a 和 b 进行按位与操作后，将结果赋值给 a
|=	a|=b	a=a|b	将 a 和 b 进行按位或操作后，将结果赋值给 a
^=	a^=b	a=a^b	将 a 和 b 进行按位异或操作后，将结果赋值给 a
<<=	a<<=b	a=a<<b	将 a 的二进制位向左移动 b 位后，将结果赋值给 a
>>=	a>>=b	a=a>>b	将 a 的二进制位向右移动 b 位后，将结果赋值给 a
>>>=	a>>>=b	a=a>>>b	将 a 的二进制位无符号向右移动 b 位后，将结果赋值给 a

示例代码如下：

```java
int a = 5; // 二进制：0101
int b = 3; // 二进制：0011

a += b; // 等价于 a = a + b，结果为 8
System.out.println(a); // 输出 8

a = 8;
a -= b; // 等价于 a = a - b，结果为 5
System.out.println(a); // 输出 5

a = 5;
a *= b; // 等价于 a = a * b，结果为 15
System.out.println(a); // 输出 15

a = 15;
a /= b; // 等价于 a = a / b，结果为 5
System.out.println(a); // 输出 5

a = 5;
a %= b; // 等价于 a = a % b，结果为 2
System.out.println(a); // 输出 2

a = 5;
a &= b; // 等价于 a = a & b，结果为 1（二进制：0101 & 0011 = 0001）
System.out.println(a); // 输出 1

a = 5;
a |= b; // 等价于 a = a | b，结果为 7（二进制：0101 | 0011 = 0111）
System.out.println(a); // 输出 7

a = 5;
a ^= b; // 等价于 a = a ^ b，结果为 6（二进制：0101 ^ 0011 = 0110）
System.out.println(a); // 输出 6

a = 5;
a <<= 1; // 等价于 a = a << 1，结果为 10（二进制：0101 << 1 = 1010）
System.out.println(a); // 输出 10

a = 5;
a >>= 1; // 等价于 a = a >> 1，结果为 2（二进制：0101 >> 1 = 0010）
System.out.println(a); // 输出 2
a = -5;
```

```
a >>>= 1; // 等价于 a = a >>> 1，结果为 2147483646（无符号右移）
System.out.println(a); // 输出 2147483646
```

复合赋值运算符的使用场景和注意事项如下。

（1）**代码简化**。复合赋值运算符可以减少代码冗余，使代码更加简洁易读。示例：a=a+5 可以简化为 a+=5。

（2）**数据类型转换**。在使用复合赋值运算符时，Java 会自动进行类型转换。示例：int a=10；double b=2.5；a+=b 等价于 a=(int)(a+b)。

（3）**链式赋值**。复合赋值运算符可以与其他运算符结合使用，但要注意运算符的优先级。示例：a=b+=c 等价于 b+=c；a=b。

（4）**位运算符的复合赋值**。复合赋值运算符不限于算术运算符，还可以与位运算符结合使用。示例：a &=b 等价于 a=a&b。

2.5.8　三元运算符

三元运算符（?:）是一种简洁的条件运算符，示例语法如下：

```
条件 ? 表达式 1：表达式 2
```

如果条件为 true，返回表达式 1 的值；否则返回表达式 2 的值。示例代码如下：

```
int a = 10, b = 20;
int max = (a > b) ? a : b; // 如果 a > b，max = a；否则 max = b
System.out.println(max); // 输出 20
```

三元运算符的使用场景和注意事项如下。
（1）三元运算符可以简化代码，但过度使用可能会降低代码的可读性。
（2）在表达式类型方面，表达式 1 和表达式 2 的类型必须兼容。

2.5.9　运算符的优先级

运算符的优先级决定了表达式中运算的执行顺序。常见运算符的优先级（从高到低）如表 2.13 所示。

表 2.13　常见运算符的优先级

优先级	运算符	描述
1	()	括号（最高优先级）
2	+、-	正负号
3	++、--、!	自增、自减（前缀）、逻辑非
4	*、/、%	乘法、除法、取模
5	+、-	加法、减法
6	<<、>>、>>>	左移、右移、无符号右移
7	<、<=、>、>=	小于、小于或等于、大于、大于或等于
8	==、!=	等于、不等于
9	&	按位与

优先级	运算符	描述
10	^	按位异或
11	|	按位或
12	&&	逻辑与
13	||	逻辑或
14	? :	三元条件运算符
15	=	赋值运算符

示例代码如下：

```
int result = 10 + 2 * 3; // 先计算 2 * 3，再计算 10 + 6，结果为 16
System.out.println(result);
```

括号优先：使用括号可以明确运算顺序，避免混淆。示例代码如下：

```
int result = (10 + 2) * 3; // 先计算 10 + 2，再计算 12 * 3，结果为 36
```

2.6　文心快码智能辅助

在学习 Java 语言基础的过程中，文心快码的智能提示功能可以极大地帮助开发者快速掌握和应用 Java 的基本语法、变量、数据类型、运算符等内容。以下是文心快码在 Java 语言基础学习中的具体应用。

（1）数据类型提示：在输入数据类型时，文心快码会根据上下文提供合适的数据类型建议，按下 Tab 键即可采纳，如图 2.5 所示。

（2）运算符提示：在输入运算符时，文心快码会根据上下文提供合适的运算符建议，按 Ctrl+↓键可以逐行采纳，如图 2.6 所示。

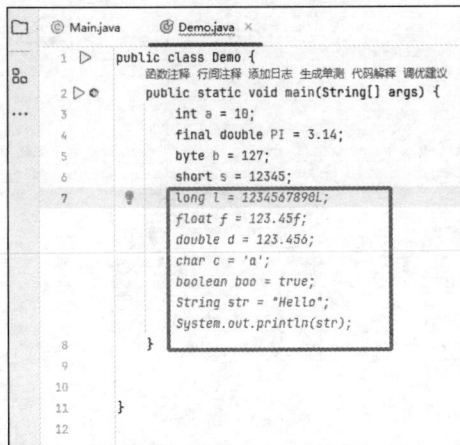

图 2.5　数据类型提示

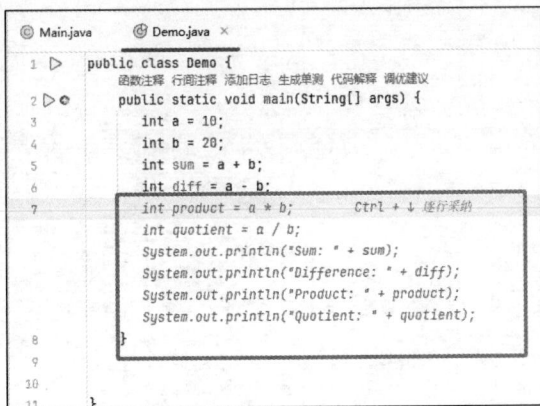

图 2.6　运算符提示

（3）智能注释提示：文心快码可以自动生成行间注释，帮助理解代码含义，如图 2.7 所示。

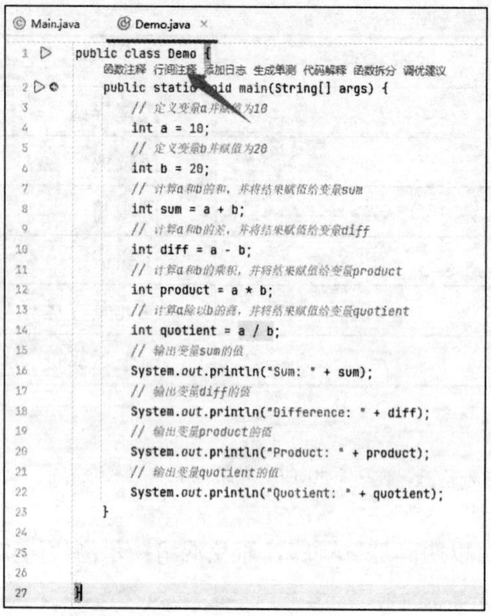
Main.java
Demo.java
public class Demo {
函数注释 行间注释 添加日志 生成单测 代码解释 函数拆分 调优建议
public static void main(String[] args) {
// 定义变量a并赋值为10
int a = 10;
// 定义变量b并赋值为20
int b = 20;
// 计算a和b的和，并将结果赋值给变量sum
int sum = a + b;
// 计算a和b的差，并将结果赋值给变量diff
int diff = a - b;
// 计算a和b的乘积，并将结果赋值给变量product
int product = a * b;
// 计算a除以b的商，并将结果赋值给变量quotient
int quotient = a / b;
// 输出变量sum的值
System.out.println("Sum: " + sum);
// 输出变量diff的值
System.out.println("Difference: " + diff);
// 输出变量product的值
System.out.println("Product: " + product);
// 输出变量quotient的值
System.out.println("Quotient: " + quotient);
}
}

图 2.7　智能注释提示

第 3 章 流程控制

在编程中，流程控制是决定程序执行路径的关键机制。通过流程控制，我们可以根据不同的条件执行不同的代码块，或者重复执行某些代码，直到满足特定条件。本章将详细介绍 Java 中的流程控制结构，包括程序结构、条件语句、循环语句，以及如何使用文心快码进行错误检查。

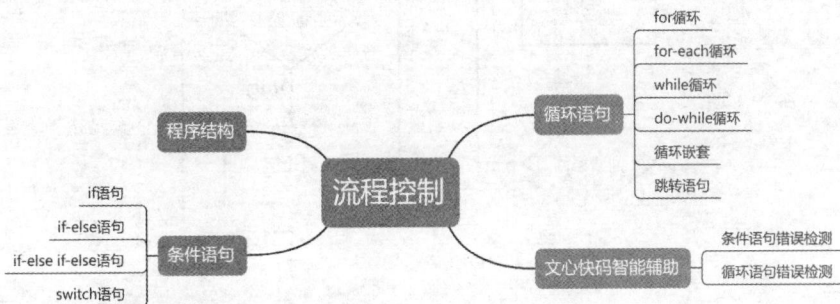

3.1 程序结构

程序结构是程序的基本框架，它决定了代码的执行顺序。Java 程序的结构可以分为三种基本类型：顺序结构、选择结构和循环结构。

1. 顺序结构

顺序结构是程序中最简单的结构，代码按从上到下的顺序逐行执行，每条语句仅执行一次，适用于简单的逻辑操作，如计算和赋值。顺序结构流程如图 3.1 所示。

2. 选择结构

选择结构允许程序根据某个条件的真假来选择执行不同的代码路径。选择结构使得程序能够根据不同的情况做出不同的响应，从而实现复杂的逻辑控制。选择结构主要由条件语句组成，选择结构的流程如图 3.2 所示。

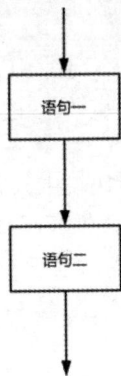

图 3.1 顺序结构

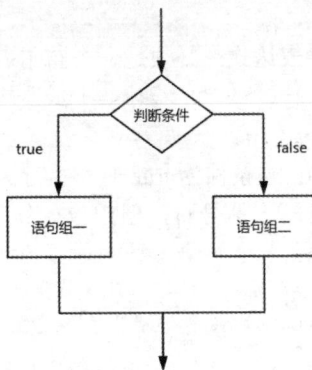

图 3.2 选择结构

3. 循环结构

循环结构允许程序重复执行某段代码，直到满足特定条件为止，其中被反复执行的语句又被称为循环体，而决定循环是否终止的判断条件被称为循环条件。循环结构的流程如图 3.3 所示。

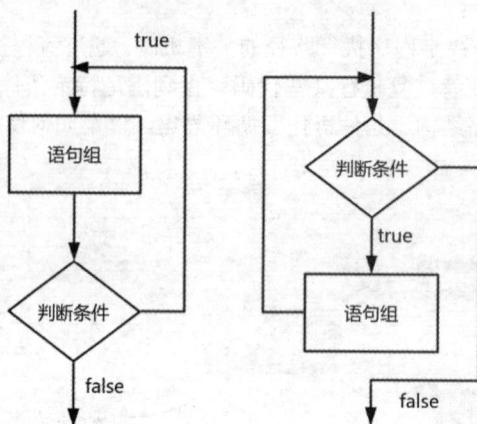

图 3.3　循环结构

3.2　条 件 语 句

简单来说，条件语句就像是一个"决策点"，程序在这里根据特定的条件做出选择，从而执行不同的操作。条件语句是实现程序逻辑分支的关键工具，使得程序能够根据不同的情况做出不同的响应。在 Java 中，条件语句主要包括 if 语句和 switch 语句，下面将分别进行讲解。

3.2.1　if 语句

if 语句是 Java 中最基本的条件语句，用于判断一个条件是否为真。如果条件为真，则执行 if 代码块中的语句；如果条件为假，则跳过 if 代码块。if 语句是实现程序逻辑分支的基础，使得程序能够根据不同的条件执行不同的操作。if 语句的基本语法如下：

```
if (条件表达式) {
    语句；
}
```

- **条件表达式**：必须是一个布尔表达式，其结果为 true 或 false。通常由关系运算符（如 ==、!=、>、<、>=、<=）或逻辑运算符（如 &&、||、!）组成。例如：age >= 18、x > 0 && y < 10。
- **语句**：当条件为 true 时，执行大括号 {} 内的代码。如果 if 代码块中只有一条语句，可以省略大括号 {}，但建议始终使用大括号以提高代码的可读性和一致性。例如下面代码：

```
if (age >= 18)
    System.out.println("已成年");
```

简单 if 语句的执行流程可以用流程图表示，如图 3.4 所示。

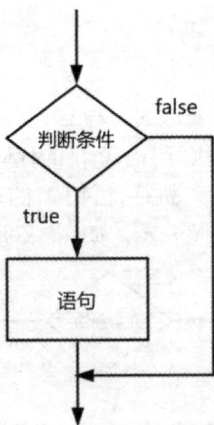

图 3.4　if 语句执行流程

if 语句可以用来判断年龄是否超过 18 岁，示例代码如下：

```
int age = 18;
if (age >= 18) {
    System.out.println("已成年");
}
```

- **条件判断**：计算 age >= 18 是否为真。如果 age 的值是 18 或更大，条件为 true。如果 age 的值小于 18，条件为 false。
- **执行代码块**：如果条件为 true，执行 System.out.println("已成年")。如果条件为 false，跳过 if 代码块，继续执行后续代码。

值得注意的是条件表达式的类型，条件表达式必须返回布尔值 true 或 false。如果条件表达式返回其他类型（如 int、String 等），编译器会报错，如图 3.5 所示。

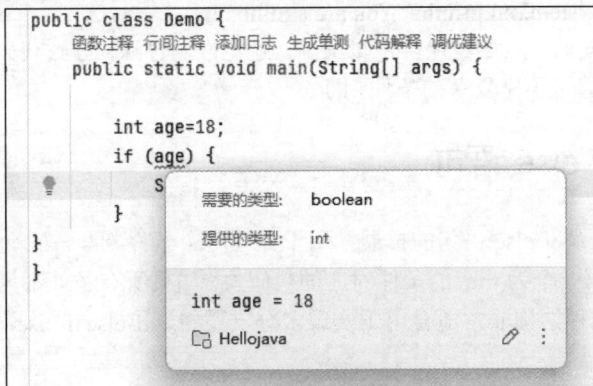

图 3.5　返回值类型错误

3.2.2　if-else 语句

if-else 语句是 if 语句的扩展，用于处理两种互斥的情况。它允许程序在条件为 true 时执行 if 代码块中的语句，而在条件为 false 时执行 else 代码块中的语句。if-else 语句是实现程序逻辑分支的重要工具，使得程序能够根据不同的条件执行不同的操作。if-else 语句的基本语法如下：

```
if(条件表达式){
    语句 1
```

```
} else {
    语句 2
}
```

- **条件表达式**：必须是一个布尔表达式，与 if 语句的条件表达式相同。
- **if 代码块**：当条件为 true 时，执行{语句 1}的代码。
- **else 代码块**：当条件为 false 时，执行{语句 2}的代码。

if-else 语句的执行流程可以用流程图表示，如图 3.6 所示。

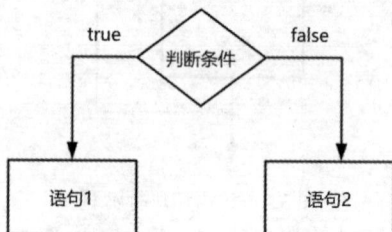

图 3.6   if-else 语句执行流程

用 if-else 语句判断年龄是否成年的代码如下：

```
int age = 16;
if (age >= 18) {
    System.out.println("You are an adult.");
} else {
    System.out.println("You are a minor.");
}
```

- **条件判断**：计算 age >= 18 是否为真。如果 age 的值为 18 或更大，条件为 true。如果 age 的值小于 18，条件为 false。
- **执行代码块**：如果条件为 true，执行 System.out.println("You are an adult.")。如果条件为 false，执行 System.out.println("You are a minor.")。

在使用 if-else 语句时，应尽量保持逻辑清晰，避免嵌套过深，导致代码难以阅读和维护。例如，可以使用逻辑运算符简化复杂的条件判断。

3.2.3   if-else if-else 语句

if-else if-else 语句是 if-else 语句的扩展，用于处理多个条件判断。它允许程序根据多个条件依次进行判断，执行第一个为 true 的条件对应的代码块。如果所有条件都为 false，则执行 else 代码块（如果存在）。这种结构非常适合用于实现多分支逻辑。if-else if-else 语句的基本语法如下：

```
if (条件表达式 1) {
    语句 1
} else if (条件表达式 2) {
    语句 2
} else if (条件表达式 3) {
    语句 3
} else {
    语句 4
}
```

if-else if-else 语句的执行流程可以用流程图表示，如图 3.7 所示。

- **条件判断顺序**：程序从上到下依次判断每个条件，一旦某个条件为 true，执行对应的代码块，并跳过后续的所有条件和代码块，如果所有条件都为 false，则执行 else 代码块（如果存在）。

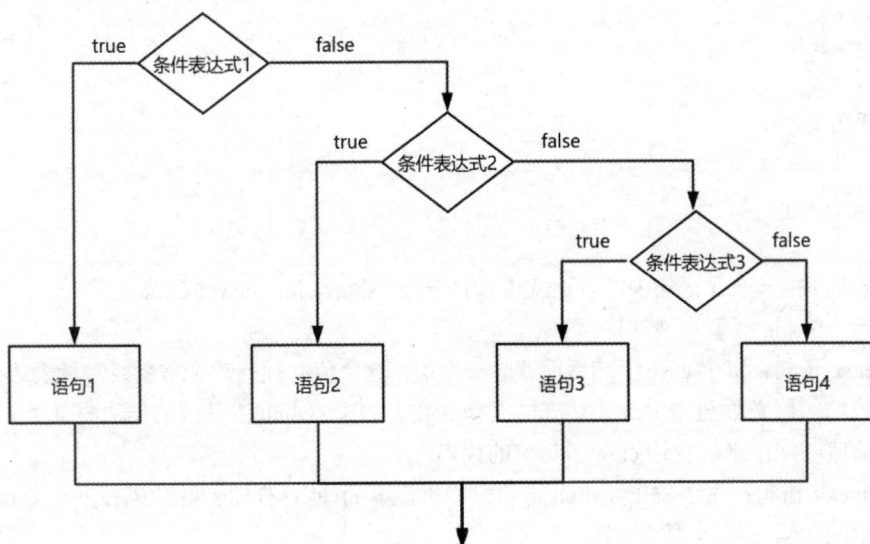

图 3.7　if-else if-else 语句执行流程

● **else if 的数量**：else if 可以有多个，数量不限，用于处理多个条件，每个 else if 对应一个条件和一个代码块。
● **else 代码块的可选性**：else 代码块是可选的。如果没有 else 代码块，当所有条件都为 false 时，程序将跳过所有代码块，继续执行后续代码。
● **代码块的可选性**：每个条件对应的代码块可以包含任意多条语句，也可以为空。如果代码块为空，则可以省略大括号{}，但建议始终使用大括号以提高代码的可读性和一致性。

为分数评级常用 if-else if-else 语句，示例代码如下：

```java
int score = 85;
if (score >= 90) {
    System.out.println("Grade: A");
} else if (score >= 80) {
    System.out.println("Grade: B");
} else {
    System.out.println("Grade: C");
}
```

上述代码首先判断 score >= 90 是否为真，如果 score 的值大于或等于 90，条件为 true，执行 System.out.println("Grade: A")，然后跳过后续的所有条件和代码块。如果 score 的值小于 90，条件为 false，继续判断下一个条件，判断 score >= 80 是否为真。如果 score 的值大于或等于 80，条件为 true，执行 System.out.println("Grade: B")，然后跳过后续的所有条件和代码块。如果 score 的值小于 80，条件为 false，继续判断下一个条件，执行 else 代码块，如果所有条件都为 false，执行 System.out.println("Grade: C")。

3.2.4　switch 语句

switch 语句用于根据变量的值执行不同的代码块。它提供了一种多分支选择结构，使得程序可以根据变量的值选择执行不同的代码块。与多个 if-else 语句相比，switch 语句在处理多个固定值的判断时更加简洁和高效。switch 语句的基本语法如下：

```
switch (表达式) {
    case 值 1:
        语句 1
        break;
    case 值 2:
        语句 2
        break;
    default:
        语句 3
}
```

- **表达式**：switch 语句中的表达式可以是 byte、short、int、char 或 enum 类型。从 Java 7 开始，String 类型也被支持。
- **case 子句**：每个 case 子句后面跟着一个值，这个值必须是一个常量或常量表达式。case 子句的值必须与 switch 表达式的类型一致。如果 switch 表达式的结果与某个 case 子句的值匹配，则执行该 case 子句中的代码。
- **break 语句**：用于跳出 switch 语句。如果没有 break，程序会继续执行下一个 case 子句中的代码（称为"穿透"）。
- **default 子句**：可选，用于处理未匹配到任何 case 的情况。如果 switch 表达式的结果不匹配任何 case 子句的值，则执行 default 子句中的代码。

switch 语句的执行流程，如图 3.8 所示。

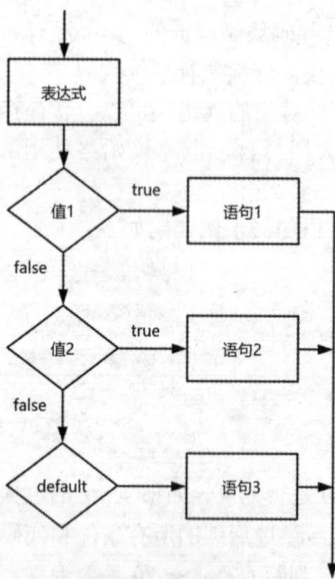

图 3.8　switch 语句执行流程

使用 switch 语句判断星期几的代码示例如下：

```
int day = 3;
switch (day) {
    case 1:
        System.out.println("星期一");
        break;
    case 2:
        System.out.println("星期二");
        break;
    case 3:
        System.out.println("星期三");
        break;
```

```
    default:
        System.out.println("星期四");
}
```

上述代码的执行流程如下。

（1）初始化 day 的值：day 的值为 3。

（2）匹配 case 子句。

（3）检查 day 是否等于 1：不匹配。

（4）检查 day 是否等于 2：不匹配。

（5）检查 day 是否等于 3：匹配，执行 System.out.println("星期三")。

（6）执行 break：跳出 switch 语句。

（7）输出结果：星期三。

- **case 子句的值必须是常量**：case 子句的值必须是一个常量或常量表达式，不能是变量。
- **避免穿透**：如果没有 break，程序会继续执行下一个 case 子句的代码。为了避免穿透，每个 case 子句后面都应该有 break。
- **default 子句的可选性**：default 子句是可选的。如果没有 default 子句，程序在未匹配到任何 case 时不会执行任何操作。
- **表达式和 case 值的类型一致性**：switch 表达式和 case 值的类型必须一致。否则，编译器会报错。

3.3　循 环 语 句

循环语句是 Java 中用于重复执行某段代码的结构。循环语句使得程序能够高效地处理重复的任务，而无须编写冗长的代码。Java 提供了四种主要的循环语句：for 循环、for-each 循环、while 循环和 do-while 循环。

循环语句的核心思想是重复执行代码，直到满足特定条件为止。通过循环语句，程序可以处理大量重复性任务，如遍历数组、计算累加和等。

3.3.1　for 循环

for 循环是 Java 中最常用的循环结构之一，适用于循环次数已知或需要在循环中进行初始化和更新操作的场景。for 循环的基本语法如下：

```
for (初始化; 条件; 更新) {
    循环语句
}
循环外语句
```

- **初始化**：初始化步骤在循环开始前执行一次，通常用于定义并初始化循环变量。例如：int i = 1。
- **条件**：条件部分是一个布尔表达式，用于控制循环的执行。如果条件为 true，循环将继续执行；如果为 false，循环将终止。例如：i <= 5。
- **更新**：更新部分用于在每次循环体执行后更新循环变量的值。通常用于控制循环的次数。例如：i++。

for 循环语句的执行流程可以用流程图表示，如图 3.9 所示。

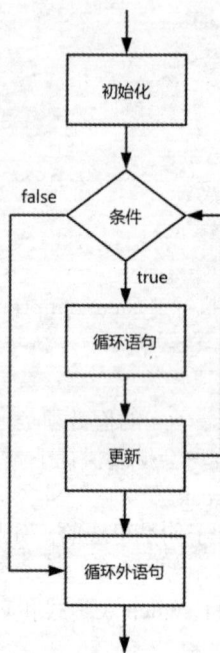

图 3.9　for 语句执行流程

下面是一个 for 循环的简单代码示例：

```
for (int i = 1; i <= 5; i++) { // 初始化 i=1；条件 i<=5；每次循环后 i 自增 1
    System.out.println("循环次数: " + i); // 输出循环次数
}
```

代码的执行流程如下。

（1）初始化循环变量 i 为 1。

（2）检查条件 i<=5。

（3）条件为 true，执行循环体。

（4）输出循环次数 i。

（5）更新循环变量：i+1。

（6）重复步骤 2～5，直到 i 等于 6 时，此时条件为 false，循环终止。

● **循环变量的作用域**：循环变量仅在循环体内可见。

● **避免无限循环**：确保条件最终变为 false，否则可能导致无限循环。

● **循环变量的更新**：在更新部分正确更新循环变量，以避免循环无法终止。

● **代码块的可选性**：如果循环体中只有一条语句，可以省略大括号 {}，但建议始终使用大括号以提高代码的可读性和一致性。

3.3.2　for-each 循环

for-each 循环（也称为增强型 for 循环）是 Java 5 引入的一种简化数组和集合遍历的语法。它使遍历数组或集合中的元素变得更加简洁和易读。for-each 循环的基本语法如下：

```
for (元素类型 元素变量 : 集合或数组) {
    // 循环体
}
```

- **元素类型**：集合或数组中元素的类型。
- **元素变量**：循环过程中当前元素的引用变量。
- **集合或数组**：需要遍历的对象。

下面是一个 for-each 循环的简单代码示例：

```java
int[] numbers = {1, 2, 3, 4, 5};
for (int number : numbers) {
    System.out.println("当前元素: " + number);
}
```

代码的执行流程如下。

（1）初始化集合或数组：int[] numbers = {1, 2, 3, 4, 5}。

（2）遍历集合或数组：从第一个元素开始，依次将每个元素赋值给 number。

（3）执行循环体：对当前元素执行循环体中的代码。

（4）重复步骤 2～3，直到遍历完所有元素。

上述 for-each 循环的代码示例运行结果如图 3.10 所示。

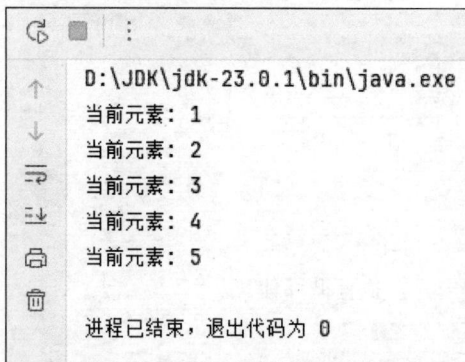

图 3.10　for-each 循环代码运行结果

- **只适用于遍历**：for-each 循环只能用于遍历集合或数组，不能用于修改集合或数组。如果需要修改集合或数组，应使用传统 for 循环或其他方法。
- **性能考虑**：在某些情况下，for-each 循环可能比传统 for 循环稍慢，因为它需要创建一个迭代器对象。但对于大多数日常开发场景，这种性能差异可以忽略不计。
- **无法控制遍历顺序**：for-each 循环的遍历顺序由集合或数组的底层实现决定，不可控。如果需要特定的遍历顺序，应使用传统 for 循环或其他方法。

3.3.3　while 循环

while 循环用于根据条件重复执行某段代码，适用于循环次数未知但条件明确的场景。while 循环语句基本语法如下：

```java
while (条件) {
    // 循环体
}
```

- **条件**：布尔表达式，决定是否继续执行循环。如果条件为 true，执行循环体；如果条件为 false，跳出循环。
- **循环体**：当条件为 true 时，重复执行的代码块。

while 循环语句的执行流程如图 3.11 所示。

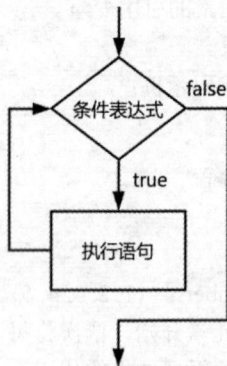

图 3.11　while 语句执行流程

下面是一个 while 循环的简单代码示例：

```
int i = 1;
while (i <= 5) {
    System.out.println("循环次数: " + i);
    i++; // 每次循环后更新循环变量
}
```

代码的执行流程如下。

（1）初始化 i=1。

（2）检查条件 i<=5。

（3）第一次循环：条件成立，执行循环体。

（4）输出循环次数：1。

（5）更新 i=2。

（6）再次检查条件 i<=5。

（7）第二次循环：条件成立，执行循环体。

（8）输出循环次数：2。

（9）更新 i=3。

（10）重复检查条件，以此类推，直到 i=6 时条件为 false，循环终止。

● **避免无限循环**：确保条件最终变为 false，否则可能导致无限循环。

● **更新循环变量**：在循环体内正确更新循环变量，以确保循环能够终止。

● **条件的多样性**：条件可以是任何布尔表达式，包括关系运算符和逻辑运算符的组合。

3.3.4　do-while 循环

do-while 循环与 while 循环类似，但有一个关键区别：无论条件是否为 true，do-while 循环至少会执行一次循环体。这使得 do-while 循环在某些特定场景下非常有用，例如需要确保某个操作至少执行一次的情况。do-while 循环语句基本语法如下：

```
do {
    // 循环体
} while (条件);
```

● **循环体**：至少会执行一次的代码块。

● **条件**：布尔表达式，用于决定是否继续执行循环体。如果条件为 true，继续执行循环体；

如果为 false，跳出循环。

do-while 循环语句的执行流程如图 3.12 所示。

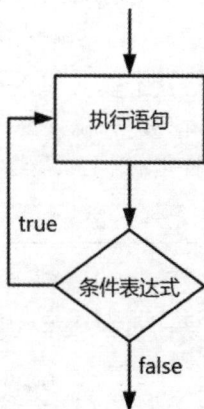

图 3.12　do-while 循环语句执行流程

下面是一个 do-while 循环的简单代码示例：

```
int i = 1;
do {
    System.out.println("循环次数: " + i);
    i++;
} while (i <= 5);
```

3.3.5　循环嵌套

循环嵌套是指在一个循环语句内部再包含另一个循环语句，形成多层循环结构。for 和 while 两种循环可以相互嵌套。在 for 循环中嵌套 for 循环的代码格式如下：

```
for (初始化外; 外条件; 外更新) {
    // 外层循环体
    for (初始化内; 内条件; 内更新) {
        // 内层循环体
    }
}
```

在 while 循环中嵌套 while 循环的代码格式如下：

```
while (外条件) {
    // 外层循环体
    while (内条件) {
        // 内层循环体
    }
}
```

在 while 循环中嵌套 for 循环的代码格式如下：

```
while (外条件) {
    // 外层循环体
    for (初始化内; 内条件; 内更新) {
        // 内层循环体
    }
}
```

在绘制图形或图案时，通常需要使用循环嵌套。例如，打印一个 3 行 4 列的星号图案，代码如下：

```
for (int i = 1; i <= 3; i++) {
    for (int j = 1; j <= 4; j++) {
        System.out.print("* ");
    }
    System.out.println();
}
```

这段代码外层循环控制打印的行数，从 1 到 3，每行的打印由内层循环完成。内层循环负责控制列数，从 1 到 4，每次迭代打印一个星号，确保每行有 4 个星号。每打印完一行，就使用 System.out.println() 进行换行，以便开始打印下一行。最终，程序会输出一个整齐的 3 行 4 列星号图案。运行结果如图 3.13 所示。

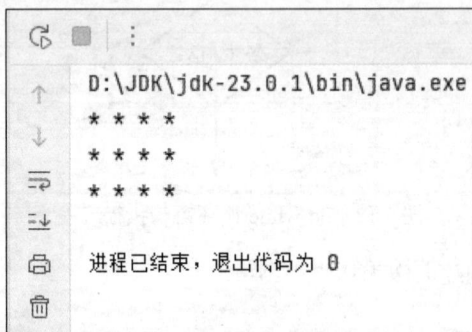

图 3.13　星号图案

3.3.6　跳转语句

跳转语句是 Java 中用于改变程序正常执行流程的语句，主要包括 break 和 continue。这些语句可以控制循环的执行流程，使程序能够根据特定条件提前终止循环或跳过某些代码逻辑。

1. break 语句

break 语句用于完全退出一个循环（for、while 或 do-while）。当程序遇到 break 时，它会立即停止当前的循环，然后继续执行循环后面的代码。

假设你正在看电影，突然来了一个重要电话需要接听。你就会停止看电影，去接电话。这就是 break 语句的作用，它会中断当前循环的执行，直接跳到循环外面去执行其他事情。示例代码如下：

```
for (int i = 1; i <= 5; i++) {
    if (i == 3) {
        break; // 当 i 等于 3 时，退出循环
    }
    System.out.println("循环次数：" + i);
}
System.out.println("循环已终止");
```

当 i 等于 3 时，就像在观看电影中途接到电话一样，break 语句被触发，循环立即结束。你将不再继续看电影（执行循环体中的代码），而是转向处理其他事情（执行循环后面的代码）。运行结果如图 3.14 所示。

2. continue 语句

continue 语句用于跳过当前循环的剩余代码，直接进入下一次循环。它不会完全退出循环，

而是跳过当前循环中 continue 之后的代码，继续下一次循环。

想象你正在吃一盒糖，里面有各种口味。你吃到一颗不喜欢的口味时，就会跳过这颗糖，继续吃盒子里的下一颗。这就像是 continue 语句，跳过当前循环的剩余部分，直接进入下一次循环。示例代码如下：

```
for (int i = 1; i <= 5; i++) {
    if (i == 3) {
        continue; // 当 i 等于 3 时，跳过本次循环的剩余部分
    }
    System.out.println("循环次数: " + i);
}
```

当 i 等于 3 时，就像吃到不喜欢的糖一样，continue 语句被触发，跳过本次循环的剩余部分（即 System.out.println 语句），直接进入下一次循环。你不会继续吃这颗糖（执行当前循环的剩余代码），而是直接拿下一颗糖（进入下一次循环）。运行结果如图 3.15 所示。

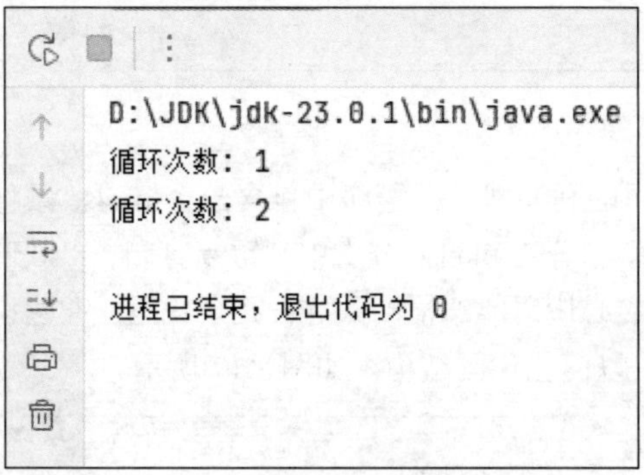

图 3.14　break 语句示例代码运行结果 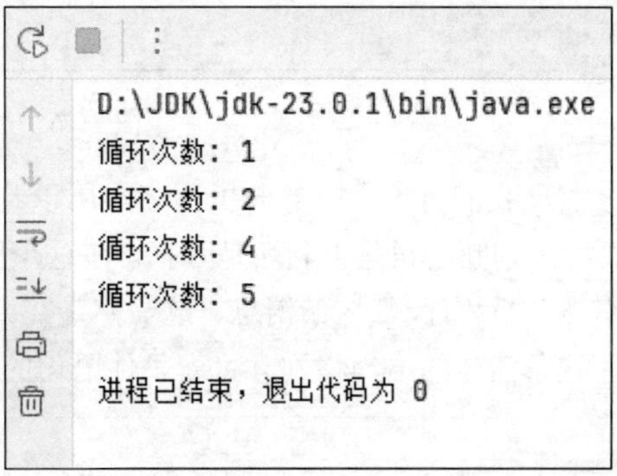　　　图 3.15　continue 语句示例代码运行结果

3.4　文心快码智能辅助

除了代码补全、语法检查等基本功能外，文心快码还能在编写条件语句和循环语句时，智能检测潜在的错误并提供修复建议。

3.4.1　条件语句错误检测

1. 单分支 if 语句错误检测

语法错误检测：文心快码能够检测 if 语句中的语法错误，例如括号不匹配、逻辑运算符使用不当等问题。这些问题往往源于开发者编写代码时的疏忽，文心快码能够及时发现并提示问题，帮助开发者快速修复。

逻辑错误检测：在 if 语句中，如果条件表达式的逻辑存在漏洞，如关系运算符使用错误（"=="误写为"="），文心快码会及时提醒。这种逻辑错误可能导致程序运行结果与预期不符，文心快码的提示能够帮助开发者避免这类错误，如图 3.16 所示。

2. if-else 语句错误检测

冗余代码检测：当 if 和 else 分支中的代码存在冗余时，文心快码会建议简化代码结构。冗

余代码不仅增加了复杂性，还可能引入潜在错误。文心快码的建议能够帮助开发者优化代码，提高代码的可读性和可维护性。

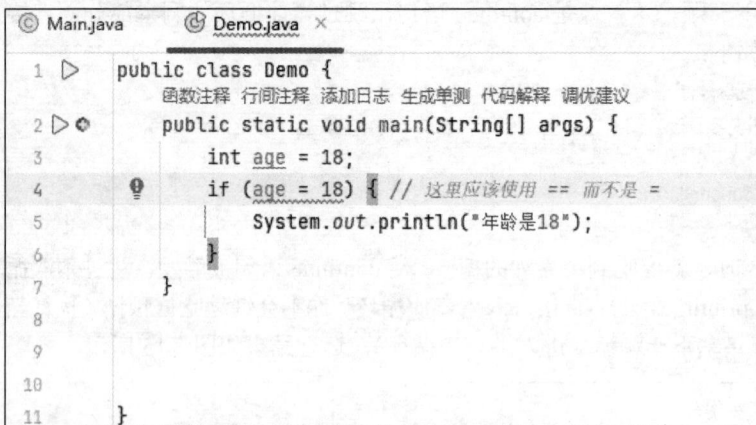

图 3.16　if 语句逻辑错误检测

假设我们有一个财务分析程序，用于判断公司的利润情况。程序中包含一个 if-else 条件语句，用于判断公司是盈利还是亏损。在这个例子中，if 分支和 else 分支中都重复打印了"欢迎使用财务分析程序！"这条消息，这显然是冗余的。文心快码能够检测到这种冗余代码，并建议将打印这条消息的语句移到 if-else 条件语句的外部，以简化代码结构。如图 3.17 所示。

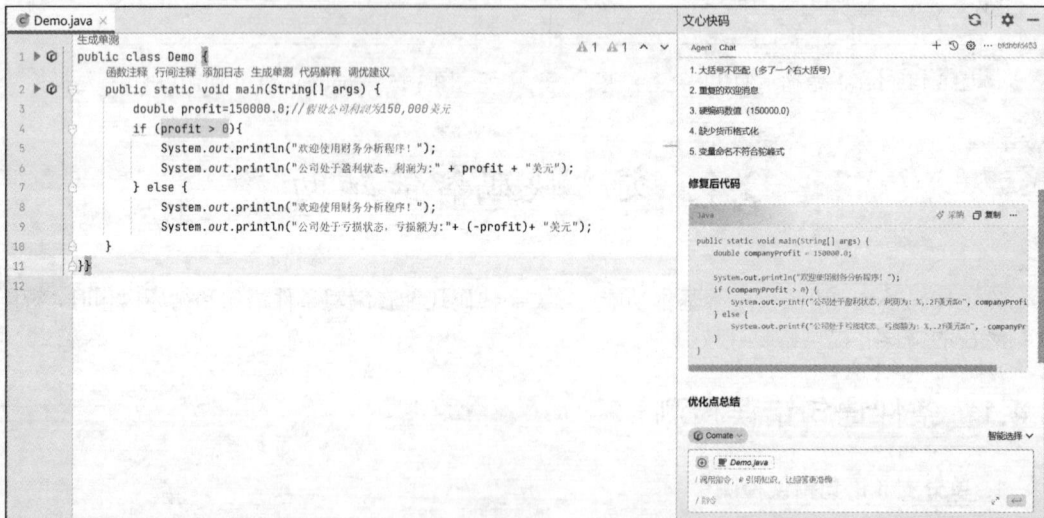

图 3.17　if-else 语句冗余代码检测

逻辑冲突检测： 如果 if 和 else 的条件存在逻辑冲突，文心快码会及时发现并提示。逻辑冲突可能导致程序在某些情况下无法正确执行，文心快码能够帮助开发者避免这类问题，如图 3.18 所示。

else if (score >= 100) 永远不会执行，因为 score >= 90 已经涵盖了 score >= 100 的情况。文心快码修正了逻辑异常，使条件判断更加合理。现在当分数在 80 到 89 之间时，会输出"良好"。

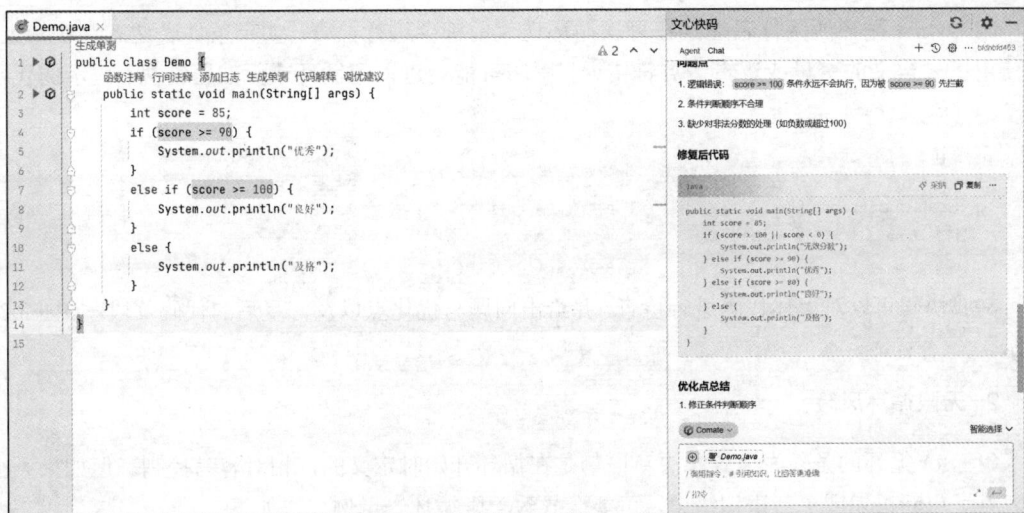

图 3.18 if else 语句逻辑冲突检测

3.4.2 循环语句错误检测

在 Java 中，for 循环和 while 循环是常用的循环结构，在编写代码时经常会遇到条件表达式错误和无限循环风险，以下是对此的详细说明。

1. 条件表达式错误

（1）for 循环的条件表达式是在循环开始时定义的，并且每次循环迭代前都会进行检查。如果条件表达式存在错误，如关系运算符使用不当或逻辑运算符错误，程序可能会进入死循环或无法正常执行。示例代码如下：

```java
for (int i = 0; i = 10; i++) {
    System.out.println(i);
}
```

文心快码对上述代码进行检查，并给出问题与优化点以及修复后的代码片段，如图 3.19 所示。

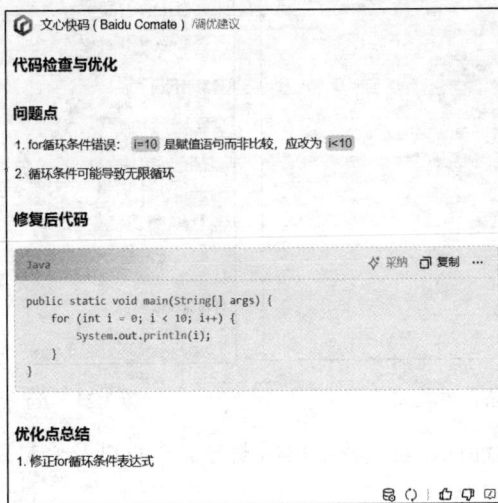

图 3.19 for 循环条件表达式错误

（2）while 循环的条件表达式在每次循环迭代前都会进行检查。如果条件表达式存在错误，如使用了未定义的变量或逻辑运算符错误，程序可能会进入死循环或无法正常执行。示例代码如下：

```
int i = 0;
while (i < 10) {
    System.out.println(i);
    j++; // 应该是 i++
}
```

文心快码可以对上述代码进行检查，并给出问题与优化点以及修复后的代码片段，如图 3.20 所示。

2. 无限循环风险

（1）for 循环的条件表达式和更新语句是在循环开始时定义的，相对容易控制。但如果不小心忽略了更新语句或更新语句错误，可能会导致无限循环。示例代码如下：

```
for (int i = 0; i < 10; ) {
    System.out.println(i);
}
```

文心快码对上述代码进行检查，并给出问题与优化点以及修复后的代码片段，如图 3.21 所示。

（2）while 循环的条件表达式在每次循环迭代前都会进行检查，相对更灵活。但由于缺乏固定的更新语句，容易出现忘记更新循环变量或更新语句错误的情况，导致无限循环。示例代码如下：

```
int i = 0;
while (i < 10) {
    System.out.println(i);
}
```

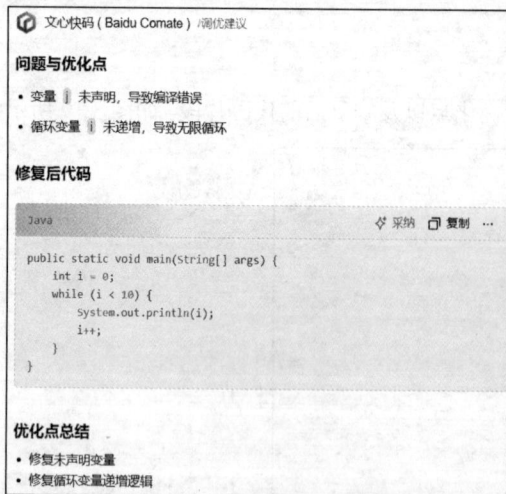

图 3.20　while 循环条件表达式错误

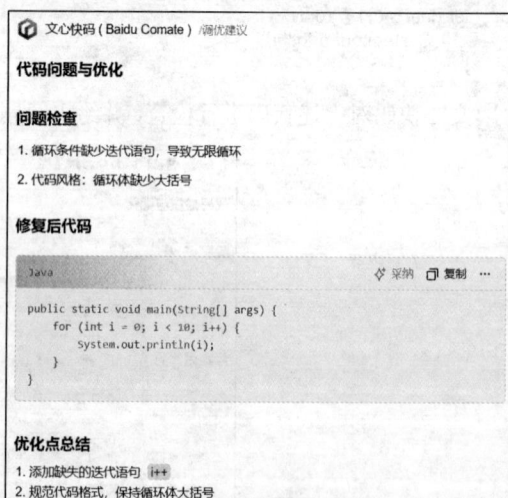

图 3.21　for 循环无限循环风险

文心快码对上述代码进行检查，并给出问题与优化点以及修复后的代码片段，如图 3.22 所示。

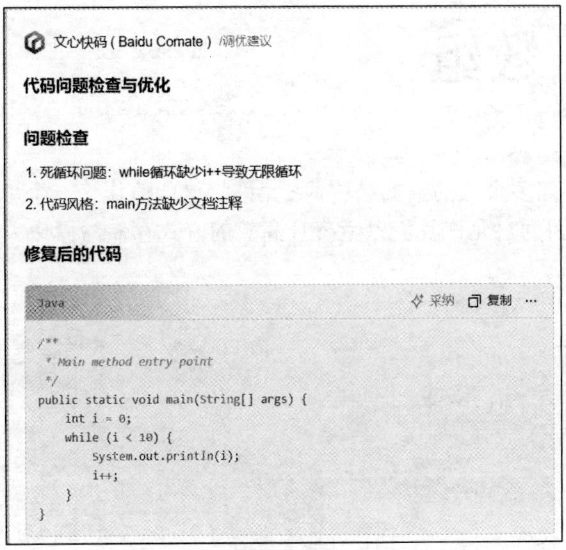

文心快码（Baidu Comate）/调优建议

代码问题检查与优化

问题检查

1. 死循环问题：while循环缺少i++导致无限循环
2. 代码风格：main方法缺少文档注释

修复后的代码

Java　　采纳　复制　…

```java
/**
 * Main method entry point
 */
public static void main(String[] args) {
    int i = 0;
    while (i < 10) {
        System.out.println(i);
        i++;
    }
}
```

图 3.22　while 循环无限循环风险

第4章 数组

数组是一种用于存储多个值的数据结构，它允许将这些值作为一个单元进行操作。在程序设计中，数组非常有用，因为它允许我们以紧凑且高效的方式存储与操作大量数据。本章知识架构如下。

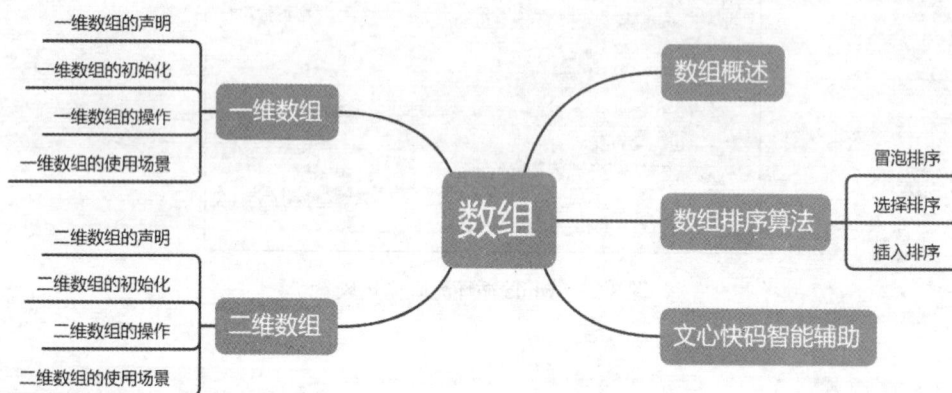

4.1 数组的概述

数组是一种在编程中用来存储多个值的数据结构。可以把它想象成一个能容纳许多物品的容器，每个物品都有一个特定的位置。类似电影院的座位安排，座位按行和列分布。每排座位就像是一个一维数组，每个座位都有一个座位号。整个电影院的座位布局图类似于一个二维数组，每个座位的位置由行号和列号共同确定。在 Java 中，数组可以被看作一种对象，虽然基本数据类型不是对象，但由基本数据类型组成的数组却被当作对象处理。在程序设计中运用数组，可以更有效地管理和处理数据。

4.2 一维数组

一维数组是一种数据结构，它存储一组相同类型的元素，并且这些元素是线性排列的。你可以将一维数组想象成一个货架，上面放着一排排的商品，每个商品都有一个固定的编号（即索引），可以根据编号快速找到对应的商品。一维数组中的每个元素都对应一个从 0 开始的索引，使得我们可以轻松地访问和操作数组中的元素。

4.2.1 一维数组的声明

在 Java 中，一维数组的声明方式有以下两种：

```
类型[] 数组名;
类型 数组名[];
```

声明一维数组的语法如下：

```
int[] arr; // 声明一个整型一维数组
int arr[]; // 声明一个整型一维数组
```

在声明一维数组后，数组变量（如 arr）实际上是一个引用，指向未来可能存储数组对象的内存位置。此时，数组变量还没有实际存储任何数据，也没有分配内存空间。简而言之，数组变量扮演者一个引用的角色，指示内存中存储数组对象的位置，但它在声明时并没有进行初始化，也就是说，它还没有指向任何有效的数组对象。

例如，int[] arr 只是告诉编译器，arr 是一个引用变量，它可以指向一个整型数组对象。此时，arr 的值是 null，表示它没有指向任何对象。

为了使用数组，需要使用 new 关键字来实例化数组。示例代码如下：

```
arr = new int[5]; // 实例化一个长度为 5 的整型数组
```

在这个例子中，new int[5]创建了一个长度为 5 的整型数组，并将它的引用赋值给 arr。此时，数组变量 arr 才真正指向了一个有效的数组对象，如图 4.1 所示。

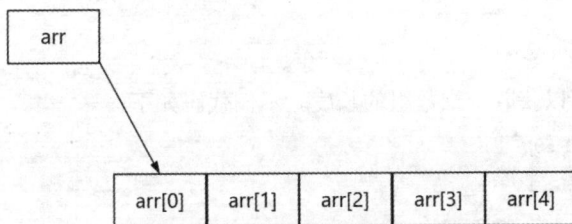

图 4.1 一维数组的内存模式

通常，声明和实例化数组可以在同一行完成，参考代码如下：

```
int[] arr = new int[5]; // 声明并实例化一个整型一维数组
```

这种方式简洁明了，是 Java 中常用的数组声明方式。

4.2.2 一维数组的初始化

在 Java 中，一维数组的初始化有两种主要方式：静态初始化和动态初始化。

1. 静态初始化

静态初始化是指在声明数组的同时，直接为数组元素赋值。这种方式适用于数组元素已知的情况。语法如下：

```
类型[] 数组名 = {元素 1, 元素 2, 元素 3, ...};
```

示例代码如下：

```
int[] arr = {1, 2, 3, 4, 5}; // 静态初始化
```

在这个例子中，arr 是一个长度为 5 的整型数组，数组元素依次为 1、2、3、4、5。数组的长度由初始化的元素个数决定，编译器会自动计算。

2. 动态初始化

动态初始化是指先声明数组，然后通过 new 关键字创建数组对象，并在之后为数组元素赋值。此方式适用于数组元素未知或需要动态生成的情况。语法如下：

```
类型[] 数组名 = new 类型[数组长度];
```

示例代码如下：

```
int[] arr = new int[5];        // 动态初始化，创建一个长度为 5 的整型数组
for (int i = 0; i < arr.length; i++) {
    arr[i] = i + 1;            // 为数组元素赋值
}
```

在这个例子中，arr 是一个长度为 5 的整型数组。通过 new int[5]创建数组对象后，数组的元素初始值为 0（对于整型数组来说），然后使用循环为数组元素赋值。

4.2.3　一维数组的操作

一维数组的操作主要包括获取数组长度、访问数组元素、修改数组元素和遍历数组等。下面将对这些操作进行详细说明。

1. 获取数组长度

通过 length 属性可以获取一维数组的长度。示例代码如下：

```
int[] arr = {10, 20, 30, 40, 50};
int length = arr.length; // 获取数组长度，值为 5
```

2. 访问数组元素

通过索引可以访问一维数组中的元素。数组索引从 0 开始，因此最后一个元素的索引是数组长度减 1。示例代码如下：

```
int[] arr = {10, 20, 30, 40, 50};
int firstElement = arr[0];          // 访问第一个元素，值为 10
int secondElement = arr[1];         // 访问第二个元素，值为 20
int lastElement = arr[arr.length - 1];   // 访问最后一个元素，值为 50
```

3. 修改数组元素

通过索引可以修改一维数组中的元素。示例代码如下：

```
int[] arr = {10, 20, 30, 40, 50};
arr[0] = 100; // 修改第一个元素，值改为 100
arr[2] = 300; // 修改第三个元素，值改为 300
```

4. 遍历数组

可以使用循环遍历一维数组中的所有元素。使用 for 循环的示例代码如下：

```
int[] arr = {10, 20, 30, 40, 50};
for (int i = 0; i < arr.length; i++) {
    System.out.println(arr[i]); // 遍历数组
}
```

使用 for-each 循环的示例代码如下：

```
int[] arr = {10, 20, 30, 40, 50};
```

```
for (int num : arr) {
    System.out.println(num); // 遍历数组
}
```

5. 填充和批量替换数组元素

数组中的元素定义完成后，可通过 Arrays 类的静态方法 fill() 对数组中的元素进行填充，从而实现初始化或替换的效果。以下是一个使用 fill() 方法填充数组的示例代码：

```
int[] arr = new int[5];
Arrays.fill(arr, 10); // 将所有元素填充为 10
```

4.2.4 一维数组的使用场景

在 Java 中，一维数组是最常见的一种数据结构。下面是两个使用一维数组的实例。

1. 存储学生成绩

假设有一个班级的学生参加了数学考试，可以使用一维数组来存储每个学生的成绩。例如，数组的索引代表学生编号，数组的值代表该学生的考试成绩。示例代码如下。

```
// 声明并初始化一个一维数组，存储 5 个学生的数学成绩
int[] mathScores = {85, 90, 78, 92, 88};

// 访问数组元素
int student1Score = mathScores[0]; // 第一个学生的成绩为 85
int student2Score = mathScores[1]; // 第二个学生的成绩为 90

// 修改数组元素
mathScores[2] = 80; // 将第三个学生的成绩从 78 改为 80

// 遍历数组，打印所有学生的成绩
for (int i = 0; i < mathScores.length; i++) {
    System.out.println("学生 " + (i + 1) + " 的成绩为: " + mathScores[i]);
}
```

输出结果如图 4.2 所示。

2. 存储商品价格

在电子商务系统中，可以使用一维数组来存储商品的价格。例如，数组的索引代表商品编号，数组的值代表该商品的价格。示例代码如下：

```
// 声明并初始化一个一维数组，存储 5 种商品的价格
double[] productPrices = {19.99, 29.99, 39.99, 49.99, 59.99};

// 访问数组元素
double priceOfProduct1 = productPrices[0]; // 商品 1 的价格为 19.99
double priceOfProduct2 = productPrices[1]; // 商品 2 的价格为 29.99

// 修改数组元素
productPrices[2] = 35.99; // 将商品 3 的价格从 39.99 改为 35.99

// 遍历数组，打印所有商品的价格
for (int i = 0; i < productPrices.length; i++) {
    System.out.println("商品 " + (i + 1) + " 的价格为: " + productPrices[i]);
}
```

输出结果如图 4.3 所示。

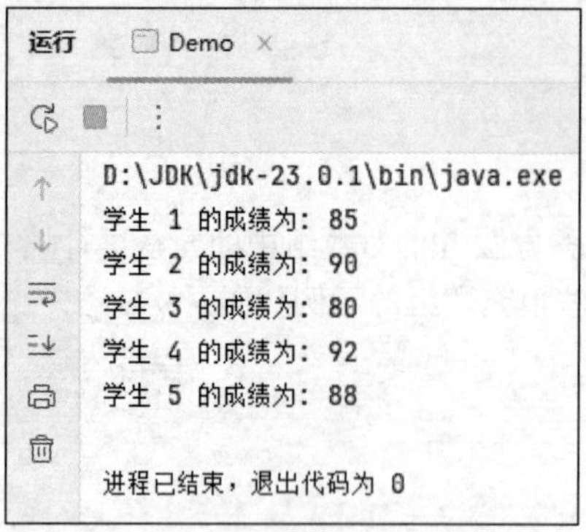

图 4.2　存储学生成绩的输出结果 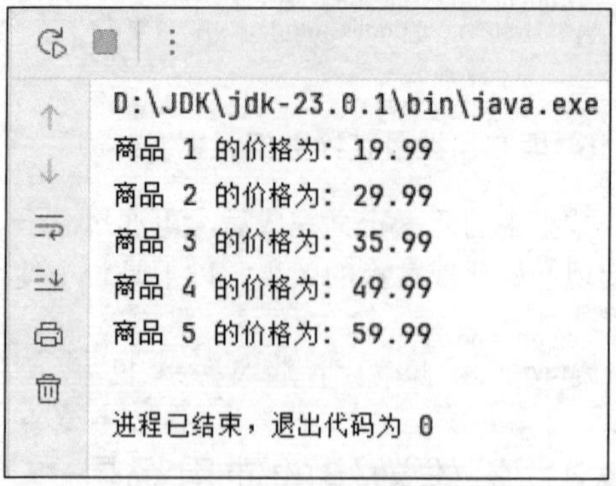　　　　图 4.3　存储商品价格的输出结果

4.3　二　维　数　组

二维数组可以被视为一个表格或者棋盘，由行和列构成，每个元素通过两个索引来定位，一个表示行，另一个表示列。就如同电影院的座位，每个座位由特定的行号和列号共同确定。

4.3.1　二维数组的声明

在 Java 中，二维数组实质上是数组的数组，适用于存储二维数据结构。以下是声明二维数组的方式。第一种方式的语法如下：

```
类型[][] 数组名;
```

示例代码如下：

```
int[][] matrix; // 声明一个整型二维数组
```

matrix 是一个二维数组，可以存储整数类型的元素。
第二种方式的语法如下：

```
类型 数组名[][];
```

示例代码如下：

```
int matrix[][]; // 声明一个整型二维数组
```

以上两种方式是等价的，但更推荐使用第一种方式，因为它更符合现代 Java 的编码风格，并且能够清晰地表明 matrix 是一个二维数组。

声明后的数组变量只是一个引用，需要使用 new 关键字来实例化数组，分配内存空间并初始化数组元素。示例代码如下：

```
matrix = new int[3][4]; // 实例化一个 3 行 4 列的整型二维数组
```

4.3.2　二维数组的初始化

在 Java 中，二维数组的初始化与一维数组一样，可以通过静态初始化和动态初始化两种方式实现。不同的是，二维数组有两个索引（即下标），分别代表行和列，共同构成一个矩阵结构，如图 4.4 所示。

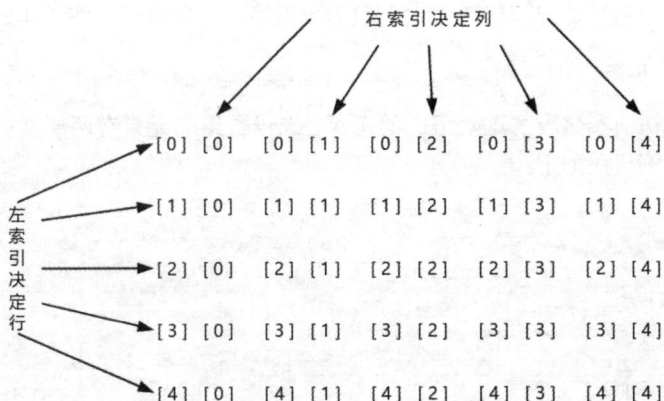

图 4.4 二维数组索引与行、列的关系

1. 静态初始化

静态初始化是指在声明数组的同时，直接为数组的元素赋值。这种方式适用于数组元素已知的情况。语法如下：

```
类型[][] 数组名 = {{元素 1, 元素 2, 元素 3, ...}, {元素 1, 元素 2, 元素 3, ...}, ...};
```

示例代码如下：

```
int[][] matrix = {{1, 2, 3}, {4, 5, 6}, {7, 8, 9}}; // 静态初始化
```

在这个例子中，matrix 是一个 3 行 3 列的整型二维数组，包含以下元素：

```
row 0: [1, 2, 3]
row 1: [4, 5, 6]
row 2: [7, 8, 9]
```

数组的长度由初始化的元素个数决定，编译器会自动计算。数组在声明阶段即可完成初始化，不需要额外的赋值操作。

2. 动态初始化

动态初始化是指先声明数组，然后通过 new 关键字创建数组对象，最后为数组元素赋值。这种方式适用于数组元素未知或需要动态生成数组元素值的情况。语法如下：

```
类型[][] 数组名 = new 类型[行数][列数];
```

示例代码如下：

```
int[][] matrix = new int[3][3]; // 动态初始化，创建一个 3 行 3 列的整型二维数组
matrix[0][0] = 1; matrix[0][1] = 2; matrix[0][2] = 3;
matrix[1][0] = 4; matrix[1][1] = 5; matrix[1][2] = 6;
matrix[2][0] = 7; matrix[2][1] = 8; matrix[2][2] = 9;
```

在这个例子中，首先创建了一个 3 行 3 列的整型二维数组 matrix，然后通过循环或直接赋值为数组元素赋值。这种方法允许在创建数组后动态地为元素赋值。

注意，声明数组时需要明确指定其行数和列数。数组元素在其创建数组对象后，初始值为默认值（例如，整型默认值为 0，布尔型默认值为 false）。随后，必须使用循环或其他方式为数组元素赋值。

4.3.3 二维数组的操作

二维数组的操作包括访问和修改元素、遍历数组等。下面将对这些操作进行详细说明。

1. 访问和修改元素

通过索引可以访问和修改二维数组中的元素。二维数组的元素有两层索引，第一层表示行，第二层表示列。示例代码如下：

```java
int[][] matrix = {
    {1, 2, 3},
    {4, 5, 6},
    {7, 8, 9}
};

// 访问元素 (0,0)
int element = matrix[0][0];
System.out.println("访问的元素 (0,0): " + element);

// 修改元素 (0,0)
matrix[0][0] = 10;
System.out.println("修改后的元素 (0,0): " + matrix[0][0]);
```

2. 遍历数组

可以使用嵌套循环遍历二维数组中的所有元素。示例代码如下：

```java
int[][] matrix = {
    {1, 2, 3},
    {4, 5, 6},
    {7, 8, 9}
};
// 使用嵌套循环遍历二维数组
for (int i = 0; i < matrix.length; i++) {
    for (int j = 0; j < matrix[i].length; j++) {
        System.out.print(matrix[i][j] + " ");
    }
    System.out.println();
}
```

3. 填充和批量替换数组元素

数组中的元素定义完成后，可通过 Arrays 类的静态方法 fill() 来对数组中的元素进行分配，起到填充和替换的效果。填充数组示例代码如下：

```java
int[][] matrix = new int[3][3];
for (int[] row : matrix) {
    Arrays.fill(row, 1); // 将每行填充为 1
}
for (int[] row : matrix) {
System.out.println(Arrays.toString(row)); // 打印数组的每一行
}
```

4.3.4 二维数组的使用场景

二维数组在多个领域都有广泛的应用，尤其是在需要处理表格数据、矩阵运算时，或者在任何需要以行和列的形式组织数据时。以下是几个常见的使用场景示例。

1. 矩阵运算

在数学和科学计算中，二维数组常用于表示矩阵。例如，可以使用二维数组来存储矩阵的元素，并进行矩阵加法、乘法等运算。示例代码如下：

```
int[][] matrixA = {{1, 2}, {3, 4}};
int[][] matrixB = {{5, 6}, {7, 8}};

    // 矩阵加法
    // 初始化结果矩阵，大小为 2x2
    int[][] result = new int[2][2];

    // 遍历矩阵的每一行
    for (int i = 0; i < 2; i++) {
        // 遍历矩阵的每一列
        for (int j = 0; j < 2; j++) {
            // 将 matrixA 和 matrixB 对应位置的元素相加，结果存入 result 矩阵
            result[i][j] = matrixA[i][j] + matrixB[i][j];
        }
    }

    // 使用 Arrays.deepToString 方法将二维数组转换为字符串，并打印结果
    System.out.println(Arrays.deepToString(result));
```

运行结果如图 4.5 所示。

2. 数据表格

二维数组可以用来存储和操作数据表格。例如，可以使用二维数组来存储学生成绩，并进行查询和统计。示例代码如下：

```
    // 定义一个二维字符串数组，存储学生信息
    String[][] students = {
        // 第一行存储学生姓名
        {"Alice", "Bob", "Charlie"},
        // 第二行存储学生数学成绩
        {"85", "90", "78"},
        // 第三行存储学生英语成绩
        {"92", "88", "85"}
    };
    // 打印学生信息
    for (int i = 0; i < students.length; i++) {
        System.out.println(Arrays.toString(students[i]));
    }
```

运行结果如图 4.6 所示。

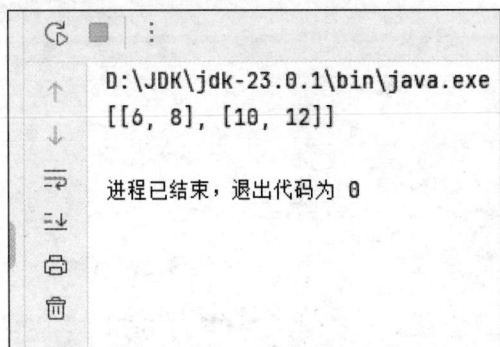

```
D:\JDK\jdk-23.0.1\bin\java.exe
[[6, 8], [10, 12]]

进程已结束，退出代码为 0
```

图 4.5　矩阵运算运行结果

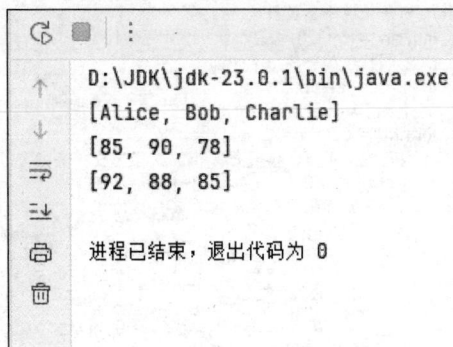

```
D:\JDK\jdk-23.0.1\bin\java.exe
[Alice, Bob, Charlie]
[85, 90, 78]
[92, 88, 85]

进程已结束，退出代码为 0
```

图 4.6　数据表格运行结果

4.4　数组排序算法

排序算法是计算机科学中将数据按特定顺序进行排列的一类算法。在 Java 中，数组排序是数据处理的基础操作之一，掌握不同的排序算法对于提高程序性能和解决实际问题至关重要。本节将详细介绍三种常见的数组排序算法：冒泡排序、选择排序和插入排序。

4.4.1　冒泡排序

冒泡排序是一种简单的排序算法，它重复地遍历待排序的数组，比较相邻的两个元素，如果它们的顺序错误就交换它们。每次遍历都会将最大的元素"冒泡"到数组的末尾。这个过程会重复进行，直到整个数组有序。

假设我们有一个整数数组{5, 3, 8, 4, 2}，我们使用冒泡排序算法对其进行升序排序。

- 第一次遍历：
  - 比较 5 和 3，交换位置，得到{3, 5, 8, 4, 2}。
  - 比较 5 和 8，顺序正确，不交换。
  - 比较 8 和 4，交换位置，得到{3, 5, 4, 8, 2}。
  - 比较 8 和 2，交换位置，得到{3, 5, 4, 2, 8}。最大的元素 8 已经被移到了末尾。
- 第二次遍历：
  - 比较 3 和 5，顺序正确，不交换。
  - 比较 5 和 4，交换位置，得到{3, 4, 5, 2, 8}。
  - 比较 5 和 2，交换位置，得到{3, 4, 2, 5, 8}。此时，第二大的元素 5 被移到了倒数第二个位置。
- 第三次遍历：
  - 比较 3 和 4，顺序正确，不交换。
  - 比较 4 和 2，交换位置，得到{3, 2, 4, 5, 8}。此时，前三个最大的元素已经各就各位。
- 第四次遍历：
  - 比较 3 和 2，交换位置，得到{2, 3, 4, 5, 8}。现在数组已经完全有序。

算法实现的代码如下。

```java
// 初始化一个整数数组
int[] arr = {5, 3, 8, 4, 2};
// 获取数组的长度
int n = arr.length;
// 外层循环，控制排序的轮数
for (int i = 0; i < n - 1; i++) {
    // 内层循环，负责每一轮的具体比较和交换
    for (int j = 0; j < n - i - 1; j++) {
        // 如果当前元素大于其后面的元素
        if (arr[j] > arr[j + 1]) {
            // 交换 arr[j] 和 arr[j + 1]
            // 创建一个临时变量来存储 arr[j]的值
            int temp = arr[j];
            // 将 arr[j + 1]的值赋给 arr[j]
            arr[j] = arr[j + 1];
            // 将临时变量 temp 的值赋给 arr[j + 1]
            arr[j + 1] = temp;
```

```
        }
    }
}
// 打印排序后的数组
System.out.println(Arrays.toString(arr));
```

运行结果如图 4.7 所示。

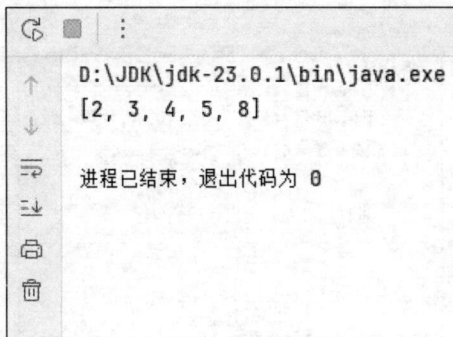

```
D:\JDK\jdk-23.0.1\bin\java.exe
[2, 3, 4, 5, 8]

进程已结束, 退出代码为 0
```

图 4.7　冒泡排序运行结果

该算法适用于小规模数据的排序。由于其简单性，常用于教学和理解排序算法的基本概念。

4.4.2　选择排序

选择排序是一种简单直观的排序算法。它的工作原理是每次从未排序的部分选择最小（或最大）的元素，将其放到已排序部分的末尾。这个过程会重复进行，直到整个数组有序。

假设我们有一个整数数组 {5, 3, 8, 4, 2}，我们使用选择排序对其进行升序排序。

- 第一次选择：找到整个数组中最小的元素 2，将其与第一个元素交换位置，得到 {2, 3, 8, 4, 5}。
- 第二次选择：在剩下的子数组 {3, 8, 4, 5} 中找到最小的元素 3，它已经在正确的位置，无须进行交换。
- 第三次选择：在剩下的子数组 {8, 4, 5} 中找到最小的元素 4，将其与第三个元素交换位置，得到 {2, 3, 4, 8, 5}。
- 第四次选择：在剩下的子数组 {8, 5} 中找到最小的元素 5，将其与第四个元素交换位置，得到 {2, 3, 4, 5, 8}。

算法实现的代码如下。

```
// 初始化一个整数数组
int[] arr = {5, 3, 8, 4, 2};
// 获取数组的长度
int n = arr.length;
// 外层循环，控制排序的轮数
for (int i = 0; i < n - 1; i++) {
    // 假设当前索引 i 为最小值索引
    int minIndex = i;
    // 内层循环，从 i+1 开始遍历数组，寻找最小值
    for (int j = i + 1; j < n; j++) {
        // 如果找到比当前最小值更小的值
        if (arr[j] < arr[minIndex]) {
            // 更新最小值索引为当前找到的更小值的索引
            minIndex = j;
        }
    }
    // 交换 arr[i] 和 arr[minIndex]，将当前轮次找到的最小值放到正确的位置上
```

```
    // 交换 arr[i] 和 arr[minIndex]
    int temp = arr[i];
    arr[i] = arr[minIndex];
    arr[minIndex] = temp;
}
// 打印排序后的数组
System.out.println(Arrays.toString(arr));
```

运行结果如图 4.8 所示。

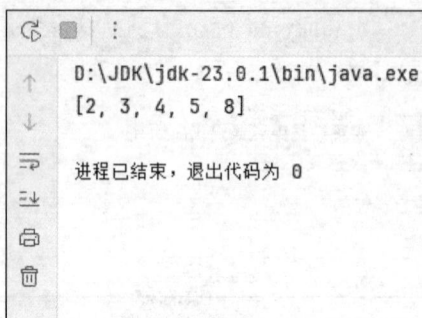

```
D:\JDK\jdk-23.0.1\bin\java.exe
[2, 3, 4, 5, 8]

进程已结束，退出代码为 0
```

图 4.8　选择排序运行结果

选择排序的核心优势在于简单性、低内存占用和有限交换次数，但其 $O(n^2)$ 的时间复杂度限制了其在大规模数据中的应用。

4.4.3　插入排序

插入排序的思想是通过构建有序序列，对于未排序数据，在已排序序列中从后向前扫描，找到相应位置并插入。该算法将一个记录插入已经排好序的有序表中，从而得到一个新的、记录数增加 1 的有序表。这个过程会重复进行，直到整个数组有序。

假设我们有一个整数数组 {5, 3, 8, 4, 2}，我们使用插入排序对其进行升序排序。

- 第一次插入：将 5 插入已排序的空表中，得到 {5}。
- 第二次插入：将 3 插入已排序的表 {5} 中，得到 {3, 5}。
- 第三次插入：将 8 插入已排序的表 {3, 5} 中，得到 {3, 5, 8}。
- 第四次插入：将 4 插入已排序的表 {3, 5, 8} 中，得到 {3, 4, 5, 8}。
- 第五次插入：将 2 插入已排序的表 {3, 4, 5, 8} 中，得到 {2, 3, 4, 5, 8}。

算法实现的代码如下。

```
// 初始化一个整数数组
int[] arr = {5, 3, 8, 4, 2};
int n = arr.length;
// 使用插入排序算法对数组进行排序
for (int i = 1; i < n; i++) {
    // 从数组的第二个元素开始，取出当前元素作为 key
    int key = arr[i];
    int j = i - 1;
    // 将 key 插入已排序的子数组中（从后向前遍历已排序的子数组）
    // 当 j 大于或等于 0 且 arr[j]大于 key 时，执行循环体
    while (j >= 0 && arr[j] > key) {
        // 将比 key 大的元素向后移动一位
        arr[j + 1] = arr[j];
        // 继续向前移动索引 j
        j--;
    }
```

```
    // 将 key 插入正确的位置
    arr[j + 1] = key;
}
// 打印排序后的数组
System.out.println(Arrays.toString(arr));
```

运行结果如图 4.9 所示。

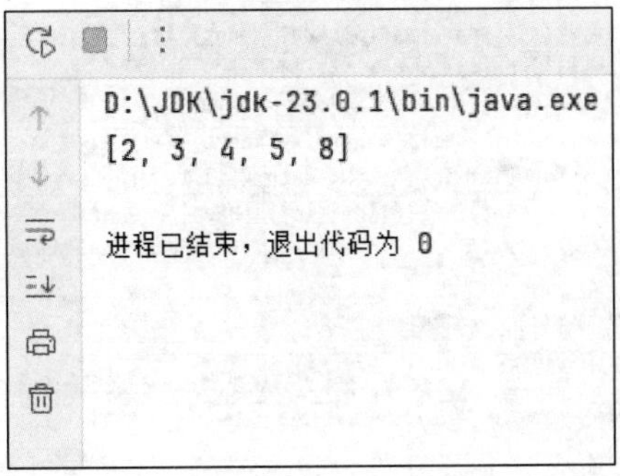

图 4.9　插入排序运行结果

4.5　文心快码智能辅助

在学习数组的过程中，文心快码的智能提示功能可以极大地帮助开发者快速掌握和应用数组的基本操作、排序算法等内容。以下是文心快码在本章中的具体应用。

在对数组进行操作时，可以在单行注释中说明你的操作，文心快码会自动生成相应的代码。

（1）填充和批量替换数组元素。添加注释"填充矩阵，元素为随机生成的 1 到 9 之间的整数"，按下 Enter 键，文心快码会自动生成所需代码，再按下 Tab 键进行采纳，如图 4.10 所示。

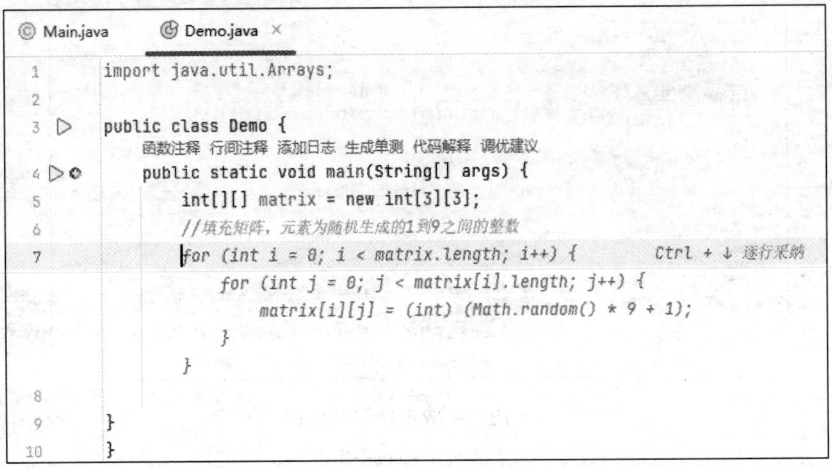

图 4.10　生成填充和批量替换数组元素代码

（2）遍历数组。再添加一行"遍历矩阵，打印元素"注释，按下 Tab 键采纳推荐代码，如

图 4.11 所示。

```
import java.util.Arrays;

public class Demo {
    函数注释 行间注释 添加日志 生成单测 代码解释 调优建议
    public static void main(String[] args) {
        int[][] matrix = new int[3][3];
        //填充矩阵，元素为随机生成的1到9之间的整数
        for (int i = 0; i < matrix.length; i++) {
            for (int j = 0; j < matrix[i].length; j++) {
                matrix[i][j] = (int) (Math.random() * 9 + 1);
            }
        }
        //遍历矩阵，打印元素
        for (int i = 0; i < matrix.length; i++) {          Ctrl + ↓ 逐行采纳
            System.out.println(Arrays.toString(matrix[i]));
        }


    }
}
```

图 4.11　生成遍历数组代码

（3）排序算法。再添加一行"对矩阵的每一行进行冒泡排序"注释，按下 Tab 键采纳推荐代码，如图 4.12 所示。

```
import java.util.Arrays;

public class Demo {
    函数注释 行间注释 添加日志 生成单测 代码解释 调优建议
    public static void main(String[] args) {
        int[][] matrix = new int[3][3];
        //填充矩阵，元素为随机生成的1到9之间的整数
        for (int i = 0; i < matrix.length; i++) {
            for (int j = 0; j < matrix[i].length; j++) {
                matrix[i][j] = (int) (Math.random() * 9 + 1);
            }
        }
        //遍历矩阵，打印元素
        for (int i = 0; i < matrix.length; i++) {
            System.out.println(Arrays.toString(matrix[i]));
        }
        //对矩阵的每一行进行冒泡排序
        for (int i = 0; i < matrix.length; i++) {          Ctrl + ↓ 逐行采纳
            //冒泡排序，将每一行进行升序排列
            for (int j = 0; j < matrix[i].length - 1; j++) {
                for (int k = 0; k < matrix[i].length - 1 - j; k++) {
                    if (matrix[i][k] > matrix[i][k + 1]) {
                        int temp = matrix[i][k];
                        matrix[i][k] = matrix[i][k + 1];
                        matrix[i][k + 1] = temp;
```

图 4.12　生成排序算法代码

在处理复杂的数组操作时，文心快码会根据注释自动生成相应的代码，从而减少了手动编写代码的时间和错误率。

第5章 字符串与正则表达式

字符串可以形象地比作一串项链，每个字符就像是项链上的珠子，串联在一起形成完整的字符串。在计算机里，字符串用于存储和处理文字信息。例如，"Hello"就是一个字符串，由 H、e、l、l、o 这五个字符串联而成。

正则表达式就像一个魔法模板，可以用来匹配特定模式的字符串。想象一下，有一堆混杂的珠子，目标是快速挑出所有红色圆形的珠子，正则表达式就是完成这个任务的筛选工具。它通过特定的符号和规则，描述了所需匹配的字符串的模式。本章知识架构如下。

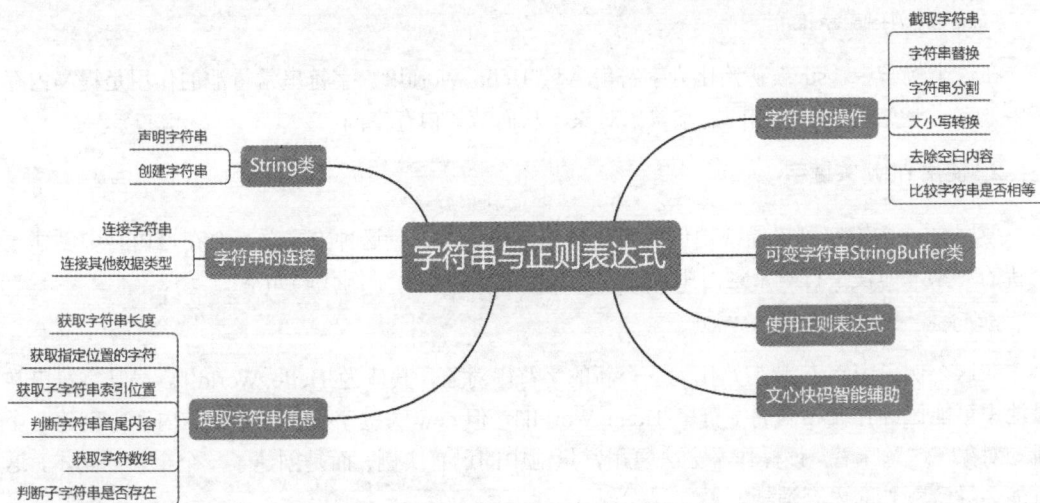

5.1 String 类

5.1.1 声明字符串

声明字符串是指在程序中定义一个字符串变量，为其分配内存空间，以便后续存储和操作字符串数据。在 Java 中，字符串通过 String 类来表示，因此声明字符串实际上就是声明一个 String 类型的变量。语法格式如下：

```
String 变量名;
```

声明一个名为 name 的字符串变量，示例代码如下：

```
String name;
```

此时变量 name 它还没有指向任何实际的字符串对象，其值为 null。

在声明字符串变量时，不需要使用 new 关键字，也不需要立即为其赋值。声明字符串变量后，如果未进行赋值操作，尝试访问（调用）该变量的值将导致 NullPointerException 错误。

5.1.2 创建字符串

创建字符串是指为字符串变量分配实际的内存空间，并初始化其值。在 Java 中，可以通过以下几种方式创建字符串。

1. 使用字符串常量

字符串常量是用双引号括起来的字符序列，例如"Hello, World!"。当使用字符串常量来创建字符串时，Java 会在字符串常量池中查找是否存在相同的字符串。如果存在，则直接引用该字符串；如果不存在，则在字符串常量池中创建一个新的字符串对象，并将其返回。示例代码如下：

```
String str = "Hello, World!";
```

在这个例子中，str 被初始化为字符串常量"Hello, World!"。字符串常量池的作用是提高内存使用效率，避免重复创建相同的字符串对象，从而节省内存空间。

2. 使用 new 关键字

使用 new 关键字可以显式地创建一个新的字符串对象。这种方式总是会在堆内存中创建一个新的对象，即使字符串常量池中已经存在相同的字符串。示例代码如下：

```
String str = new String("Hello, World!");
```

在这个例子中，str 被初始化为一个新的字符串对象，其值为"Hello, World!"。尽管字符串常量池中可能已经存在相同的字符串"Hello, World!"，但 new 关键字仍会强制在堆内存中创建一个新的对象。这意味着，该操作不会去复用常量池中的已有实例，而是创建了一个全新的副本，这可能会导致额外的内存消耗。

3. 使用字符数组

字符数组是一种存储字符序列的基本数据结构。可以使用字符数组来创建字符串对象。示例代码如下：

```
char[] charArray = {'H', 'e', 'l', 'l', 'o'};
String str = new String(charArray);
```

在这个例子中，charArray 是一个包含字符 H、e、l、l、o 的数组。new String(charArray)将字符数组转换为一个字符串对象，其值为"Hello"。

4. 使用字节数组

字节数组可以用来表示字符串的二进制形式。同样地，可以使用字节数组来创建字符串对象。示例代码如下：

```
byte[] byteArray = {72, 101, 108, 108, 111}; // 对应"Hello"中各字符的 ASCII 编码
String str = new String(byteArray);
```

在这个例子中，byteArray 是一个包含字节 72、101、108、108、111 的数组。这些字节分别是对应"Hello"中各字符的 ASCII 编码。通过 new String(byteArray)，将字节数组转换成一个字符串对象，其值为"Hello"。

5.2 字符串的连接

字符串的连接是指将两个或多个字符串拼接在一起形成一个新的字符串。在实际应用中，字符串连接很常见。例如，可以把一个人的姓和名连接起来形成全名，或者把多个单词连接成一个完整的句子。

5.2.1 连接字符串

在 Java 中，连接字符串有多种方法，以下是常见的两种实现方式。

（1）使用"+"运算符。"+"运算符是最简单且最常用的字符串连接方式。它可以将两个或多个字符串直接连接在一起。示例代码如下：

```
String str1 = "Hello";
String str2 = "World";
String result = str1 + " " + str2;
System.out.println(result); // 输出 "Hello World"
```

在这个例子中，通过使用"+"运算符，将 str1、一个空格字符" "和 str2 连接起来，形成了新的字符串"Hello World"并打印，运行结果如图 5.1 所示。

使用"+"运算符连接字符串时，如果其中一个操作数是字符串，另一个操作数会被自动转换为字符串。在循环中使用"+"运算符进行字符串连接会导致性能问题，因为每次连接都会创建一个新的字符串对象。

（2）使用 concat()方法。concat()方法是 String 类提供的一个方法，用于将一个字符串连接到另一个字符串的末尾。示例代码如下：

```
String str1 = "张";
String str2 = "三";
String result = str1.concat(" ").concat(str2);
System.out.println(result); // 输出 "张 三"
```

通过使用 concat()方法，将" "（空格）和 str2 连接到 str1 后面，形成了新的字符串"张 三"并打印，运行结果如图 5.2 所示。

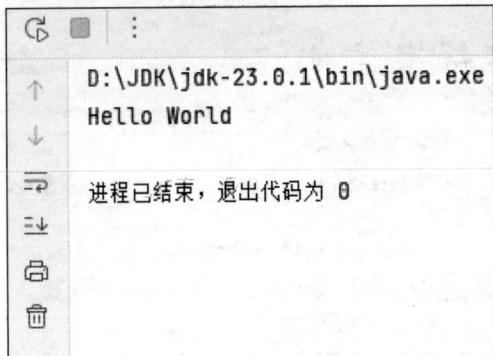

图 5.1 "+"运算符连接字符串的运行结果

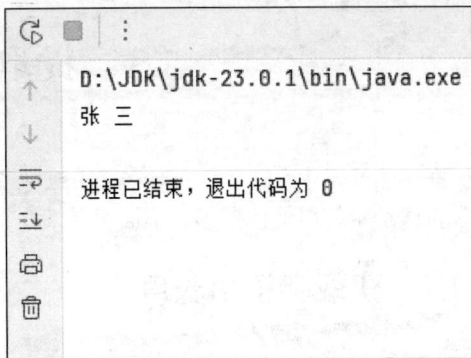

图 5.2 concat()方法连接字符串的运行结果

需要注意的是，concat()方法不会修改原始字符串，而是返回一个新的字符串。此外，如果传递给 concat()方法的参数为 null，则会抛出 NullPointerException。

5.2.2　连接其他数据类型

字符串可以同其他基本数据类型进行连接。如果将字符串与基本数据类型（如整型、浮点型、布尔型和字符型）的数据进行连接，Java 会自动将这些基本类型的值转换成字符串形式。下面示例是将字符串常量与整型变量、浮点型变量、布尔型变量和字符型变量进行连接后的结果。当它们与字符串连接时，会自动调用 toString()方法，将其转换成字符串形式，然后参与连接。示例代码如下：

```
// 定义不同类型的变量
int age = 25;
double height = 5.9;
boolean isStudent = false;
char gender = 'M';

// 将这些变量与字符串连接
String result = "Age: " + age + ", Height: " + height + ", Student: " + isStudent + ", Gender: " + gender;

// 输出结果
System.out.println(result); // 输出: "Age: 25, Height: 5.9, Student: false, Gender: M"
```

Java 自动将基本类型的值转换为其对应的字符串表示形式。需要注意的是，这个过程并不涉及对 toString()方法的显式调用，而是依赖于 Java 的自动类型转换机制。运行结果如图 5.3 所示。

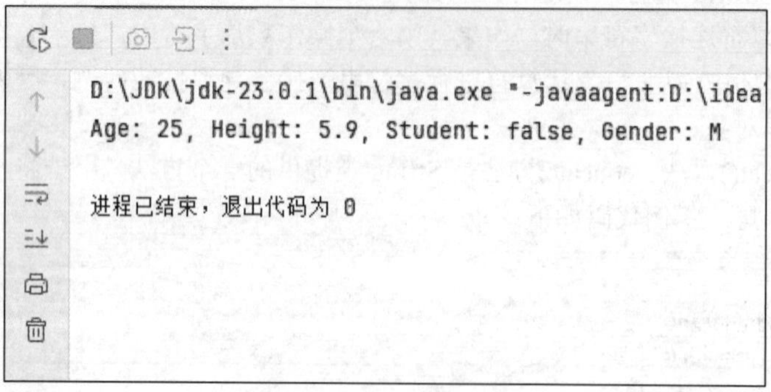

```
D:\JDK\jdk-23.0.1\bin\java.exe "-javaagent:D:\idea
Age: 25, Height: 5.9, Student: false, Gender: M

进程已结束，退出代码为 0
```

图 5.3　连接其他数据类型的运行结果

5.3　提取字符串信息

在实际开发中，经常需要对字符串执行各种操作，例如获取其长度、提取子字符串、查找特定字符或子字符串的位置等。下面将详细介绍如何提取字符串信息。

5.3.1　获取字符串长度

获取字符串的长度是指计算字符串中包含的字符数量。字符串长度是字符串的一个重要属性，用于确定字符串的大小。

在 Java 中，可以通过 String 类的 length()方法获取字符串的长度。length()方法返回一个整数，表示字符串中字符的数量。示例代码如下：

```
// 定义一个字符串
String str = "Hello, World!";
// 使用 length() 方法获取字符串长度
int length = str.length();
// 输出字符串长度
System.out.println("字符串的长度是: " + length); // 输出 13
```

length()方法与数组的 length 属性类似，但它是字符串的实例方法，而不是属性。如果字符串为空（即""），length()方法将返回 0。

5.3.2 获取指定位置的字符

获取字符串中指定索引位置的字符，即通过索引访问字符串中的某个特定字符。字符串的索引从 0 开始，表示第一个字符，索引值依次递增。

在 Java 中，可以通过 String 类的 charAt(int index)方法获取指定索引位置的字符。index 是一个整数，表示字符在字符串中的位置。在调用此方法时应确保索引值在有效范围内，以避免运行时异常。示例代码如下：

```
// 定义一个字符串
String str = "Hello, World!";
// 获取指定位置的字符
char charAt0 = str.charAt(0); // 获取第一个字符 'H'
char charAt7 = str.charAt(7); // 获取第八个字符 'W'
// 输出结果
System.out.println("字符串第 0 个位置的字符是: " + charAt0);
System.out.println("字符串第 7 个位置的字符是: " + charAt7);
```

运行结果如图 5.4 所示。

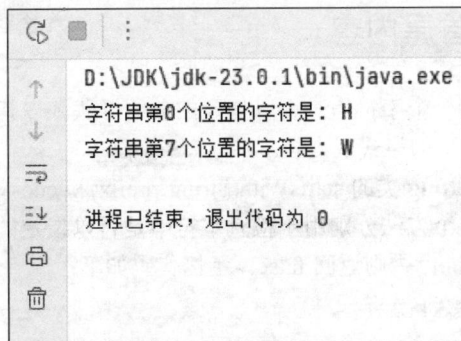

图 5.4 获取指定位置字符的运行结果

索引从 0 开始，表示字符串的第一个字符。索引的最大值为字符串长度减 1。例如，字符串"Hello"的索引范围是 0 到 4。如果索引超出范围（小于 0，或者大于或等于字符串长度），会抛出 StringIndexOutOfBoundsException 异常。

5.3.3 获取子字符串索引位置

获取子字符串在主字符串中的起始索引位置，即查找子字符串在主字符串中首次出现的位置。

在 Java 中，可以通过 String 类的 indexOf(String substring)方法获取子字符串的起始索引位置。其中，substring 是要查找的子字符串。如果子字符串不存在于主字符串中，该方法将返回-1。

示例代码如下：

```
// 定义一个字符串
String str = "Hello, World!";
// 获取子字符串 "World" 的起始索引位置
int index = str.indexOf("World"); // 返回 7
// 输出结果
System.out.println("子字符串 'World' 的起始索引位置是: " + index);
```

indexOf("World")返回子字符串"World"在主字符串"Hello, World!"中首次出现的位置，即索引7（注意索引从 0 开始计数），运行结果如图 5.5 所示。

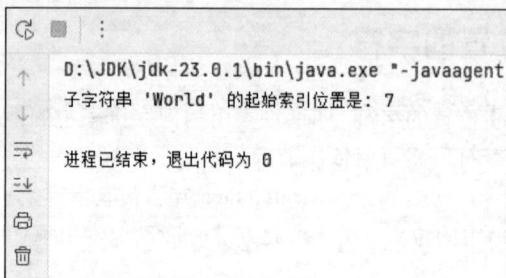

图 5.5　获取子字符串索引位置的运行结果

indexOf(String substring)方法接收一个参数 substring，表示要查找的子字符串。如果子字符串在主字符串中存在，返回子字符串的起始索引位置；如果不存在，返回-1。返回值是一个整数，表示子字符串在主字符串中的起始索引位置。

indexOf()方法是区分大小写的。如果需要忽略大小写，可以将主字符串和子字符串都转换为小写或大写后再进行查找。如果主字符串为空或子字符串为空，indexOf()方法会返回 0。

5.3.4　判断字符串首尾内容

在字符串操作中，判断一个字符串是否以指定的前缀开头或以指定的后缀结束是很常见的需求，这可以用于验证字符串的格式或内容。

在 Java 中，可以通过 String 类的 startsWith(String prefix)和 endsWith(String suffix)方法来判断字符串的首尾内容。这两个方法分别用于检查字符串是否以指定的前缀开始或以指定的后缀结束。如果匹配，则返回 true；否则返回 false。示例代码如下：

```
String str = "Hello, World!"; // 定义一个字符串

// 判断字符串是否以指定前缀开头
boolean startsWithHello = str.startsWith("Hello"); // 返回 true

// 判断字符串是否以指定后缀结尾
boolean endsWithExclamation = str.endsWith("!"); // 返回 true

// 输出结果
System.out.println("字符串是否以 'Hello' 开头: " + startsWithHello);
System.out.println("字符串是否以 '!' 结尾: " + endsWithExclamation);
```

运行结果如图 5.6 所示。

- **startsWith(String prefix)方法**：用于判断字符串是否以指定的前缀开头。参数 prefix 是一个字符串，表示要检查的前缀。如果字符串以指定的前缀开头，则返回 true；否则返回 false。
- **endsWith(String suffix)方法**：用于判断字符串是否以指定的后缀结尾。参数 suffix 是一个字符串，表示要检查的后缀。如果字符串以指定的后缀结尾，则返回 true；否则返回 false。

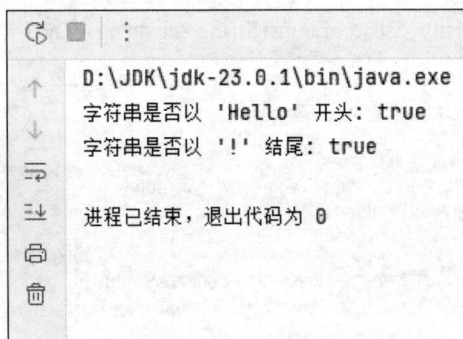

图 5.6　判断字符串首尾内容的运行结果

5.3.5　获取字符数组

将字符串转换为字符数组可以方便地对字符串中的每个字符进行单独操作。字符数组是一种存储单个字符的数组,允许你逐个访问和修改字符串中的字符。

在 Java 中,可以通过 String 类的 toCharArray()方法将字符串转换为字符数组。这个方法不接收任何参数,并返回一个包含字符串中所有字符的新字符数组。示例代码如下:

```java
String str = "Hello, World!"; // 定义一个字符串

// 将字符串转换为字符数组
char[] charArray = str.toCharArray();

// 输出结果
System.out.println("字符串转换为字符数组: ");
for (char c : charArray) {
    System.out.print(c + " ");
}
```

运行结果如图 5.7 所示。

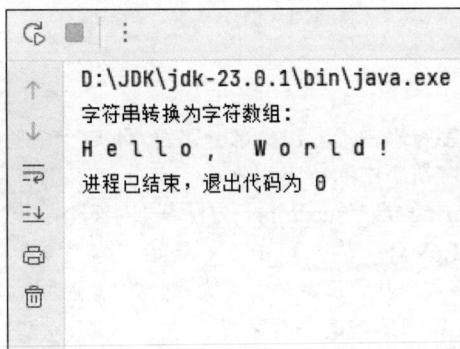

图 5.7　获取字符数组的运行结果

字符数组是可变的,可以方便地对字符串中的每个字符进行单独操作,例如,替换、统计等。

5.3.6　判断子字符串是否存在

在字符串操作中,判断一个字符串是否包含特定的子字符串是一个常见的需求,用于检查字符串中是否包含特定的内容。

在 Java 中，可以通过 String 类的 contains(String substring)方法判断字符串中是否包含指定的子字符串。示例代码如下：

```
String str = "Hello, World!"; // 定义一个字符串

// 判断字符串是否包含指定的子字符串
boolean containsWorld = str.contains("World"); // 返回 true
boolean containsJava = str.contains("Java"); // 返回 false

// 输出结果
System.out.println("字符串是否包含 'World': " + containsWorld);
System.out.println("字符串是否包含 'Java': " + containsJava);
```

运行结果如图 5.8 所示。

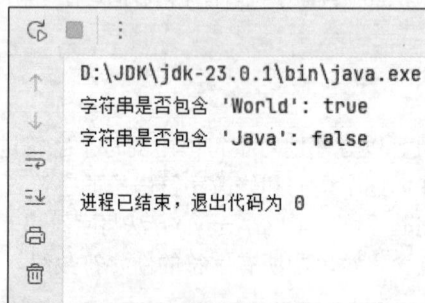

图 5.8 判断子字符串是否存在的运行结果

参数 substring 是一个字符串，表示要检查的子字符串。返回值是一个布尔值，如果字符串包含指定的子字符串，返回 true；否则返回 false。

5.4 字符串的操作

5.4.1 截取字符串

截取字符串是指从一个字符串中提取出一部分字符，形成一个新的字符串。这是字符串操作中很常见的需求，用于提取字符串中的特定部分。

在 Java 中，可以通过 String 类的 substring()方法截取字符串。该方法有两种重载形式。

● **substring(int beginIndex)**：从 beginIndex 开始（包含），截取到字符串末尾。参数 beginIndex 是一个整数，表示起始索引（从 0 开始）。返回值是一个新的字符串，包含从 beginIndex 开始到字符串末尾的所有字符。

● **substring(int beginIndex, int endIndex)**：从 beginIndex 开始（包含），到 endIndex 结束（不包含）。参数 beginIndex 和 endIndex 是整数，分别表示起始索引和结束索引（从 0 开始）。返回值是一个新的字符串，包含从 beginIndex 开始到 endIndex 结束（不包含 endIndex）的所有字符。示例代码如下：

```
String str = "Hello, World!";

// 从索引 7 开始截取到末尾
String subStr1 = str.substring(7);
System.out.println("从索引 7 开始截取到末尾: " + subStr1); // 输出 "World!"
```

```
// 从索引 7 开始截取到索引 12
String subStr2 = str.substring(7, 12);
System.out.println("从索引 7 开始截取到索引 12: " + subStr2); // 输出 "World"

// 从索引 0 开始截取到索引 5
String subStr3 = str.substring(0, 5);
System.out.println("从索引 0 开始截取到索引 5: " + subStr3); // 输出 "Hello"
```

运行结果如图 5.9 所示。

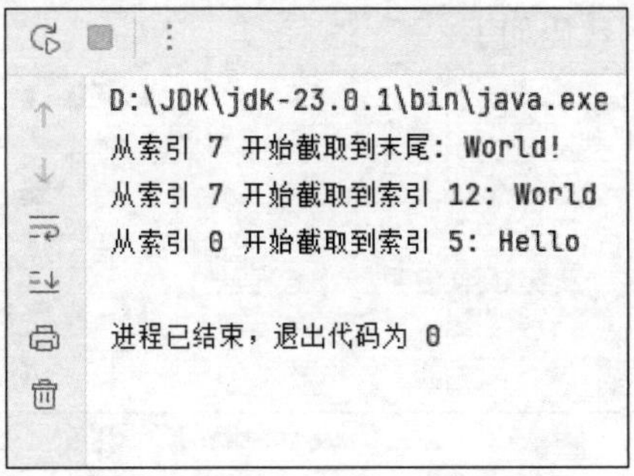

图 5.9　截取字符串的运行结果

substring()方法不会修改原始字符串，而是返回一个新的字符串。该方法区分大小写，如果需要忽略大小写，可以将字符串转换为小写或大写后再进行截取。

在处理非常长的字符串时，substring()方法的性能可能会受到影响，但通常情况下性能是可接受的。

5.4.2　字符串替换

字符串替换是指将字符串中的某些字符或子字符串替换为其他字符或子字符串。这是字符串操作中很常见的需求，用于修改字符串中的特定内容。

在 Java 中，可以通过 String 类的 replace(CharSequence target, CharSequence replacement)方法进行字符串替换。该方法的功能是将字符串中的 target 替换为 replacement，参数 target 是要被替换的字符序列，replacement 是替换后的字符序列，返回值是一个新的字符串，其中所有的 target 都被替换为 replacement。示例代码如下：

```
String str = "Hello, World!";
String replacedStr = str.replace("World", "Java");
System.out.println(replacedStr); // 输出 "Hello, Java!"
```

运行结果如图 5.10 所示。

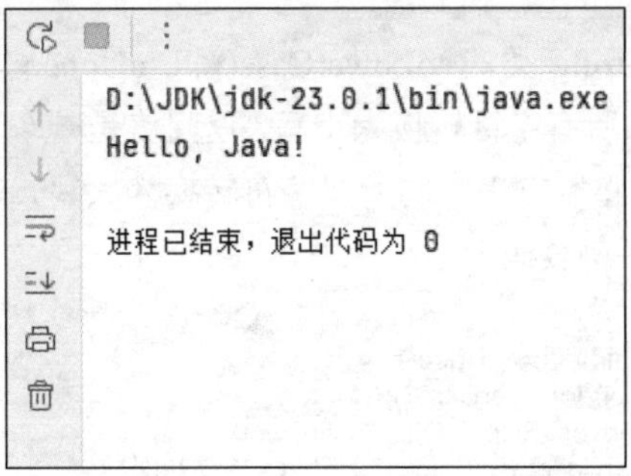

图 5.10　字符串替换后的运行结果

5.4.3 字符串分割

字符串分割是指将一个字符串按照指定的分隔符拆分成多个子字符串。这是字符串操作中常见的需求，特别适用于处理以特定分隔符分割的数据。

在 Java 中，可以通过 String 类的 split(String regex)方法进行字符串分割。该方法接收一个参数 regex，它是一个正则表达式，用于定义分隔符。返回值是一个数组，其中包含了根据分隔符分割后的各个子字符串。示例代码如下：

```java
String str = "apple,banana,orange";
        String[] fruits = str.split(",");

        for (String fruit : fruits) {
            System.out.println(fruit);
        }
```

运行结果如图 5.11 所示。

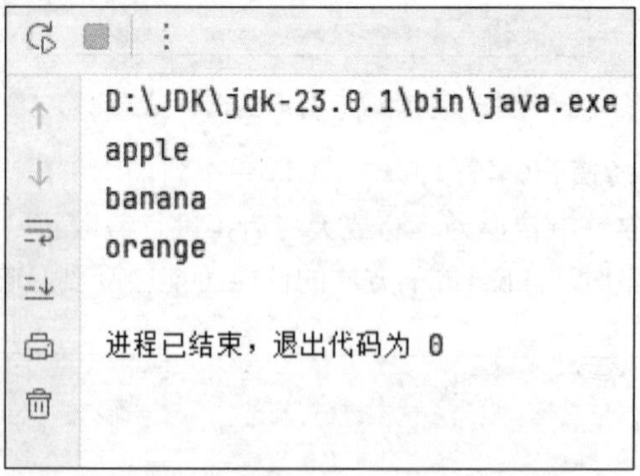

图 5.11　字符串分割的运行结果

在使用 split(String regex)方法进行字符串分割时，有以下几种特殊情况需要注意。

● 如果分隔符为空字符串（""），split()方法会抛出 IllegalArgumentException。
● 如果字符串中没有匹配的分隔符，返回的数组将包含原始字符串。
● 如果字符串以分隔符开头或结尾，返回的数组将包含空字符串。

5.4.4 大小写转换

大小写转换是指将字符串中的字符转换为大写或小写。这是字符串操作中常见的需求，主要用于统一字符串的大小写，便于比较和处理。

在 Java 中，可以通过 String 类的 toLowerCase()和 toUpperCase()方法进行大小写转换。toLowerCase()，将字符串中的所有字符转换为小写，返回值是一个新的字符串，包含转换为小写的所有字符。toUpperCase()，将字符串中的所有字符转换为大写，返回值是一个新的字符串，包含转换为大写的所有字符。示例代码如下：

```java
String str = "Hello, World!";
String lowerCaseStr = str.toLowerCase();
String upperCaseStr = str.toUpperCase();
System.out.println(lowerCaseStr); // 输出 "hello, world!"
System.out.println(upperCaseStr); // 输出 "HELLO, WORLD!"
```

运行结果如图 5.12 所示。

图 5.12　大小写转换的运行结果

5.4.5　去除空白内容

去除空白内容是指从字符串中删除多余的空白字符，包括空格、制表符、换行符等。这是字符串操作中常见的需求，用于清理字符串，确保数据的整洁和一致性。

在 Java 中，可以通过 String 类的 trim() 方法去除字符串两端的空白字符。该方法不会修改原字符串，而是返回一个新的字符串，这个新字符串不包含原字符串两端的任何空白字符。示例代码如下：

```
String str = "   Hello, World!   ";
String trimmedStr = str.trim();
System.out.println(trimmedStr); // 输出 "Hello, World!"
```

运行结果如图 5.13 所示。

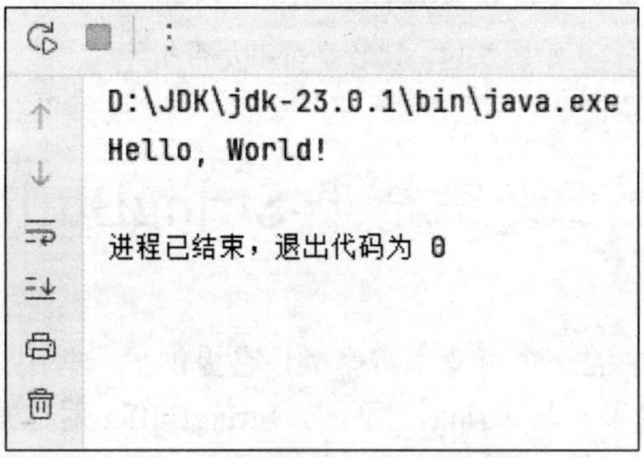

图 5.13　去除空白内容的运行结果

trim() 方法会去除字符串开头和结尾的空白字符，但不会影响字符串中间的空白字符。空白字符包括空格（ ）、制表符（\t）、换行符（\n）、回车符（\r）等。

5.4.6　比较字符串是否相等

比较字符串是否相等是指判断两个字符串的内容是否完全相同，用于验证数据的一致性和正确性。

在 Java 中，可以通过 String 类的 equals(CharSequence other) 和 equalsIgnoreCase(CharSequence other)方法来比较字符串是否相等。

- **equals(CharSequence other)**：比较两个字符串是否相等，区分大小写。参数 other 是要比较的字符串。返回值是一个布尔值，如果两个字符串相等，则返回 true；否则返回 false。
- **equalsIgnoreCase(CharSequence other)**：比较两个字符串是否相等，忽略大小写。参数 other 是要比较的字符串。返回值是一个布尔值，如果两个字符串相等（忽略大小写），则返回 true；否则返回 false。

示例代码如下：

```
String str1 = "Hello, World!";
String str2 = "hello, world!";
boolean isEqual = str1.equals(str2);
boolean isEqualIgnoreCase = str1.equalsIgnoreCase(str2);

System.out.println(isEqual); // 输出 false
System.out.println(isEqualIgnoreCase); // 输出 true
```

运行结果如图 5.14 所示。

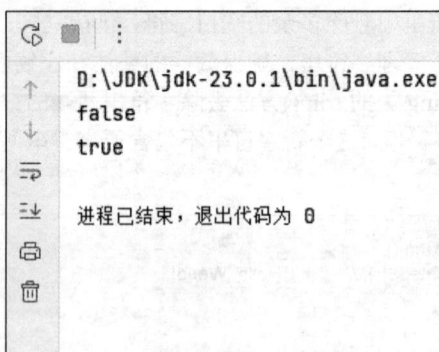

图 5.14　比较字符串是否相等

5.5　可变字符串 StringBuffer 类

StringBuffer 类是 Java 中的一个可变字符串类，它提供了一些用于操作字符串的方法，如添加、删除、插入和修改字符等。与 String 类不同，StringBuffer 对象是可变的，可以在其内容中进行修改，而无须创建新的对象。

1. 创建 StringBuffer 类

以下是 StringBuffer 类的一些构造方法。

- StringBuffer()：创建一个空白的 StringBuffer 对象，初始容量为 16 个字符。
- StringBuffer(String str)：创建一个 StringBuffer 对象，并初始化为指定的字符串内容。
- StringBuffer(int capacity)：创建一个 StringBuffer 对象，初始容量为指定的大小。

示例代码如下：

```
StringBuffer sb = new StringBuffer();          // 创建一个空白的 StringBuffer 对象
StringBuffer sb2 = new StringBuffer("Hello");   // 创建一个 StringBuffer 对象并初始化为"Hello"
StringBuffer sb3 = new StringBuffer(20);        // 创建一个初始容量为 20 的 StringBuffer 对象
```

2. append() 方法

append()方法是 StringBuffer 类中的一个核心方法，用于向 StringBuffer 对象的末尾添加各种类型的内容，包括字符串、字符、整数和布尔值等。常见的用法如下。

- append(String str)：将指定的字符串添加到 StringBuffer 对象的末尾。
- append(char c)：将指定的字符添加到 StringBuffer 对象的末尾。
- append(int i)：将指定的整数添加到 StringBuffer 对象的末尾。
- append(boolean b)：将指定的布尔值添加到 StringBuffer 对象的末尾。

示例代码如下：

```
StringBuffer sb = new StringBuffer();
sb.append("Hello");              // 添加字符串
sb.append(123);                  // 添加整数
sb.append(true);                 // 添加布尔值
sb.append('A');                  // 添加字符
System.out.println(sb.toString()); // 输出 "Hello123trueA"
```

运行结果如图 5.15 所示。

3. setCharAt() 方法

setCharAt(int index, char ch)方法用于将 StringBuffer 对象中指定位置的字符替换为新的字符。该方法不会创建新的对象，而是在原有的 StringBuffer 对象中直接修改指定位置的字符。用法如下：

```
void setCharAt(int index, char ch)
```

参数 index 是要替换的字符在 StringBuffer 对象中的索引位置（从 0 开始）。参数 ch 是要替换的新字符。

示例代码如下：

```
StringBuffer sb = new StringBuffer("Hello");
sb.setCharAt(0, 'J');            // 将索引 0 处的字符 'H' 替换为 'J'
System.out.println(sb.toString()); // 输出 "Jello"
```

运行结果如图 5.16 所示。

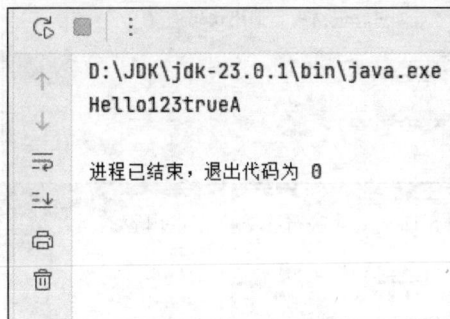

图 5.15　追加不同类型文字内容的运行结果　　图 5.16　替换新字符后的运行结果

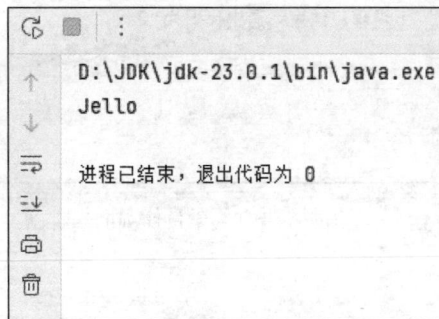

4. insert() 方法

insert()方法用于在 StringBuffer 对象的指定位置插入各种类型的内容，包括字符串、字符、整数和布尔值等。该方法不会创建新的对象，而是在原有的 StringBuffer 对象中直接进行修改。用法如下。

- insert(int index, String str)：在指定位置插入字符串。
- insert(int index, char c)：在指定位置插入字符。
- insert(int index, int i)：在指定位置插入整数。
- insert(int index, boolean b)：在指定位置插入布尔值。

示例代码如下：

```
StringBuffer sb = new StringBuffer("Hello");
sb.insert(0, "Hi "); // 在索引 0 处插入字符串 "Hi "
sb.insert(5, 123); // 在索引 5 处插入整数 123
System.out.println(sb.toString()); // 输出 "Hi Hello123"
```

运行结果如图 5.17 所示。

5. delete() 方法

delete(int start, int end)方法用于删除 StringBuffer 对象中从 start 索引（包含）到 end 索引（不包含）的字符序列。该方法不会创建新的对象，而是直接在原有的 StringBuffer 对象上进行修改。用法如下：

```
void delete(int start, int end)
```

参数 start 是要删除的字符序列的起始索引（包含）。参数 end 是要删除的字符序列的结束索引（不包含）。

示例代码如下：

```
StringBuffer sb = new StringBuffer("Hello,World!");
sb.delete(5, 11); // 删除从索引 7 到索引 12 的字符序列
System.out.println(sb.toString()); // 输出 "Hello!"
```

运行结果如图 5.18 所示。

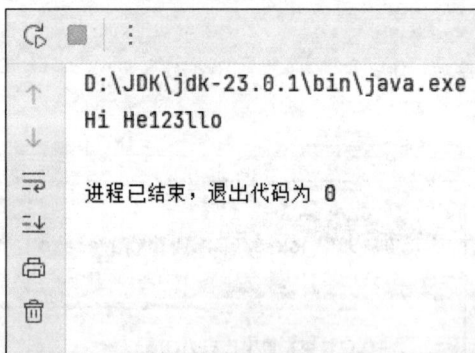

图 5.17　在指定位置插入字符序列的运行结果　　图 5.18　删除字符序列中指定内容的运行结果

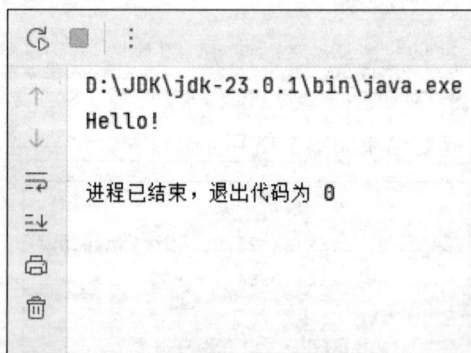

5.6　使用正则表达式

正则表达式是一种强大的文本匹配工具，用于描述字符串的模式。它可以用来检查一个字符串是否符合特定的格式，或者从一个字符串中提取符合特定模式的子字符串。下面是一些常见的正则表达式中的元字符及其意义，如表 5.1 所示。

表 5.1　正则表达式中的元字符

元字符	正则表达式中的写法	意　义
\d	\\d	匹配任意数字（0~9）
\D	\\D	匹配任意非数字字符
\w	\\w	匹配任意字母、数字或下画线（A~Z、a~z、0~9、_）
\W	\\W	匹配任意非字母、数字或下画线的字符
\s	\\s	匹配任意空白字符（空格、制表符、换行符等）
\S	\\S	匹配任意非空白字符
.	.	匹配任意字符（除换行符之外）
^	^	匹配字符串的开头
$	$	匹配字符串的结尾
*	*	匹配前面的子表达式零次或多次
+	+	匹配前面的子表达式一次或多次
?	?	匹配前面的子表达式零次或一次
{n}	{n}	匹配前面的子表达式恰好 n 次
{n,}	{n,}	匹配前面的子表达式至少 n 次
{n,m}	{n,m}	匹配前面的子表达式至少 n 次，但不超过 m 次
[]	[characters]	匹配方括号内的任意一个字符
[^]	[^characters]	匹配不在方括号内的任意一个字符
`	`	指定多个匹配条件，相当于逻辑或（OR）
\	\\	转义特殊字符，使其失去特殊含义

注意：在 Java 中，反斜杠\是转义字符，所以在正则表达式中使用元字符时，通常需要双写反斜杠"\\"，例如，\d 在 Java 中写成\\d。

前面我们探讨了字符串操作，而正则表达式是其中的关键工具。接下来，将通过示例展示它们的结合应用。

（1）matches()方法：用于检查整个字符串是否与正则表达式匹配。示例代码如下：

```
String str = "123-456-7890";
boolean isMatch = str.matches("\\d{3}-\\d{3}-\\d{4}");
System.out.println(isMatch); // 输出 true
```

运行结果如图 5.19 所示。

（2）replaceAll()方法：用于替换字符串中与正则表达式匹配的部分。示例代码如下：

```
String str = "Hello, World!";
String replacedStr = str.replaceAll("[a-zA-Z]+", "Hi");
System.out.println(replacedStr); // 输出 "Hi, Hi!"
```

运行结果如图 5.20 所示。

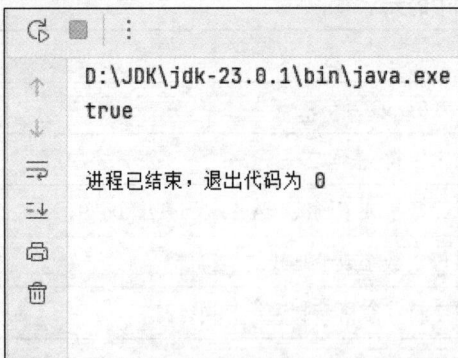

图 5.19 matches()方法的运行结果

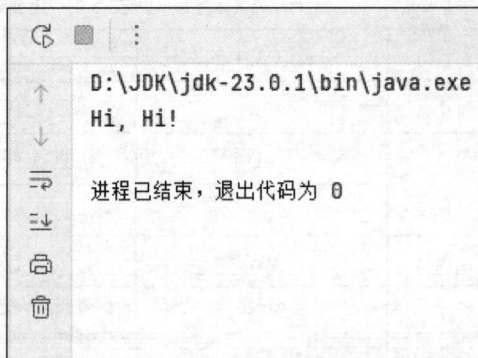

图 5.20 正则表达式替换后的运行结果

（3）使用括号()将正则表达式的部分分组，可以捕获匹配的子字符串。在 Java 中，通过 Pattern 和 Matcher 类可以实现这一功能。示例代码如下：

```java
String str = "123-456-7890";
Pattern pattern = Pattern.compile("(\\d{3})-(\\d{3})-(\\d{4})");
Matcher matcher = pattern.matcher(str);

if (matcher.matches()) {
    System.out.println(matcher.group(1)); // 输出 "123"
    System.out.println(matcher.group(2)); // 输出 "456"
    System.out.println(matcher.group(3)); // 输出 "7890"
}
```

运行结果如图 5.21 所示。

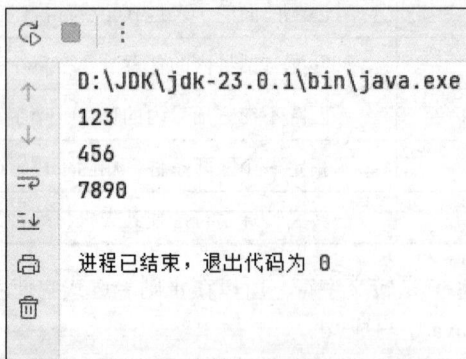

图 5.21 正则表达式的部分分组捕获结果

5.7 文心快码智能辅助

对于常见的字符串操作，如连接、截取、替换、分割等，文心快码能够根据当前代码上下文智能推荐相应的代码片段。例如，在编写一个需要截取字符串的函数时，文心快码可能会推荐使用 substring()方法，并提供相应的参数说明和示例代码。

假设正在处理一个包含用户信息的字符串，需要从中提取用户的姓名和邮箱地址。利用文心快码的智能补全功能，读者可以快速编写正则表达式和相应的字符串处理代码。文心快码可能会推荐使用如下的正则表达式来匹配用户的姓名和邮箱地址，如图 5.22 所示。

```java
public class Demo {
    函数注释 行间注释 添加日志 生成单测 代码解释 调优建议
    public static void main(String[] args) {
        String userInfo = "张三 <zhangsan@example.com>";
        Pattern pattern = Pattern.compile("^(.+) <([^>]+)>$");          Ctrl + ↓ 逐行采纳
        Matcher matcher = pattern.matcher(userInfo);
        if (matcher.find()) {
            String name = matcher.group(1);
            String email = matcher.group(2);
            System.out.println("姓名: " + name + ", 邮箱: " + email);
        }

    }


}
```

图 5.22　文心快码辅助编程

在编写这段代码的过程中，文心快码能够智能补全方法调用，并提供相应的参数提示和代码示例，从而显著提高编程效率。

第 6 章　类与对象

在 Java 编程语言中，类和对象是面向对象编程的两个核心概念。实际上，可以将类看作对象的载体，它定义了对象所具有的功能。理解这两者的含义及其相互关系对于掌握 Java 编程至关重要。本章将详细讲解类与对象。

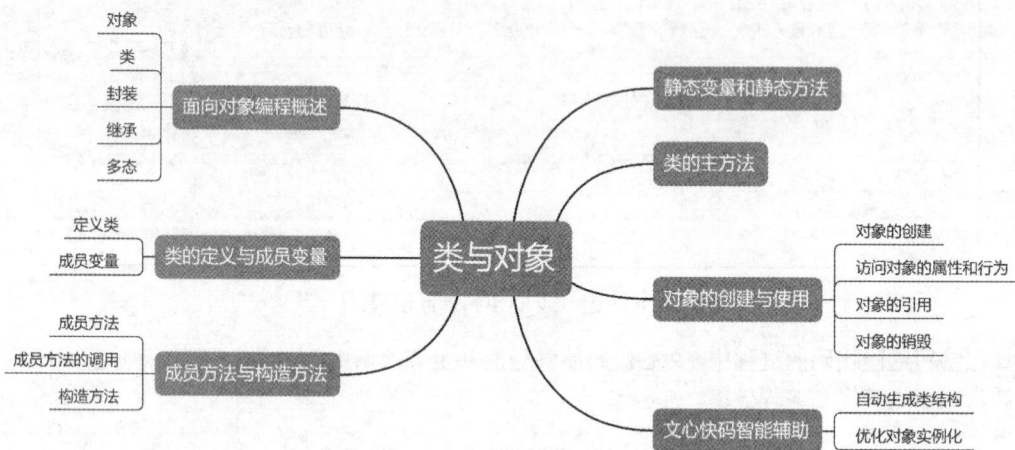

6.1　面向对象编程概述

面向对象编程是一种编程思想，起源可以追溯到 20 世纪 60 年代，但它真正成为主流软件开发方法是在 80 年代，随着 C++ 等语言的兴起而开始的。它通过"对象"来组织软件设计和实现。面向对象编程的核心思想是将现实世界中的实体抽象为程序中的对象，并通过这些对象之间的交互解决具体的问题。

6.1.1　对象

在探索世界的奥秘时，经常需要对周围的事物进行分类和理解。无论是自然界的山川河流，还是人类社会中的建筑、书籍乃至思想，每样事物都可以被看作一个对象。对象是构成世界的基本单元，它不仅包含了自身的属性（静态部分），还拥有对象可执行的动作，这部分被称为"行为"（动态部分）。下面将以猫为例来探讨对象这一概念。

静态部分指的是对象的固有特性，也就是那些不会频繁变化的属性。对于一只猫来说，它的静态属性可能包括：颜色、品种和性别。这些属性描述了这只猫的基本特征，并且在没有外部干预的情况下，通常是不变的。例如，一只名叫"咪咪"的暹罗猫，无论它走到哪里，它的颜色、品种和性别都不会改变。

动态部分则涉及对象的行为，即它可以执行的动作或活动。对于猫而言，动态部分包括但不限于以下行为：吃、玩耍、睡觉和发声。这些行为展示了猫如何与其环境进行互动，并根据不同的情况做出反应。这些属性和行为如图 6.1 所示。

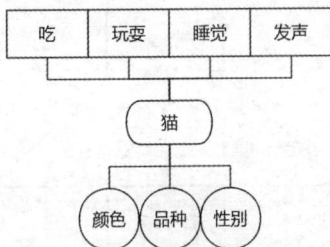

图 6.1　猫对象的属性和行为

6.1.2　类

类可以被看作一个蓝图或模板，它描述了一组具有相似属性（静态部分）和行为（动态部分）的对象。换句话说，类定义了某种类型的所有对象应该具备的基本特征和能力，但本身并不表示具体的实体。就像建筑设计师设计的一套住宅图纸，它可以用来建造多栋房屋，每栋房屋都基于同一套设计图，但每一栋又都有自己独特的地方。

结合"猫"这个例子来理解类的概念，"猫"可以被视作一个类。这个类定义了所有猫共有的特性。静态部分（属性）构成了"猫"这个类的基础框架，明确了作为一只猫可能拥有的各种特性。动态部分（行为）描述了"猫"这一类对象能够执行的动作，以及它们如何与外界进行互动。

类的作用在于提供一种抽象的方式，可以轻松地创建多个具体实例（即对象）。例如，"猫"这个类允许根据其定义创建无数个具体的"猫"对象，如家里的小黑猫"煤球"、邻居家的白猫"雪花"。每个"猫"对象都是独一无二的，拥有自己的名字、颜色、年龄等具体信息，同时也能执行诸如吃东西、玩耍等行为。

6.1.3　面向对象程序设计的特点

面向对象程序设计具有封装、继承、多态三种特点。

1. 封装

封装的主要目的是将对象的状态（属性）隐藏起来，防止外部直接访问或修改这些状态，同时只对外提供有限的接口（方法）来与对象进行交互。这样做的好处是能够保护数据的安全性，减少错误的发生，并提高代码的可维护性和灵活性。

想象一下有一只宠物猫。这只猫有一些基本的状态，比如它的健康状况、饮食偏好等。猫的主人希望确保这些信息不会被随意更改，比如别人不能随便给猫喂不适合的食物或者改变它的健康状况。这就是封装的核心思想：保护对象内部的数据不受外界的不当干扰。

2. 继承

假设正在设计一个关于不同交通工具的系统。首先，可以定义一个名为"交通工具"的基础类（父类）。这个类会包含所有交通工具都具备的一些基本属性和方法，具体说明如下。

● 属性：如速度、颜色、载客量等。
● 方法：如启动、停止、加速等基本操作。

这些是任何交通工具都会涉及的基本方面，无论是汽车、自行车还是飞机。下面考虑具体的交通工具类型，每种交通工具都是"交通工具"这个父类的子类，它们不仅继承了父类的所有属性和方法，还各自增加了自己独特的特性。交通工具类层次结构如图 6.2 所示。

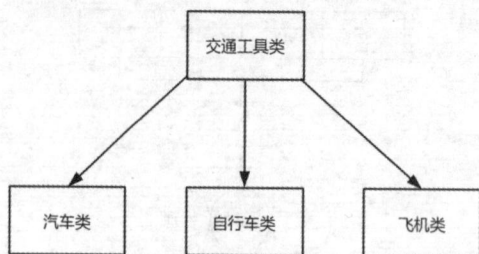

图 6.2　交通工具类层次结构

3. 多态

多态本质上是指同一个方法调用可以在不同的上下文中表现出不同的行为。例如在一家餐厅点餐，无论点了汉堡、披萨还是沙拉，都是通过菜单上的"下单"按钮完成操作的。尽管操作相同，但结果根据选择的食物种类而异。这就是多态的一个简单体现：同样的操作（下单），不同的实现（汉堡、披萨或沙拉）。

在 Java 中，多态通常通过继承和接口来实现。假设有一个名为交通工具的基础类，代表所有类型的交通工具。然后有多个子类如汽车、自行车和飞机，每个子类都从交通工具类继承，并根据自己的特性重写某些方法。例如，所有的交通工具都有一个称为 move() 的方法，但是每种类型的交通工具移动的方式都不一样，具体区别如下。

- 汽车通过引擎驱动前进。
- 自行车依靠人力踩踏板前行。
- 飞机则需要跑道起飞并在空中飞行。

当通过父类（交通工具类）的引用调用 move() 方法时，实际执行的是子类中定义的具体行为。表面上看起来是在对交通工具进行操作，但实际上是对汽车、自行车或飞机中的具体实现进行操作。这就展示了多态的强大之处：能够以统一的方式来处理不同类型的对象，同时保持各自独特的功能。

6.2　类的定义与成员变量

前面探讨了类如何用作创建对象的蓝图，并了解了如何利用类来模拟现实世界的实体或概念，如动物、车辆等。接下来，将深入探讨类的定义与成员变量。

6.2.1　定义类

定义一个类是面向对象编程的第一步，它不仅是构建软件的基础架构，还提供了管理数据和行为的有效方式。下面将详细介绍如何定义一个类。

在 Java 中，定义一个类的基本语法格式如下：

```
[访问修饰符] class 类名 {
    // 成员变量（属性）
    // 成员方法（行为）
}
```

class 关键字用于声明一个类，后面跟着的是类名。类名通常采用大驼峰命名法（即每个单词首字母大写），以便于区分其他标识符。

访问修饰符（如 public、private、protected）决定了该类对外界的可见性和可访问性。例如，使用 public 修饰符可以让该类被任何地方引用；而没有访问修饰符则意味着该类仅在同一个包内可见。

6.2.2 成员变量

成员变量是类的重要组成部分，它们存储了对象的状态信息，是对象行为的基础。理解如何定义成员变量、访问修饰符的作用以及静态变量与实例变量的区别，对于编写高效且安全的代码至关重要。

1. 成员变量的定义

成员变量是在类中声明的变量，用于存储对象的状态信息。例如，在一个表示汽车的类中，成员变量可能包括品牌、颜色、速度等。成员变量可以在类的任何地方声明，通常位于类体的顶部，以便于管理和阅读。示例代码如下：

```
class Car {
    String brand;   // 品牌
    String color;   // 颜色
    int speed;      // 当前速度
}
```

每个对象都有自己的成员变量副本，这意味着即使多个对象基于同一个类创建，它们的成员变量值也可以各不相同。

2. 静态变量与实例变量

实例变量是属于对象的成员变量，每个对象都有自己的一份副本。这意味着如果创建了两个 Car 对象，每个对象都有自己独立的 brand 和 speed 属性。

静态变量（也称为类变量）则是属于类的变量，所有对象共享同一份副本。静态变量使用 static 关键字声明，常用于存储对所有对象都相同的值，如计数器或常量。示例代码如下。

```
class Car {
    static int totalCars = 0;      // 静态变量，记录总共创建了多少辆汽车
    String brand;                  // 实例变量，每辆车有自己的品牌
    public Car(String brand) {
        this.brand = brand;
        totalCars++;               // 每创建一辆新车，计数器加一
    }
}
```

3. 作用域

成员变量的作用域决定了它们在其所属类内的可见性和可访问性范围。根据不同的访问修饰符，成员变量可以在不同的范围内访问。具体说明如下。

- public：可以从任何地方访问。
- private：仅限于声明它的类内部访问。
- protected：同一包内及所有子类可以访问。
- 默认（无修饰符）：同一包内的类可以访问。

示例代码如下。

```
class Car {
    private String brand;      // 仅限 Car 类内部访问
```

```
    public int speed;              // 可以从任何地方访问
}
```

4. 生命周期

成员变量的生命周期与其所属对象的生命周期紧密相关。当一个对象被创建时，其成员变量也随之存在；当对象不再被引用并被垃圾回收器清理时，其成员变量也会被释放。

静态变量在整个程序运行期间都存在，除非显式地重新赋值或程序结束。它们不属于任何具体对象，而是属于类本身。示例代码如下。

```
class Car {
    static int totalCars = 0;      // 静态变量，记录总共创建了多少辆汽车
    public Car() {
        totalCars++;               // 每创建 1 辆新车，计数器加 1
    }
}
```

6.3 成员方法与构造方法

前面探讨了类和成员变量的概念及其应用。现在将深入了解成员方法和构造方法，这些是定义对象行为的关键元素。

6.3.1 成员方法

成员方法是作为类的一部分定义的函数，用于描述对象的行为或操作。例如，在一个表示汽车的类中，成员方法可能包括启动引擎、加速、减速等。成员方法不仅可以操作对象的数据（成员变量），还可以执行计算、与其他对象交互等。语法如下：

```
[访问修饰符] 返回类型 方法名(参数列表) {
    // 方法体
}
```

● 访问修饰符：不同的访问修饰符决定了成员方法的可见性范围。public 允许从任何地方访问，private 仅限于声明它的类内部访问，protected 允许同一包内的类及所有子类访问，默认（无修饰符）则仅限于同一包内的类访问。
● 参数传递：基本数据类型（如 int, double）通过值传递。这意味着方法接收到的是原始值的一个副本，不会影响原始值。
● 返回值：方法可以通过 return 语句返回一个值。如果方法不需要返回值，则其返回类型应为 void。

6.3.2 成员方法的调用

成员方法的调用方式包括内部调用、外部调用和链式调用，下面将对这些调用方式逐个说明。

1. 内部调用

在同一个类内，可以直接调用其他成员方法，无须使用类名前缀。这种方法间的相互协作可以简化复杂逻辑的实现。例如，在一个 Car 类中，可以定义多个方法来控制汽车的行为，并且这

些方法可以在类内部互相调用。示例代码如下。

```java
class Car {
    private int speed;
    public void accelerate() {
        this.speed += 10;
    }
    public void decelerate() {
        if (this.speed >= 10) {
            this.speed -= 10;
        } else {
            this.speed = 0;
        }
    }
    public void displaySpeed() {
        System.out.println("当前速度: " + this.speed);
    }
}
    // 内部调用示例
    public void performActions() {
        accelerate(); // 调用加速方法
        decelerate(); // 调用减速方法
        displaySpeed(); // 显示当前速度
    }
```

2. 外部调用

从类的外部调用成员方法需要创建该类的对象,并通过对象名调用方法。这使得不同类之间可以方便地进行交互。示例代码如下:

```java
class Car {
    private int speed;
    public Car accelerate() {
        this.speed += 10;
        return this; // 返回当前对象
    }
    public Car decelerate() {
        if (this.speed >= 10) {
            this.speed -= 10;
        } else {
            this.speed = 0;
        }
        return this; // 返回当前对象
    }
    public void displaySpeed() {
        System.out.println("当前速度: " + this.speed);
    }
}
Car myCar = new Car();
myCar.accelerate();
myCar.displaySpeed();
```

在这个例子中,首先创建了一个 Car 对象 myCar,然后通过该对象调用了 accelerate()和 displaySpeed()方法。这种调用方式非常直观,适用于大多数场景。

3. 链式调用

链式调用是指在一个方法调用之后直接调用另一个方法,无须重复写对象名。它提高了代码的简洁性和可读性。链式调用通常用于返回当前对象的方法(即返回 this),以便于连续调用多个方法。示例代码如下:

```java
class Car {
    private int speed;
    public Car accelerate() {
```

```
        this.speed += 10;
        return this; // 返回当前对象
    }
    public Car decelerate() {
        if (this.speed >= 10) {
            this.speed -= 10;
        } else {
            this.speed = 0;
        }
        return this; // 返回当前对象
    }
    public void displaySpeed() {
        System.out.println("当前速度：" + this.speed);
    }
}
Car myCar = new Car();
myCar.accelerate().decelerate().displaySpeed();
```

6.3.3 构造方法

构造方法是一种特殊的成员方法，其名称必须与类名相同，且没有返回类型（即使是 void 也不行）。当没有显式定义构造方法时，Java 编译器会自动生成一个默认的无参构造方法。

构造方法可以在创建对象时设置初始状态，确保对象被正确初始化。例如，可以在构造方法中指定汽车的品牌和初始速度。

```
class Car {
    String brand;
    int speed;
    public Car(String brand, int speed) {
        this.brand = brand;
        this.speed = speed;
    }
    public void displayInfo() {
        System.out.println("品牌：" + this.brand + "，当前速度：" + this.speed);
    }
}
public class Main {
    public static void main(String[] args) {
        Car myCar = new Car("Toyota", 50); // 使用带参数的构造方法初始化对象
        myCar.displayInfo(); // 输出：品牌：Toyota，当前速度：50
    }
}
```

在这个例子中，通过带参数的构造方法，可以在创建对象时指定品牌和速度，从而避免使用默认值。这种方法使得代码更加灵活和实用。

构造方法的重载机制：方法重载是指在同一个类中定义多个同名但参数不同的方法。构造方法重载特别有用，因为它允许根据不同的需求初始化对象。

可以通过改变参数的数量、类型或顺序来定义多个同名的构造方法以实现重载。例如，可以定义一个无参构造方法和一个带参构造方法。示例代码如下：

```
class Car {
    String brand;
    int speed;
    // 无参构造方法
    public Car() {
        this.brand = "Unknown";
        this.speed = 0;
    }
    // 带一个参数的构造方法
    public Car(String brand) {
```

```
            this.brand = brand;
            this.speed = 0;
    }
    // 带两个参数的构造方法
    public Car(String brand, int speed) {
            this.brand = brand;
            this.speed = speed;
    }
    public void displayInfo() {
            System.out.println("品牌: " + this.brand + ", 当前速度: " + this.speed);
    }
}
public class Main {
    public static void main(String[] args) {
            Car car1 = new Car(); // 使用无参构造方法
            car1.displayInfo(); // 输出: 品牌: Unknown, 当前速度: 0
            Car car2 = new Car("Honda"); // 使用带一个参数的构造方法
            car2.displayInfo(); // 输出: 品牌: Honda, 当前速度: 0
            Car car3 = new Car("BMW", 80); // 使用带两个参数的构造方法
            car3.displayInfo(); // 输出: 品牌: BMW, 当前速度: 80
    }
}
```

运行结果如图 6.3 所示。

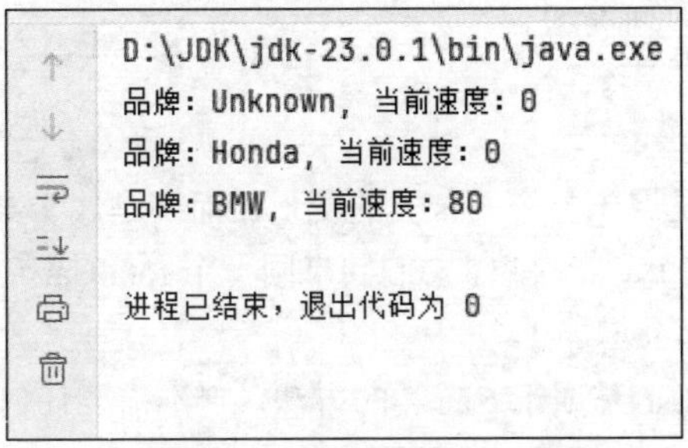

图 6.3　构造方法运行结果

在这个例子中，定义了三个构造方法：无参构造方法、带一个参数的构造方法、带两个参数的构造方法。可以根据需要选择合适的构造方法来初始化对象。

6.4　静态变量和静态方法

静态变量（也称为类变量）是属于类本身的变量，而不是属于类的某个特定实例的变量。这意味着所有基于该类创建的对象共享同一个静态变量的副本。静态变量使用 static 关键字声明，它们在整个程序运行期间存在，除非被显式地重新赋值或程序结束。

静态方法（也称为类方法）是定义在类中但不依赖类的任何实例的方法。这意味着可以直接通过类名调用静态方法，而无须创建类的一个实例。静态方法同样使用 static 关键字声明。它们主要用于执行与类相关的操作，而不是针对具体对象的操作。

下面通过一个具体的例子来说明什么是静态变量和静态方法，并展示它们在实际编程中的应用。

假设正在开发一个简单的应用程序来管理一家汽车租赁公司。需要跟踪公司总共拥有多少辆车，并且希望计算每辆车的租金。为了实现这个功能，将使用静态变量来记录车辆总数，并使用静态方法来执行一些与所有车辆相关的操作。

首先，定义一个 Car 类，其中包含静态变量 totalCars，用于记录创建了多少辆车，以及静态方法 getTotalCars()，用于获取当前的车辆总数。此外，还会有一个实例方法 calculateRent()，用于计算每辆车的租金。参考代码如下。

```java
public class Car {
    // 静态变量：记录总共创建了多少辆车
    private static int totalCars = 0;
    // 实例变量：每辆车的品牌、型号和日租金
    private String brand;
    private String model;
    private double dailyRent;
    // 构造函数
    public Car(String brand, String model, double dailyRent) {
        this.brand = brand;
        this.model = model;
        this.dailyRent = dailyRent;
        totalCars++; // 每创建一辆车时增加计数
    }
    // 静态方法：获取当前的车辆总数
    public static int getTotalCars() {
        return totalCars;
    }
    // 实例方法：计算某辆车的租金（根据天数）
    public double calculateRent(int days) {
        return dailyRent * days;
    }
}
```

- 静态变量 totalCars 是属于整个 Car 类的变量，而不是属于某个特定的 Car 对象的变量。因此，无论创建多少个 Car 对象，它们共享同一个 totalCars 变量。每当创建一个新的 Car 对象时，totalCars 都会增加 1。

- 静态方法 getTotalCars()是属于 Car 类的方法，它不需要任何 Car 对象即可调用。在这个例子中，使用 Car.getTotalCars()直接通过类名获取车辆总数。

- 实例变量和实例方法分别属于每个 Car 对象。例如，brand、model 和 dailyRent 是每个 Car 对象的属性，而 calculateRent()是一个实例方法，需要基于具体对象调用，以计算该对象的租金。

6.5　类的主方法

主方法（main 方法）是 Java 应用程序的入口点，是程序开始执行的地方。它通常用于启动程序的主要逻辑，并且可以接收命令行参数以提供灵活性。主方法的语法如下。

```java
public static void main(String[] args) {
    ...                              //方法体
}
```

public static void main(String[] args) 是主方法的标准签名。

- public：表示方法可以被外部访问，这意味着 JVM 可以直接调用这个方法来启动程序。

- static：表示该方法属于类本身而非类的实例。这使得在创建任何对象之前就可以调用这个方法。

- void：表示该方法不返回任何值。因为这是程序的起点，所以不需要返回任何结果给调用者。

● String[] args：命令行参数，允许用户在启动程序时传入参数。这对于需要根据外部输入动态调整行为的应用非常有用。

在主方法内部，可以通过 new 关键字创建类的实例，并通过这些实例调用其他非静态方法或访问属性。示例代码如下：

```java
public class Main {
    public static void main(String[] args) {
        // 创建类的实例
        MyClass myObject = new MyClass();

        // 调用实例方法
        myObject.displayMessage("Hello, World!");
    }
}
class MyClass {
    public void displayMessage(String message) {
        System.out.println(message);
    }
}
```

运行结果如图 6.4 所示。

在这个例子中，在 main() 方法中创建了 MyClass 的一个实例，并调用了它的 displayMessage 方法。

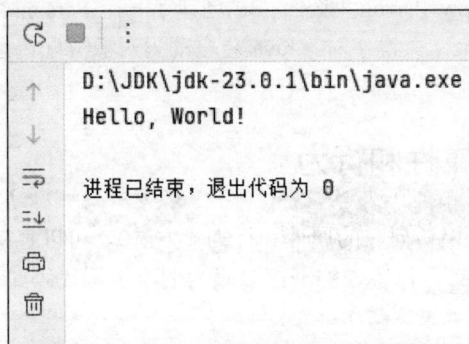

图 6.4　通过实例调用其他非静态方法

6.6　对象的创建与使用

在面向对象编程中，对象是程序的基本构建块。通过创建对象并利用它们的属性和行为，可以实现复杂的功能。本节将详细介绍对象的创建过程、如何访问对象的属性和行为、对象引用的概念以及对象销毁的过程。

6.6.1　对象的创建

对象是类的一个实例，它包含状态（即属性）和行为（即方法）。创建对象的过程称为实例化。通过实例化，能够基于类模板生成具体的对象，这些对象具有特定的状态和行为。在 Java 中，使用 new 关键字可以创建一个类的对象。这不仅会分配内存空间给对象，还会调用该类的构造方法初始化对象的状态。语法如下：

```
Test test = new Test();
Test test = new Test("a");
```

其中 Test 是类名，new 是创建对象操作符，test 是创建的 Test 类对象，"a"是构造方法的参数。下面以创建 Person 对象为例，示例代码如下。

```
public class Person {
    String name;
    int age;
    // 构造方法
    public Person(String name, int age) {
        this.name = name;
        this.age = age;
    }
    public void displayInfo() {
        System.out.println("姓名：" + name + "，年龄：" + age);
    }
}
public class Main {
    public static void main(String[] args) {
        // 创建 Person 对象
        Person person1 = new Person("张三", 30);
        person1.displayInfo(); // 输出：姓名：张三，年龄：30
    }
}
```

在这个例子中，通过 new Person("张三", 30)创建了一个 Person 类的实例，并初始化了它的 name 和 age 属性。当使用 new 关键字时，Java 会自动为对象分配内存，并调用相应的构造方法进行初始化。

6.6.2 访问对象的属性和行为

一旦对象被创建，就可以访问它的属性和行为（方法）。可以直接通过对象名访问对象的属性和行为，如"对象.类成员"。以管理图书馆书籍为例，示例代码如下：

```
// 定义 Book 类
public class Book {
    // 属性
    String title;
    String author;
    int yearPublished;
    // 构造方法
    public Book(String title, String author, int yearPublished) {
        this.title = title;
        this.author = author;
        this.yearPublished = yearPublished;
    }
    // 方法：打印书籍信息
    public void printDetails() {
        System.out.println("书名：" + title);
        System.out.println("作者：" + author);
        System.out.println("出版年份：" + yearPublished);
    }
}
// 主程序
public class Main {
    public static void main(String[] args) {
        // 创建 Book 对象
        Book book1 = new Book("Java 编程思想", "Bruce Eckel", 2006);
        // 访问属性，打印书籍名称
        System.out.println("书名：" + book1.title); // 输出：书名：Java 编程思想
```

```
    // 调用方法打印书籍信息
    book1.printDetails(); // 输出：书名：深入理解 Java 虚拟机，作者：Bruce Eckel，出版年份：2006
  }
}
```

运行结果如图 6.5 所示。

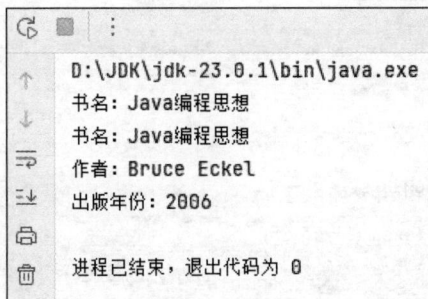

图 6.5 管理图书馆书籍示例运行结果

1. 定义 Book 类

● 在 Book 类中，定义了三个私有属性：title（书名）、author（作者）和 yearPublished（出版年份）。

● 提供了一个构造方法，用于初始化新创建的 Book 对象的属性值。

● 定义了一个方法 printDetails()，用于打印书籍的所有信息。

2. 定义主程序

● 在 Main 类的 main 方法中，创建了一个 Book 对象 book1，并为其提供了初始的书名、作者和出版年份。

● 访问 book1 的 title 属性并打印书名。

● 调用 printDetails()方法打印书籍信息。

6.6.3 对象的引用

当声明一个对象类型的变量时，实际上是声明了一个引用，它可以指向某个对象的内存地址。我们能够通过这个引用来操作对象的数据和方法。语法如下：

```
类名 对象的引用变量
```

例如，声明一个 Person 类的引用可以使用以下代码：

```
Person person1;
```

通常一个引用不一定需要有一个对象与其相关联。引用与对象相关联的语法如下：

```
Person person1 = new Person();
```

图 6.6 代码中各单词的含义

上述代码各个单词的含义如图 6.6 所示。

多个引用也可以指向同一个对象，示例代码如下：

```
public class Person {
    private String name;
    private int age;
    public Person(String name, int age) {
```

```
            this.name = name;
            this.age = age;
        }
        public void displayInfo() {
            System.out.println("姓名：" + name + "，年龄：" + age);
        }
        public void setName(String name) {
            this.name = name;
        }
        public String getName() {
            return name;
        }
    }
    public class Main {
        public static void main(String[] args) {
            // 创建 Person 对象
            Person person1 = new Person("王五", 25);
            person1.displayInfo(); // 输出：姓名：王五，年龄：25
            // 创建另一个引用 person2，它指向与 person1 相同的对象
            Person person2 = person1;
            person2.displayInfo(); // 输出：姓名：王五，年龄：25
        }
    }
```

在这个例子中，person2 引用了与 person1 相同的 Person 对象。这意味着它们共享同一个对象实例。如果通过一个引用修改了对象的状态，那么所有引用该对象的地方都会看到变化。示例代码如下：

```
person2.setName("赵六");
System.out.println(person1.getName()); // 输出：赵六
```

6.6.4 对象的销毁

在 Java 中，垃圾回收器（garbage collector，GC）负责自动管理内存，释放不再使用的对象占用的资源。当没有引用指向某个对象时，该对象就成为不可达对象，GC 会在适当的时候回收其占用的内存。这意味着不需要手动释放内存，减少了内存泄漏的风险。示例代码如下：

```
public class Main {
    public static void main(String[] args) {
        Person person1 = new Person("王五", 25);
        Person person2 = person1;
        // 将两个引用都设为 null，使对象变为不可达
        person1 = null;
        person2 = null;
        // 此时，原来的对象变得不可达，GC 会在合适的时间进行回收
    }
}
```

当将 person1 和 person2 都设置为 null，原始的 Person 对象不再有任何引用指向它，从而成为不可达对象。此时，垃圾回收器可以在适当的时机回收这块内存。

值得注意的是，尽管 Java 提供了 System.gc()方法用于请求垃圾回收，但这只是一个建议，JVM 并不保证立即执行 GC。通常情况下，应避免手动调用垃圾回收，因为它可能会影响性能并导致不可预测的行为。示例代码如下：

```
public class Main {
    public static void main(String[] args) {
        Person person1 = new Person("王五", 25);
        person1 = null; // 移除对象的引用
        // 请求垃圾回收（非强制）
        System.gc(); // JVM 可能会忽略这个请求
    }
}
```

在这里，虽然调用了 System.gc() 请求垃圾回收，但 JVM 可以选择忽略这个请求。因此，在实际开发中，尽量依赖 JVM 自动管理内存，而不是手动干预。

6.7 文心快码智能辅助

6.7.1 自动生成类结构

文心快码可以根据用户的简单描述自动生成类的基本框架，包括属性声明、构造方法、getter 和 setter 方法等。这对于快速原型设计或初次接触某个项目的新手来说，非常有用。

假设想要创建一个名为 Student 的类，包含 name 和 age 两个属性。可以告诉文心快码"用 Java 代码，生成一个包含姓名和年龄属性的学生类"，文心快码会自动生成代码并解释，再单击"采纳"按钮即可直接插入，如图 6.7 所示。

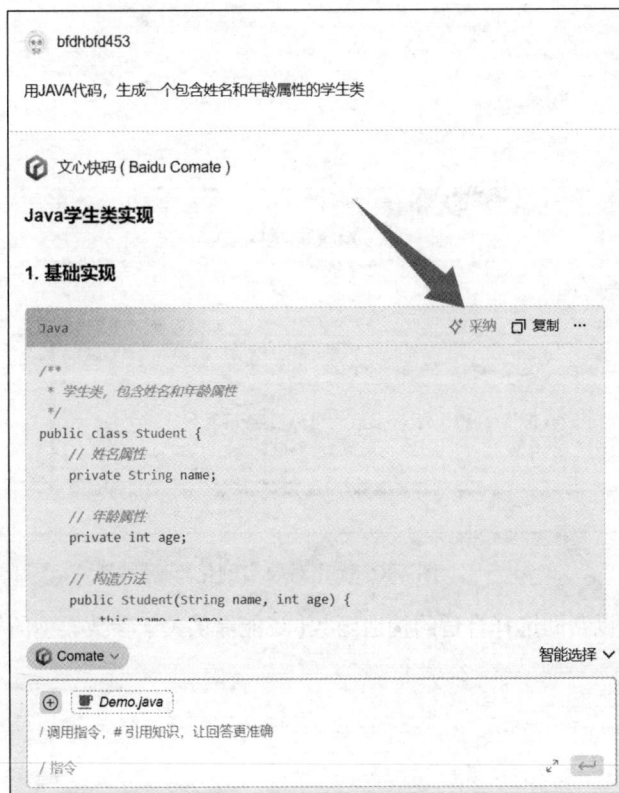

图 6.7 自动生成 Student 类结构

文心快码不仅可以生成简单的类，还支持根据用户需求创建更复杂的类结构，包括带有接口实现和继承关系的类。

6.7.2 优化对象实例化

当实例化对象时，文心快码提供智能提示以帮助选择正确的构造函数，并自动完成必要的参数输入，减少手动输入错误的风险。如图 6.8 所示。

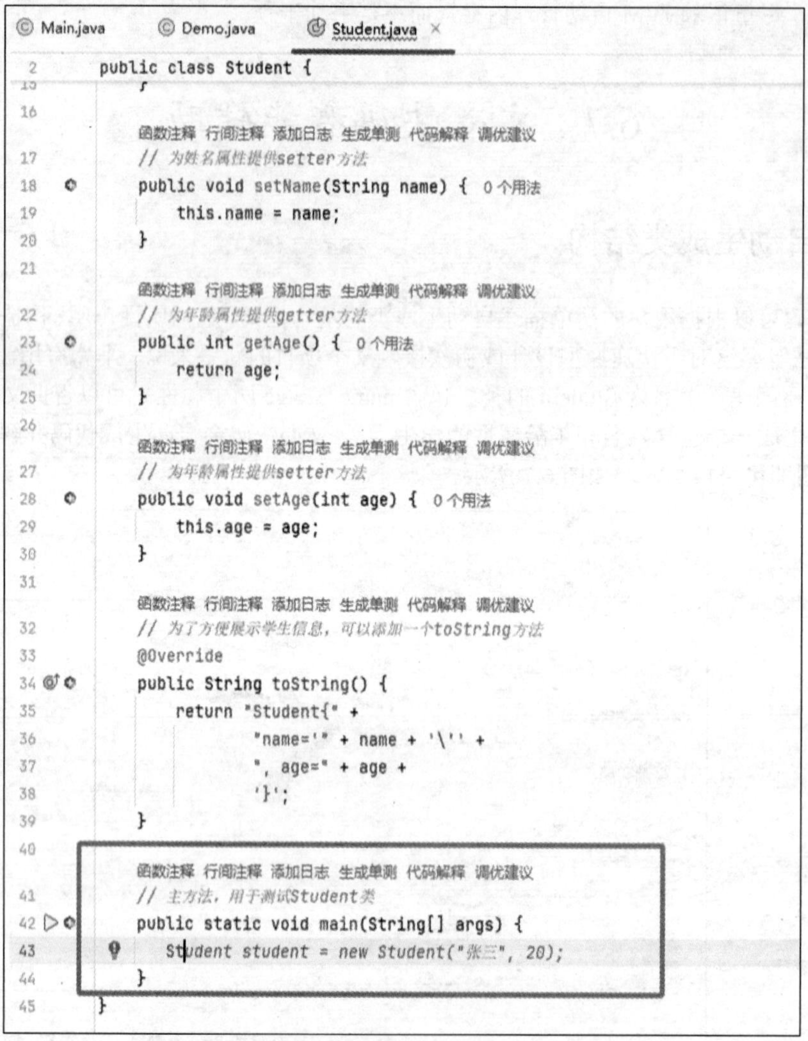

图 6.8　优化对象实例化

　　文心快码不仅可以帮助选择合适的构造函数，还能提供关于参数类型的智能提示，避免了类型不匹配的错误。

第7章 继承、多态、抽象类与接口

在面向对象编程中，继承、多态、抽象类与接口是构建灵活且可维护软件的关键。本章将深入探讨这些核心机制。学习如何通过 extends 关键字让子类继承父类的属性和方法，减少代码重复并增强模块化。展示如何利用同一接口处理不同类型的对象，提高代码的灵活性和扩展性。理解抽象类与接口如何帮助定义通用行为而不涉及具体实现，促进代码的重用和解耦。通过掌握这些概念，我们将设计出更加健壮、易于维护的软件系统。

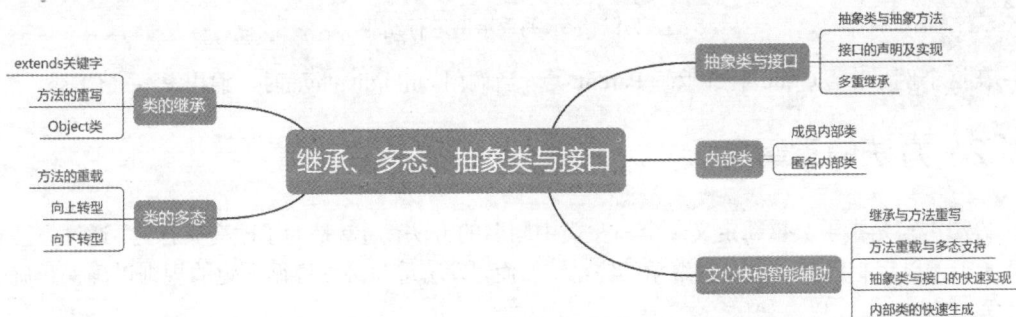

7.1 类的继承

在面向对象编程中，类的继承是一种核心机制，它允许一个类（子类）从另一个类（父类）继承属性和方法。这不仅减少了代码重复，还提高了代码的可维护性和扩展性。

7.1.1 extends 关键字

在 Java 中，使用 extends 关键字来声明一个子类继承自某个父类。子类可以访问父类中被声明为 public 或 protected 的成员，但不能直接访问 private 成员。语法如下。

```
Child extends Parent
```

下面示例代码展示如何声明一个简单的继承关系。

```java
// 定义父类
class Parent {
    void display() {
        System.out.println("Parent Class");
    }
}
// 定义子类，继承自 Parent
class Child extends Parent {
}
class Main {
    public static void main(String[] args) {
        Child child = new Child();
        child.display(); // 输出：Parent Class
    }
}
```

运行结果如图 7.1 所示。

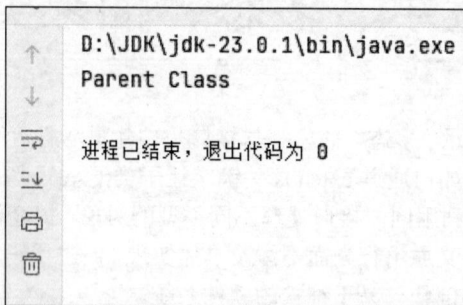

```
D:\JDK\jdk-23.0.1\bin\java.exe
Parent Class

进程已结束，退出代码为 0
```

图 7.1　继承关系示例运行结果

在这个例子中，Child 类继承了 Parent 类。当调用 child.display()时，输出 Parent Class。

7.1.2　方法的重写

方法重写是指子类重新定义一个与父类中同名的方法，通常是为了改变其行为。通过方法重写，子类可以定制或扩展从父类继承的方法。然而，方法重写必须遵循一定的规则以确保正确性和一致性。

- **方法签名一致**：子类方法的名称和参数列表必须与父类中的方法完全相同。
- **协变返回类型**：子类方法的返回类型可以是父类方法返回类型的子类型。这种特性被称为"协变返回类型"。
- **访问权限**：子类方法不能比父类方法具有更严格的访问权限。例如，如果父类方法是public，那么子类方法也必须是 public。
- **异常处理**：如果父类方法声明了检查型异常，子类方法要么不抛出任何异常，要么抛出相同的异常或其子类异常。

使用@Override 注解明确表示这是一个重写方法，有助于编译器检查是否正确实现了重写。这不仅能提高代码的可读性，还能帮助捕捉潜在的错误，如拼写错误导致的方法名不匹配。

在某些情况下，可能希望在重写的方法中保留父类的行为，同时添加新的功能。这时可以通过 super 关键字调用父类的方法。示例代码如下：

```java
// 定义父类
class Parent {
    void display() {
        System.out.println("Parent Class");
    }
}
// 定义子类，继承自 Parent 并重写 display 方法
class Child extends Parent {
    @Override
    void display() {
        super.display(); // 调用父类的 display 方法
        System.out.println("Child Class");
    }
}
class Main {
    public static void main(String[] args) {
        Child child = new Child();
        child.display(); // 输出：Parent Class 和 Child Class
    }
}
```

运行结果如图 7.2 所示。

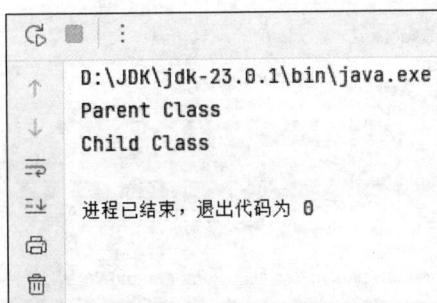

```
D:\JDK\jdk-23.0.1\bin\java.exe
Parent Class
Child Class

进程已结束，退出代码为 0
```

图 7.2　重写父类方法示例运行结果

在这个例子中，Child 类重写了 Parent 类的 display 方法。当调用 child.display()时，首先会执行父类的 display 方法，然后执行子类新增加的打印语句。这种方法不仅展示了如何正确地重写方法，还演示了如何结合父类和子类的功能。

7.1.3　Object 类

在 Java 中，所有类都默认继承自 Object 类，即使没有显式地声明继承关系。这意味着每个类都会自动获得 Object 类提供的一系列通用方法，如 toString()、equals()和 hashCode()等。理解并适当重写这些方法对于提高类的功能性和兼容性至关重要。

Object 类提供的关键方法如下。

● toString()：返回对象的字符串表示形式，这对于调试和日志记录非常有用。

● equals(Object obj)：判断当前对象是否与另一个对象相等。默认实现是基于对象的内存地址进行比较，但在许多情况下，需要根据对象的内容判断相等性。

● hashCode()：返回对象的哈希码值。此方法通常与 equals()结合使用，特别是在集合框架（如 HashMap 和 HashSet）中。

由于所有的类都是 Object 类的子类，所以任何类都可以重写 Object 类中的方法。下面示例代码展示如何重写 toString()、equals(Object obj)和 hashCode()方法。

```java
// 定义 Person 类
class Person {
    private String name;
    private int age;
    // 构造方法
    public Person(String name, int age) {
        this.name = name;
        this.age = age;
    }
    // 重写 toString 方法，提供更有意义的对象字符串表示
    @Override
    public String toString() {
        return "Person{name='" + name + "', age=" + age + "}";
    }
    // 重写 equals 方法，根据 name 和 age 判断两个 Person 对象是否相等
    @Override
    public boolean equals(Object obj) {
        if (this == obj) return true;
        if (obj == null || getClass() != obj.getClass()) return false;
        Person person = (Person) obj;
        return age == person.age && name.equals(person.name);
    }
```

```
    // 重写 hashCode 方法，确保与 equals 方法保持一致
    @Override
    public int hashCode() {
        int result = name.hashCode();
        result = 31 * result + age;
        return result;
    }
}
class Main {
    public static void main(String[] args) {
        // 创建 Person 对象
        Person person = new Person("李四", 30);
        // 调用 toString 方法输出对象信息
        System.out.println(person.toString()); // 输出：Person{name='李四', age=30}
        // 比较两个对象是否相等
        Person anotherPerson = new Person("李四", 30);
        System.out.println(person.equals(anotherPerson)); // 输出：true
        // 使用 HashSet 存储 Person 对象，演示 hashCode 的作用
        HashSet<Person> people = new HashSet<>();
        people.add(person);
        people.add(anotherPerson); // 因为 equals 和 hashCode 已重写，所以只会存储一个对象
        System.out.println(people.size()); // 输出：1
    }
}
```

运行结果如图 7.3 所示。

```
D:\JDK\jdk-23.0.1\bin\java.exe
Person{name='李四', age=30}
true
1

进程已结束，退出代码为 0
```

图 7.3　Object 类常见方法重写示例运行结果

在上面的例子中，不仅重写了 toString()方法，还重写了 equals()和 hashCode()方法。可以根据 Person 对象的 name 和 age 属性判断两个对象是否相等，并且保证了在集合（如 HashSet）中正确处理重复对象的问题。

7.2　类的多态

多态是面向对象编程的核心概念，允许使用统一接口表示不同类型的对象，使得相同的方法调用能够根据实际对象类型执行不同的行为。类的多态可以从两方面体现：一是方法的重载，二是类的上下转型，本节将分别对它们进行详细讲解。

7.2.1　方法的重载

方法重载是指在同一个类中定义多个同名但参数列表不同的方法，与之前提到的构造方法重载相同。通过方法重载，可以根据传递给方法的不同参数类型或数量自动选择合适的方法版本，从而增强代码的灵活性和可读性。

方法重载的关键在于方法名称必须相同，而参数列表必须不同。下面示例代码展示如何实现方法重载。

```java
public class Calculator {
    // 重载 add 方法，用于整数加法
    public int add(int a, int b) {
        return a + b;
    }
    // 重载 add 方法，用于浮点数加法
    public double add(double a, double b) {
        return a + b;
    }
    // 更多重载示例，处理三个整数相加
    public int add(int a, int b, int c) {
        return a + b + c;
    }
}
class Main {
    public static void main(String[] args) {
        Calculator calc = new Calculator();
        // 调用不同版本的 add 方法
        System.out.println(calc.add(5, 3)); // 输出：8
        System.out.println(calc.add(5.5, 3.2)); // 输出：8.7
        System.out.println(calc.add(1, 2, 3)); // 输出：6
    }
}
```

运行结果如图 7.4 所示。

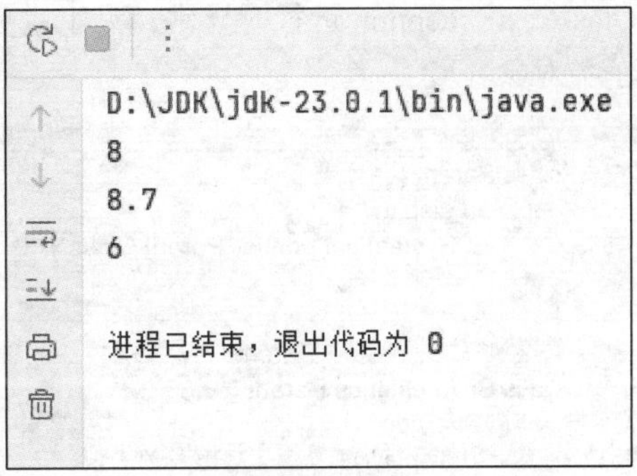

在这个例子中，Calculator 类提供了三个名为 add 的方法，它们分别处理不同类型的输入参数。根据传递给方法的实际参数类型和数量，Java 编译器会自动选择合适的重载方法进行调用。

7.2.2 向上转型

向上转型（upcasting）是指将子类对象赋值给父类引用变量的过程。通过向上转型，可以利用多态使父类引用指向不同类型的子类对象。

向上转型是隐式的，即无须显式地进行类型转换。由于子类继承了父类的所有公共成员（字段和方法），因此可以通过父类引用来访问这些成员。示例代码如下：

图 7.4　方法重载示例运行结果

```java
// 定义父类
class Parent {
    void display() {
        System.out.println("Parent Class");
    }
}
// 定义子类，继承自 Parent
class Child extends Parent {
    @Override
    void display() {
        System.out.println("Child Class");
    }
}
class Main {
    public static void main(String[] args) {
        // 向上转型：将 Child 对象赋值给 Parent 类型的引用
        Parent p = new Child();
        p.display(); // 输出：Child Class
```

```
        // 尝试调用子类特有方法会导致编译错误，因为 p 是 Parent 类型
        // p.childSpecificMethod(); // 编译错误
    }
}
```

运行结果如图 7.5 所示。

在这个例子中，Parent p = new Child()是一个典型
的向上转型操作。尽管 p 是 Parent 类型的引用，但它实
际上指向的是 Child 类型的对象。因此，当调用
p.display()时，实际执行的是 Child 类中重写的 display
方法。

```
D:\JDK\jdk-23.0.1\bin\java.exe
Child Class

进程已结束，退出代码为 0
```

图 7.5　向上转型示例运行结果

7.2.3　向下转型

尽管向上转型可以通过父类引用来操作子类对
象，但无法直接访问子类特有的成员（字段或方法）。在这种情况下，就需要进行向下转型。

向下转型（downcasting）是指将父类引用转换为子类引用的过程。由于向上转型是隐式的且
安全的，但向下转型需要显式类型转换，并且可能存在风险。因此，在进行向下转型之前，通常
需要使用 instanceof 关键字进行类型检查，以确保转换的安全性。不加检查的向下转型可能导致
ClassCastException 运行时异常。为了避免这种情况，必须先确认父类引用实际指向的是期望的
子类对象。

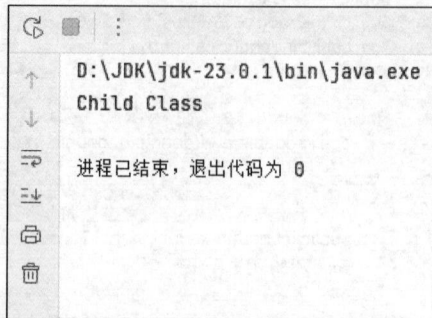

```java
// 定义父类
class Parent {
    void display() {
        System.out.println("Parent Class");
    }
}
// 定义子类，继承自 Parent
class Child extends Parent {
    @Override
    void display() {
        System.out.println("Child Class");
    }
    // 子类特有方法
    void childSpecificMethod() {
        System.out.println("这是一个特定于子类的方法。");
    }
}
class Main {
    public static void main(String[] args) {
        // 向上转型：将 Child 对象赋值给 Parent 类型的引用
        Parent p = new Child();
        p.display(); // 输出：Child Class
        // 安全的向下转型：使用 instanceof 关键字进行类型检查
        if (p instanceof Child) {
            Child c = (Child) p;
            c.childSpecificMethod(); // 输出：这是一个特定于子类的方法。
        } else {
            System.out.println("p 不是 Child 的实例。");
        }
        // 不安全的向下转型示例
        Parent p2 = new Parent();
        // 下面这行代码会导致运行时异常：ClassCastException
        // Child c2 = (Child) p2; // 错误的转换
    }
}
```

运行结果如图 7.6 所示。

在这个例子中，首先进行了一个向上转型操作 Parent p = new Child()，然后通过 instanceof 检查 p 是否实际上是 Child 类型的对象。如果检查通过，则进行安全的向下转型并调用子类特有的方法 childSpecificMethod()。否则，输出提示信息。

在进行向下转型之前，使用 instanceof 可以确保对象确实是预期的类型或其子类型，从而防止运行时错误。语法格式如下：

```
object instanceof Type
```

其中 object 是要检查的对象，Type 是目标类型。

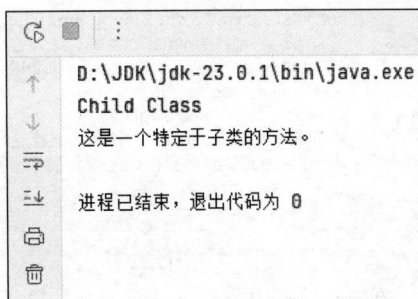

图 7.6　向下转型示例运行结果

7.3　抽象类与接口

抽象类和接口都是实现抽象化的工具，但适用于不同的场景。抽象类适合具有共同实现细节的类族，而接口则更适合定义行为规范，特别是在需要支持多种不同类型对象时。

7.3.1　抽象类与抽象方法

抽象类是一种不能被实例化的类，它通常包含一个或多个未实现的方法（即抽象方法）。这些方法没有具体实现，只有方法签名（方法名称、参数列表和返回类型），必须由其子类提供具体的实现。

定义抽象类和抽象方法时，需要使用 abstract 关键字。抽象类的语法如下。

```
[权限修饰符] abstract class 类名 {
    // 可以包含字段、构造器、具体方法和抽象方法
}
```

抽象方法的语法如下。

```
[权限修饰符] abstract 方法返回值类型 方法名(参数列表);
```

下面是一个展示如何定义抽象类和抽象方法的基本示例。

```
// 定义一个动物抽象类
abstract class Animal {
    // 定义一个发出声音的抽象方法
    public abstract void makeSound();
    // 非抽象方法，有具体实现
    public void eat() {
        System.out.println("这只动物正在吃东西。");
    }
}
// 狗类继承动物抽象类
class Dog extends Animal {
    @Override
    public void makeSound() {
        System.out.println("汪汪汪!");
    }
}
class Main {
```

```
public static void main(String[] args) {
    // 无法创建 Animal 的实例，因为它是一个抽象类
    // Animal myAnimal = new Animal(); // 编译错误
    // 创建 Dog 的实例
    Dog dog = new Dog();
    dog.makeSound(); // 输出：汪汪汪！
    dog.eat(); // 输出：这只动物正在吃东西。
    }
}
```

运行结果如图 7.7 所示。

在这个例子中，Animal 是一个抽象类，它包含一个抽象方法 makeSound() 和一个非抽象方法 eat()。Dog 类继承了 Animal 并实现了 makeSound() 方法。由于 Animal 是抽象类，因此不能直接实例化。

```
D:\JDK\jdk-23.0.1\bin\java.exe
汪汪汪！
这只动物正在吃东西。

进程已结束，退出代码为 0
```

图 7.7　定义抽象类和抽象方法示例运行结果

7.3.2　接口的声明及实现

在 Java 中，接口是一种完全抽象的类，它主要包含方法签名（从 Java 8 开始支持默认方法和静态方法）以及常量（即 public static final 字段）。与抽象类不同，一个类可以实现多个接口，这使得接口成为实现多重继承的一种方式。

接口通过 interface 关键字声明，其中包含方法签名和常量。语法如下。

```
[修饰符] interface 接口名 [extends 父接口名列表]{
 [public] [static] [final] 常量;
[public] [abstract] 方法;
}
```

- 修饰符：接口可以使用权限修饰符，最常见的是 public 或者默认（包私有）。
- 接口名：遵循 Java 命名约定，通常采用首字母大写的驼峰命名法。
- extends 父接口名列表：接口可以通过 extends 关键字继承一个或多个其他接口。
- 方法：接口中的方法默认是 public abstract 的，这意味着它们没有具体的实现。

类通过 implements 关键字实现接口，示例代码如下：

```
public class 类名 implements 接口名{
   ......  //实现接口中的方法
}
```

下面通过可移动接口与汽车类展示 Java 中接口的声明与实现，示例代码如下：

```
// 定义一个接口
interface Movable {
    // 抽象方法：只有方法签名，没有方法体
    void move();
    // 默认方法：从 Java 8 开始支持，默认实现
    default void stop() {
        System.out.println("停止...");
    }
    // 静态方法：从 Java 8 开始支持，使用 static 关键字
    static void description() {
        System.out.println("这个接口定义了移动能力。");
    }
}
// 实现接口
class Car implements Movable {
    // 必须实现接口中的抽象方法
    @Override
    public void move() {
        System.out.println("车在动");
```

```
    }
    // 可选：重写默认方法
    @Override
    public void stop() {
        System.out.println("汽车正在安全停车。");
    }
}
class Main {
    public static void main(String[] args) {
        // 创建 Car 对象
        Car car = new Car();

        // 调用实现的方法
        car.move(); // 输出：车在动
        car.stop(); // 输出：汽车正在安全停车。
        // 调用接口的静态方法
        Movable.description(); // 输出：这个接口定义了移动能力。
    }
}
```

运行结果如图 7.8 所示。

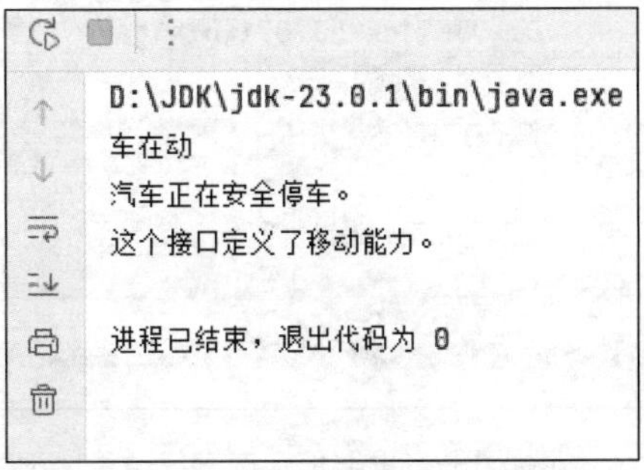

图 7.8 接口的声明及实现示例运行结果

- 接口声明：使用 interface 关键字声明接口，可以包含抽象方法、默认方法和静态方法。
- 接口实现：使用 implements 关键字让类实现接口，并为接口中的所有抽象方法提供具体实现。
- 默认方法与静态方法：从 Java 8 开始，接口可以包含带有具体实现的默认方法和静态方法。实现类可以选择性地重写默认方法，而静态方法可以通过接口名直接调用。

7.3.3 多重继承

在 Java 中，为了避免复杂的继承关系带来的问题（如菱形继承问题），直接的类多重继承是不被支持的。不过，Java 通过接口提供了一种灵活的方式来模拟多重继承的效果。一个类可以实现多个接口，并为每个接口中的抽象方法提供具体的实现。通过接口实现多重继承的语法如下：

```
class 类名 implements 接口 1,接口 2, ... ,接口 n
```

下面通过一个具体的例子来展示多重继承，示例代码如下：

```
// 定义飞行接口 Flyable
interface Flyable {
    void fly();
}
// 定义游泳接口 Swimmable
interface Swimmable {
    void swim();
}
// 鸭子类实现多个接口
```

```java
class Duck implements Flyable, Swimmable {
    @Override
    public void fly() {
        System.out.println("鸭子在飞。");
    }
    @Override
    public void swim() {
        System.out.println("鸭子在游泳。");
    }
}
class Main {
    public static void main(String[] args) {
        Duck duck = new Duck();
        duck.fly();  // 输出：鸭子在飞。
        duck.swim(); // 输出：鸭子在游泳。
    }
}
```

运行结果如图 7.9 所示。

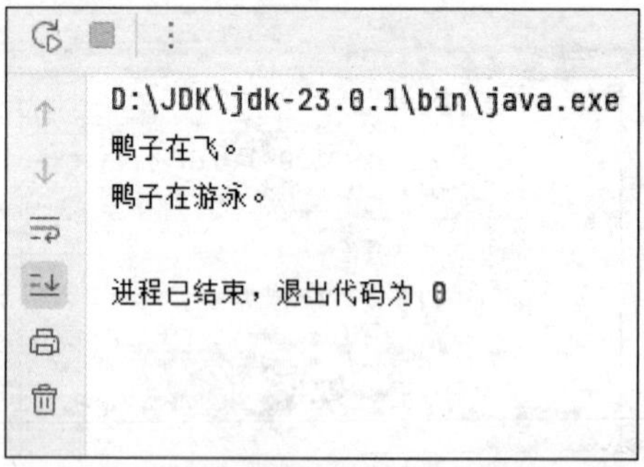

图 7.9　多重继承示例运行结果

在这个例子中，Duck 类实现了 Flyable 和 Swimmable 两个接口，并分别为它们的方法提供了具体实现。

7.4　内　部　类

内部类就像是一个放在大盒子（外部类）里的小盒子（内部类），这个小盒子可以使用大盒子里的所有东西，包括私有的。比如，汽车类里有个发动机类，发动机作为汽车的一部分，能直接访问汽车的信息。

7.4.1　成员内部类

作为外部类的一个成员存在的类，可以像普通成员变量或方法一样被声明。可以直接访问外部类的所有成员（包括私有成员），并且可以通过外部类的实例创建其对象。成员内部类的语法如下：

```java
// 定义外部类
class OuterClass {
    // 定义成员内部类
    class InnerClass {
        //...
    }
}
```

下面是一个展示如何定义和使用成员内部类的基本示例：

```java
// 定义外部类
class OuterClass {
    private int outerField = 10;
    // 定义成员内部类
    class InnerClass {
        public void display() {
            // 直接访问外部类的私有成员
            System.out.println("Outer field: " + outerField);
        }
    }
    public void testInnerClass() {
        // 创建成员内部类的实例
        InnerClass inner = new InnerClass();
        inner.display(); // 输出：Outer field: 10
    }
}
class Main {
    public static void main(String[] args) {
        // 创建外部类的实例
        OuterClass outer = new OuterClass();
        // 调用外部类的方法来测试成员内部类
        outer.testInnerClass();
    }
}
```

运行结果如图 7.10 所示。

在这个例子中，InnerClass 是 OuterClass 的成员内部类。InnerClass 可以直接访问 OuterClass 的私有字段 outerField，并通过 testInnerClass()方法展示了如何创建并使用 InnerClass 的实例。

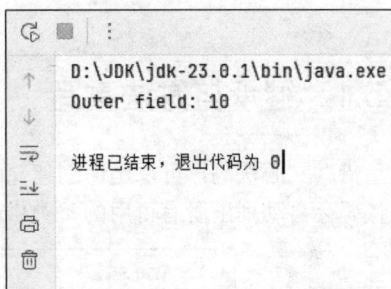

图 7.10　成员内部类示例运行结果

7.4.2　匿名内部类

匿名内部类是一种没有名称的特殊内部类，它允许在定义的同时进行实例化，通常用于实现接口或扩展类，并且特别适合仅需使用一次的场景。语法如下：

```java
new A( ){
    ..// 匿名内部类的类体
}
```

其中，A 指的是接口名或抽象类的类名。

下面是一个展示如何使用匿名内部类实现接口的基本示例。

```java
// 定义接口
interface OnClickListener {
    void onClick();
}
class Main {
    public static void main(String[] args) {
        // 使用匿名内部类实现接口
        OnClickListener listener = new OnClickListener() {
            @Override
            public void onClick() {
                System.out.println("按钮点击!");
            }
        };
        listener.onClick(); // 输出：按钮点击!
    }
}
```

运行结果如图 7.11 所示。

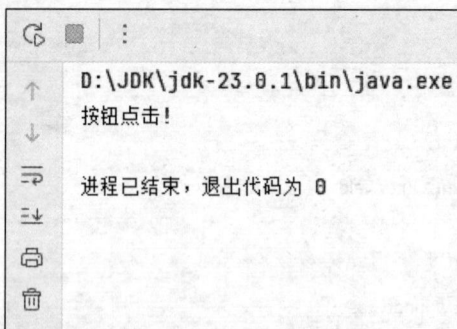

图 7.11　匿名内部类示例运行结果

在这个例子中，通过匿名内部类实现了 OnClickListener 接口，并在 main 方法中创建了一个 listener 实例。这种方法非常适合只需要使用一次的简单实现。

7.5　文心快码智能辅助

7.5.1　继承与方法重写

借助文心快码，可以迅速创建并配置子类，极大地提高了开发效率。当输入 extends 时，文心快码会自动列出所有可用的父类供选择，只需单击或键入即可完成选择。如图 7.12 所示。

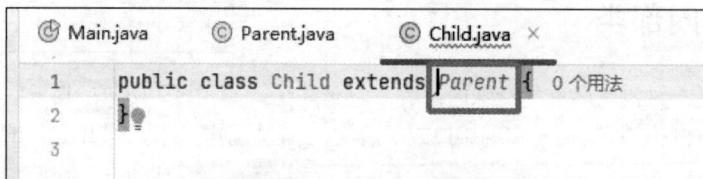

图 7.12　文心快码快速选择父类

文心快码提供了强大的功能以高效地重写方法，避免手动输入错误。当开始编写 @Override 注解时，文心快码能自动生成父类方法签名作为模板，如图 7.13 所示。

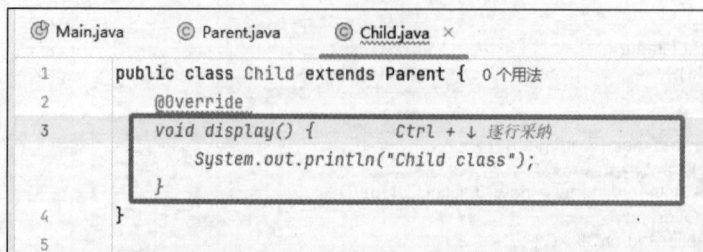

图 7.13　文心快码高效重写方法

每个 Java 类都默认继承自 Object 类，文心快码可以帮助快速实现或重写 Object 类的通用方法，如 toString、equals 和 hashCode 等。它可以根据上下文快速生成这些方法的框架代码，减少手动编码的工作量，如图 7.14 所示。

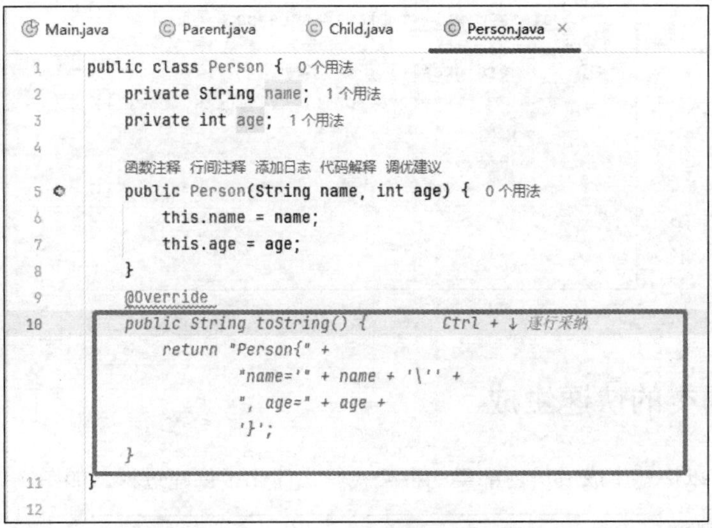

图 7.14　文心快码快速实现 Object 类方法

7.5.2　方法重载与多态支持

文心快码能够根据现有的方法定义，自动生成新的重载方法签名。例如，假设已经有一个 add 方法，现在需要添加一个处理两个 double 类型数字相加的重载版本，文心快码可以自动生成相应代码。如图 7.15 所示。

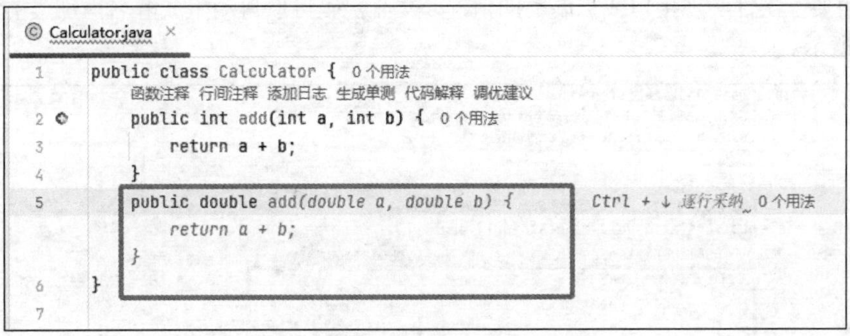

图 7.15　根据参数类型和数量自动生成重载方法签名

7.5.3　抽象类与接口的快速实现

使用文心快码，可以快速生成抽象类及其抽象方法的框架代码。如图 7.16 所示。

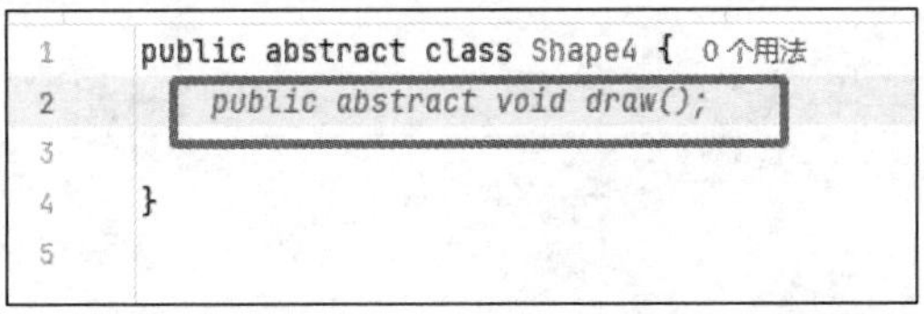

图 7.16　快速生成抽象类和抽象方法定义

文心快码可以快速选择并实现多个接口，减少手动输入的工作量。如图 7.17 所示。

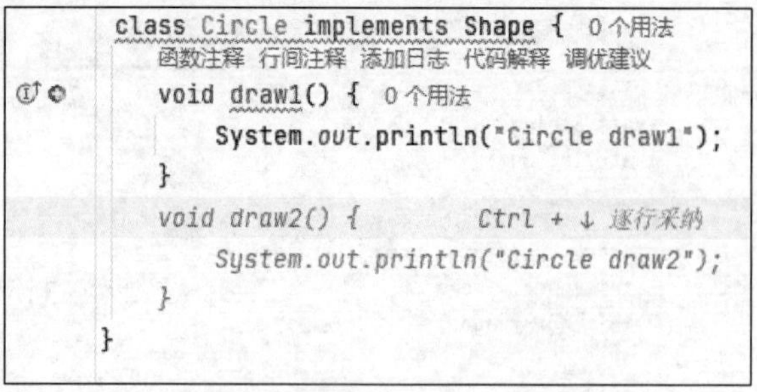

```
class Circle implements Shape {  0个用法
    函数注释 行间注释 添加日志 代码解释 调优建议
    void draw1() {  0个用法
        System.out.println("Circle draw1");
    }
    void draw2() {              Ctrl + ↓ 逐行采纳
        System.out.println("Circle draw2");
    }
}
```

图 7.17　快速选择并实现多个接口

7.5.4　内部类的快速生成

文心快码可以快速生成成员内部类的框架代码，简化了创建过程。如图 7.18 所示。

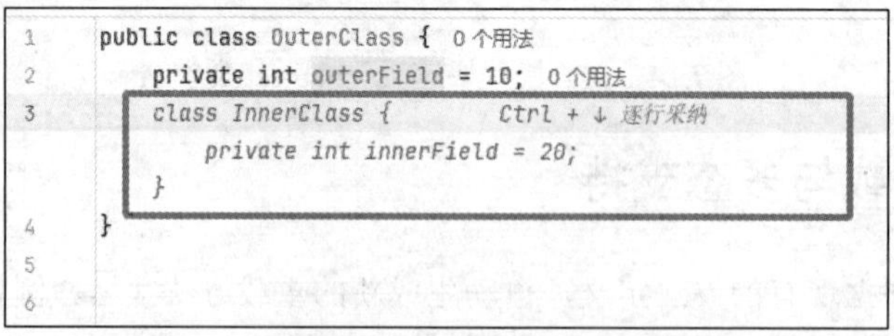

```
1  public class OuterClass {  0个用法
2      private int outerField = 10;  0个用法
3      class InnerClass {          Ctrl + ↓ 逐行采纳
           private int innerField = 20;
       }
4  }
5
6
```

图 7.18　快速生成成员内部类的框架代码

对于需要一次性实现接口或扩展类的情况，文心快码可以自动生成匿名内部类的框架代码。如图 7.19 所示。

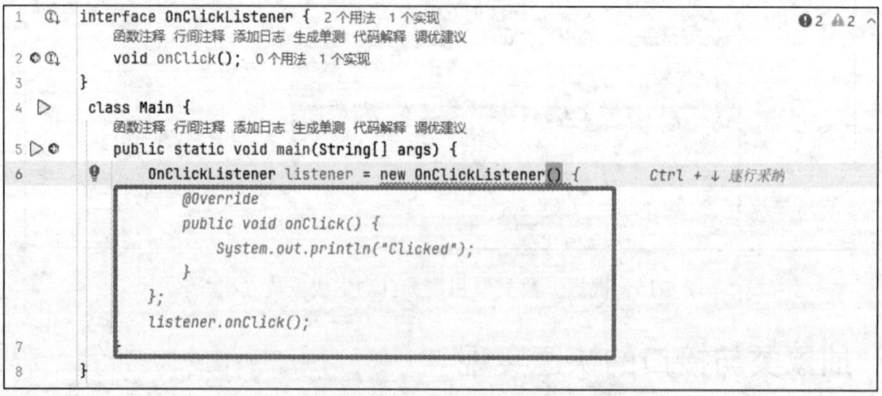

```
1  interface OnClickListener {  2个用法  1个实现
       函数注释 行间注释 添加日志 生成单测 代码解释 调优建议
2      void onClick();  0个用法  1个实现
3  }
4  class Main {
       函数注释 行间注释 添加日志 生成单测 代码解释 调优建议
5      public static void main(String[] args) {
6          OnClickListener listener = new OnClickListener() {          Ctrl + ↓ 逐行采纳
               @Override
               public void onClick() {
                   System.out.println("Clicked");
               }
           };
           listener.onClick();
7
8      }
   }
```

图 7.19　自动生成匿名内部类的框架代码

第8章 异常处理

在 Java 编程中，异常处理对于确保应用程序的稳定性和数据完整性至关重要。它提供了一种机制，用于捕获并处理程序运行时出现的错误，使程序能够优雅地应对意外情况，避免因异常导致程序崩溃。本章将讲解 Java 的异常处理机制，具体知识架构如下。

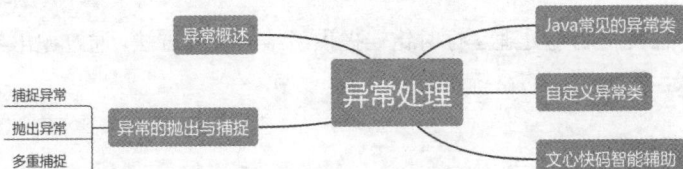

8.1 异常概述

在 Java 编程中，异常（exception）是指程序运行期间发生的非预期事件或错误情况，如文件未找到、网络连接失败等，这些异常会中断程序的正常执行流程。合理的异常处理机制可以更容易定位和修复问题，同时也能提供更好的用户体验。例如，当出现异常时，可以显示友好的错误信息而不是让程序突然停止运行。

Java 的异常层次结构如下。

- Java 中的所有异常都继承自 Throwable 类，它是异常层次结构的根类。
- Error 类表示严重的系统级错误，通常不应被捕获，因为它们通常是不可恢复的，如虚拟机错误或内存不足。
- Exception 类及其子类用于表示应用程序级的异常，可以被捕获并处理。常见的子类包括 IOException（输入输出异常）、SQLException（数据库访问异常）等。
- RuntimeException（运行时异常），代表那些可能在程序运行时发生但不需要强制捕获的异常，如 NullPointerException（空指针异常）。

以一个简单的算术异常为例，代码如下：

```java
public class Baulk {
    public static void main(String[] args) {
        int a = 10/0;
        System.out.println(a);
    }
}
```

运行结果如图 8.1 所示。

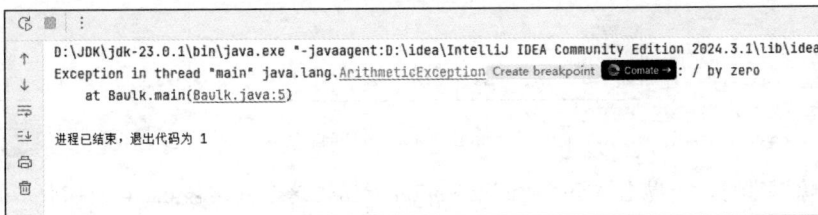

图 8.1 算术异常示例运行结果

在 Java 中，任何整数除以零（/0）都会导致 ArithmeticException 异常。这是因为数学上除以零是没有定义的，计算机系统无法处理这种情况。当执行到 int a = 10/0; 这一行时，JVM 会抛出一个 ArithmeticException 异常，并立即终止当前方法的执行流程。

8.2 异常的抛出与捕捉

异常的抛出与捕捉机制为处理运行时错误提供了结构化的方法。通过抛出异常，程序能够及时报告并定位错误，避免潜在的系统崩溃。

8.2.1 捕捉异常

try-catch-finally 结构用于捕捉并处理运行时可能发生的异常。其中 try 块包含可能会抛出异常的代码；catch 块用于捕获特定类型的异常，并进行相应的处理；finally 块中的代码无论是否发生异常都会被执行，通常用于清理资源。示例代码如下：

```java
public class ExceptionHandlingExample {
    public static void main(String[] args) {
        try {

            // 可能抛出异常的代码
            int result = 10 / 0;
            System.out.println("这一行不会被执行。");
        } catch (ArithmeticException e) {
            // 捕获 ArithmeticException 异常并处理
            System.out.println("捕获一个异常： " + e.getMessage());
        } finally {
            // 无论是否发生异常都会执行的代码块
            System.out.println("这一行总是执行");
        }

    }
}
```

运行结果如图 8.2 所示。

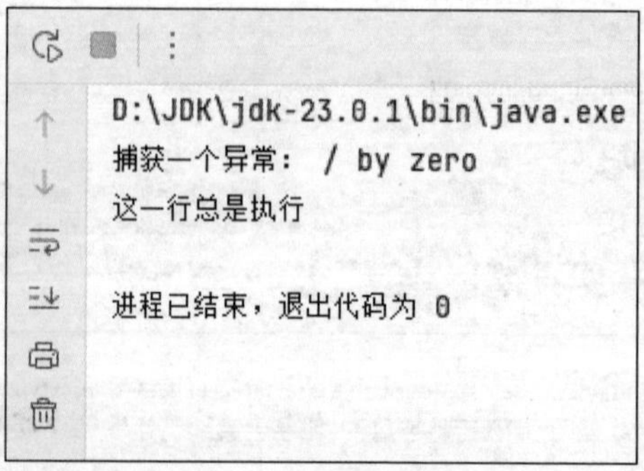

图 8.2 捕获异常示例运行结果

当尝试除以零时，会抛出 ArithmeticException 异常，这个异常被 catch 块捕获，并打印出异常消息，finally 块中的代码总是会被执行，即使在 try 或 catch 块中有 return 语句。

8.2.2 抛出异常

在 Java 中，经常分别使用 throw 和 throws 关键字在方法中抛出和声明异常。下面将对两个关键字进行讲解。

1. 使用 throw 关键字抛出异常

throw 关键字用于显式地抛出一个异常对象。它允许在代码的任何位置主动创建并抛出异常，以指示程序遇到了非预期的情况或错误。使用 throw 关键字的语法如下。

```
throw new 异常类型名(异常信息)
```

下面展示如何使用 throw 关键字抛出预定义或自定义的异常。

```java
public class AgeValidator {
    public static void validateAge(int age) {
        if (age < 0) {
            throw new IllegalArgumentException("年龄不能是负的");
        }
        System.out.println("年龄是有效的");
    }
    public static void main(String[] args) {
        try {
            validateAge(-5); // 这里会抛出异常
        } catch (IllegalArgumentException e) {
            System.err.println("捕获一个异常： " + e.getMessage());
        }
    }
}
```

运行结果如图 8.3 所示。

在上述代码中，validateAge 方法检查传入的 age 参数是否小于零。如果是，则抛出一个 IllegalArgumentException 异常，并附带一条描述性的消息 "年龄不能是负的"。在 main 方法中，使用 try-catch 结构捕获并处理该异常，防止程序崩溃。

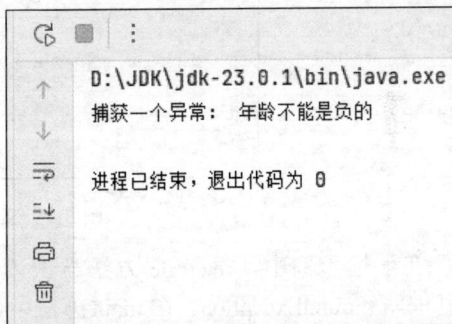

图 8.3 使用 throw 关键字抛出异常

2. 使用 throws 关键字声明异常

throws 关键字用于在方法签名中声明该方法可能抛出的异常类型。这意味着调用该方法的代码必须准备好处理这些异常，或者继续向上层传递。使用 throws 关键字的语法如下。

```
返回值类型名 方法名(参数表)  throws 异常类型名 {
    方法体
}
```

使用 throws 关键字可以在读取文件时，声明可能抛出的 FileNotFoundException，示例代码如下。

```java
public class FileReaderExample {
    /**
     * 程序入口点。
     * 尝试读取一个文件，并捕获可能发生的 FileNotFoundException。
     */
    public static void main(String[] args) {
        // 尝试调用 readFile 方法读取名为 "non_existent_file.txt" 的文件
```

```
        try {
            readFile("non_existent_file.txt");
        } catch (FileNotFoundException e) {
            // 如果文件不存在，则会抛出 FileNotFoundException，这里捕获并打印错误信息
            System.err.println("Error: " + e.getMessage());
        }
    }
    /**
     * 读取指定路径的文件内容。
     *
     * @param filePath 文件的路径
     * @throws FileNotFoundException 如果指定的文件不存在，则抛出此异常
     */
    public static void readFile(String filePath) throws FileNotFoundException {
        // 创建一个 File 对象，代表目标文件
        File file = new File(filePath);
        // 创建一个 Scanner 对象用于读取文件内容，如果文件不存在则抛出 FileNotFoundException
        Scanner scanner = new Scanner(file);
        // 循环读取文件中的每一行，直到文件末尾
        while (scanner.hasNextLine()) {
            // 打印当前行的内容
            System.out.println(scanner.nextLine());
        }
        // 关闭 Scanner 对象，释放资源
        scanner.close();
    }
}
```

运行结果如图 8.4 所示。

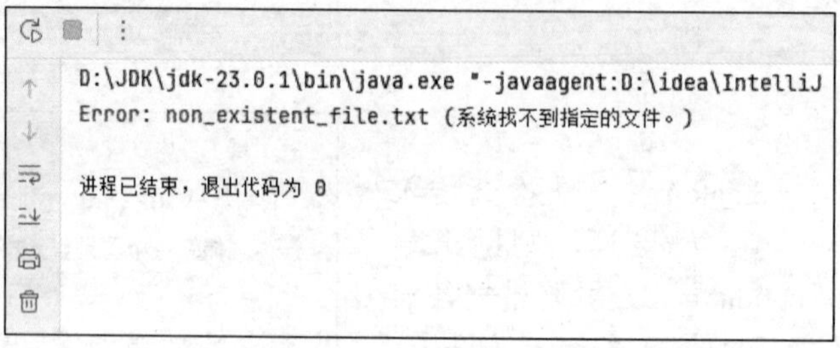

图 8.4　文件未找到时抛出异常

在上述示例中，readFile 方法尝试读取给定路径下的文件。如果文件不存在，则会抛出 FileNotFoundException。在 main 方法中，使用 try-catch 结构捕获并处理该异常，防止程序崩溃。通过在 readFile 方法签名中声明 throws FileNotFoundException，明确了该方法可能会抛出这种异常，使调用者可以提前做好准备。

8.2.3　多重捕捉

多重捕捉允许在同一个 catch 块中处理多个异常类型，通过使用竖线（|）分隔不同的异常类型。在一个 catch 块中处理多个异常类型的示例代码如下。

```
public class MultiCatchExample {
    public static void main(String[] args) {
        try {
            // 可能抛出 IOException 或 SQLException 的代码
            if (args.length == 0) {
                throw new IOException("出现 IO 错误");
            } else if (args[0].equals("error")) {
                throw new SQLException("出现数据库错误");
            }
        } catch (IOException | SQLException e) { // 使用多重捕捉
```

```
            System.out.println("未处理的异常捕获： " + e.getMessage());
        }
    }
}
```

运行结果如图 8.5 所示。

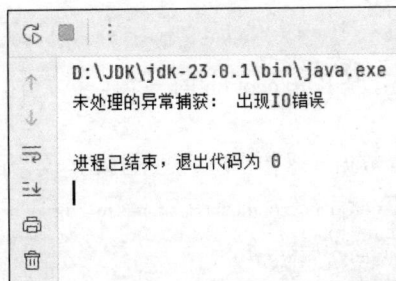

```
G  ■  ⋮
↑   D:\JDK\jdk-23.0.1\bin\java.exe
↓   未处理的异常捕获： 出现IO错误

⇥   进程已结束，退出代码为 0
⇟
⎙   |
🗑
```

图 8.5　在 catch 块中处理多个异常类型

　　在上述示例中，try 块中的代码可能抛出 IOException 或 SQLException。使用竖线（|）将这两个异常类型组合在一个 catch 块中进行处理。当任意一种异常被抛出时，都会进入该 catch 块，并打印出异常消息。

8.3　Java 常见的异常类

　　Java 提供了丰富的异常类，这些异常类处理各种运行时错误和特殊情况。异常分为两大类：检查型异常（checked exception）和非检查型异常（unchecked exception）。前者需要在代码中显式地声明或捕获，而后者则不需要。

1. 非检查型异常（继承自 RuntimeException）

● NullPointerException：当应用程序试图在需要对象的地方使用 null 时抛出。示例代码如下。

```
String str = null;
System.out.println(str.length()); // 抛出 NullPointerException
```

● ArrayIndexOutOfBoundsException：当应用程序试图访问数组中不存在的索引时抛出。示例代码如下。

```
int[] arr = new int[5];
System.out.println(arr[5]); // 抛出 ArrayIndexOutOfBoundsException
```

● ClassCastException：当应用程序试图强制转换对象为不兼容的数据类型时抛出。示例代码如下。

```
Object obj = new Integer(0);
String str = (String) obj; // 抛出 ClassCastException
```

● IllegalArgumentException：当方法接收到非法或不合适参数时抛出。示例代码如下。

```
public void setAge(int age) {
    if (age < 0) throw new IllegalArgumentException("Age cannot be negative");
}
```

● ArithmeticException：当出现异常的算术条件时抛出，例如除以零。示例代码如下。

```
int result = 10 / 0; // 抛出 ArithmeticException
```

2. 检查型异常（继承自 Exception，但不是 RuntimeException 的子类）

- IOException：当发生某种 I/O 故障时抛出，如文件未找到、无法读取等。示例代码如下。

```
File file = new File("non_existent_file.txt");
Scanner scanner = new Scanner(file); // 如果文件不存在，会抛出 FileNotFoundException
```

- FileNotFoundException：是 IOException 的一个子类，当指定路径下找不到文件时抛出。示例代码同上。
- SQLException：当执行数据库操作出现问题时抛出。示例代码如下。

```
Connection conn = DriverManager.getConnection(dbUrl, user, password);
Statement stmt = conn.createStatement();
ResultSet rs = stmt.executeQuery(query);
```

- InterruptedException：当一个线程处于等待、休眠或其他阻塞状态时被另一个线程中断，会抛出异常。示例代码如下。

```
Thread.sleep(1000);
```

- ClassNotFoundException：当应用程序试图通过字符串名加载类，但找不到该类的定义时抛出。示例代码如下。

```
Class.forName("com.example.NonExistentClass"); // 抛出 ClassNotFoundException
```

3. 其他常见异常

- NumberFormatException：当尝试将字符串转换为数字格式失败时抛出。示例代码如下。

```
int num = Integer.parseInt("not_a_number"); // 抛出 NumberFormatException
```

- NoSuchMethodException：在反射机制中，当试图调用不存在的方法时抛出。示例代码如下。

```
Method method = MyClass.class.getMethod("nonExistentMethod");
```

- UnsupportedOperationException：当试图调用尚未实现的操作时抛出。示例代码如下。

```
List<String> list = Arrays.asList("a", "b", "c");
list.add("d"); // 对于由 Arrays.asList 返回的列表，add 方法不可用，会抛出 Unsupported Operation Excepttion
```

8.4 自定义异常类

在 Java 中，虽然标准库提供了丰富的内置异常类型来处理常见的错误情况，但在某些情况下，可能需要自定义异常，以更好地描述特定于应用程序的错误。自定义异常类不仅能提供更详细的错误信息，还可以包含额外的数据或方法，有助于调试和问题解决。创建自定义异常类的基本步骤如下。

（1）继承合适的父类：通常，自定义异常类应继承自 Exception 或其子类（如 RuntimeException）。如果希望异常是一个检查型异常，则应继承 Exception；如果是非检查型异常，则应继承 RuntimeException。

（2）添加构造函数：应至少提供一个无参构造函数和一个接收字符串消息的构造函数。根据需要，也可提供接收 Throwable 参数的构造函数，以支持封装原始异常（即形成异常链）。

（3）覆盖必要的方法：尽管在大多数情况下无须重写任何方法，但为增强功能，可以选择重写如 getMessage()等方法。

创建自定义异常类的代码如下。

```java
// 继承自 Exception 的异常是一个检查型异常
public class InvalidAgeException extends Exception {
    // 无参构造函数
    public InvalidAgeException() {
        super();
    }
    // 接收一个字符串参数的构造函数，用于设置异常的消息
    public InvalidAgeException(String message) {
        super(message);
    }
    // 接收一个字符串参数和一个 Throwable 对象的构造函数，用于封装原始异常
    public InvalidAgeException(String message, Throwable cause) {
        super(message, cause);
    }
    // 可选：可以添加更多有助于调试的方法或属性
}
```

- 无参构造函数：允许创建没有详细信息的异常实例。
- 接收字符串参数的构造函数：允许为异常提供详细的错误消息，这在调试时非常有用。
- 接收字符串参数和 Throwable 对象的构造函数：允许将当前异常链接到另一个异常（即形成异常链），这有助于追踪导致最终错误的一系列原因。

使用自定义异常类的代码如下。

```java
public class AgeValidator {
    public static void validateAge(int age) throws InvalidAgeException {
        if (age < 0) {
            throw new InvalidAgeException("年龄不能是负的");
        } else if (age > 120) {
            throw new InvalidAgeException("年龄太大");
        }
        System.out.println("年龄是有效的");
    }
    public static void main(String[] args) {
        try {
            validateAge(-5); // 这里会抛出自定义异常
        } catch (InvalidAgeException e) {
            System.err.println("捕获一个异常：" + e.getMessage());
        }
    }
}
```

- validateAge 方法：此方法接收一个整数参数 age，并根据其值决定是否抛出异常。如果年龄小于 0，则抛出带有特定消息"年龄不能是负的"的 InvalidAgeException 异常。如果年龄大于 120，则抛出带有消息"年龄太大"的相同异常。如果年龄有效，则打印"年龄是有效的"。
- main 方法：尝试调用 validateAge(-5)，由于传递的是-5，这显然不符合逻辑上的有效年龄范围。因此，validateAge 方法内部会抛出 InvalidAgeException 异常。在 main 方法中，使用 try-catch 块来捕获这个异常，并通过 e.getMessage()获取异常的具体消息，然后将其输出到标准错误流 System.err。

运行结果如图 8.6 所示。

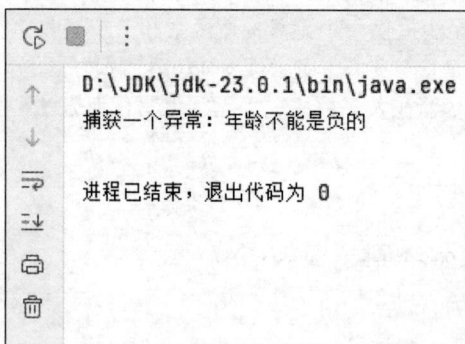

图 8.6　使用自定义异常类的运行结果

8.5　文心快码智能辅助

1. 智能提示

在编写 catch 块时，文心快码能根据上下文提供可能遇到的异常类型的建议。例如，需要读取文件的内容，但该文件可能不存在或者无法访问，此时在 catch 块中输入，文心快码会自动提供建议，比如 FileNotFoundException。示例代码如下。

```
    try {
    FileReader fileReader = new FileReader("path/to/file.txt");
} catch (/* 文心快码会提供 IOException 和 FileNotFoundException 的建议 */) {
    // 异常处理逻辑
}
```

具体操作如图 8.7 所示。

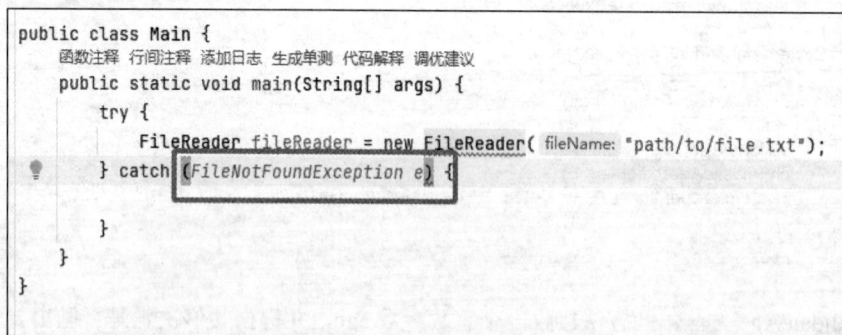

```
public class Main {
    函数注释 行间注释 添加日志 生成单测 代码解释 调优建议
    public static void main(String[] args) {
        try {
            FileReader fileReader = new FileReader( fileName: "path/to/file.txt");
        } catch (FileNotFoundException e) {

        }
    }
}
```

图 8.7　文心快码智能提示示例

文心快码会根据当前的上下文环境（如方法签名、变量类型等），智能推荐适合该场景的异常类。例如，在验证用户输入的有效性时，如果发现年龄为负数，可以抛出 IllegalArgumentException。示例代码如下。

```
if (age < 0) {
    throw new /* 文心快码会提供 IllegalArgumentException 等异常类的建议 */;
}
```

具体操作如图 8.8 所示。

```
public class Main {
    函数注释 行间注释 添加日志 生成单测 代码解释 调优建议
    public static void main(String[] args) {
        if (age < 0) {
            throw new IllegalArgumentException("Age cannot be negative");
        }
    }
}
```

图 8.8　文心快码推荐适合该场景的异常类

2. 自动补全

文心快码的一个重要特性是它能够自动生成常见的控制结构,这对于异常处理尤为重要。例如,当需要执行一段可能抛出异常的代码时,只需输入部分关键字,IDE 就能自动生成完整的 try-catch-finally 结构。代码如下。

```
try {
    // 可能抛出异常的代码
} catch (Exception e) { // 自动补全的 catch 块
    // 异常处理逻辑
} finally { // 自动补全的 finally 块
    // 清理资源
}
```

在某些情况下,标准的异常类可能不能满足需求,这时就需要创建自定义异常类。文心快码为此提供了模板,使得创建新的异常类变得简单快捷。代码如下。

```
public class InvalidAgeException extends Exception {
    public InvalidAgeException(String message) {
        super(message);
    }
}
```

具体操作如图 8.9 所示。

```
1  public class InvalidAgeException extends Exception {  0个用法
2      public InvalidAgeException(String message) {      Ctrl + ↓ 逐行采纳
           super(message);
       }
3  }
4
```

图 8.9　自定义异常类提示模板

第 9 章　Java 常用类和枚举类型

在 Java 编程中，理解和熟练运用常用类与枚举类型是构建高效、可维护代码的关键。Java 标准库提供了丰富的类库来满足日常开发需求，例如：使用 String 类处理字符串操作，利用 LocalDateTime 等时间类管理日期，以及通过集合类实现数据存储与检索。这些类通过标准化的 API 设计，显著提高了开发效率和代码健壮性。

同时，枚举类型为定义一组固定的常量提供了一种类型安全且易于扩展的解决方案。它不仅能够通过名称清晰地表达状态码、操作类型等业务概念，还支持添加属性和方法来实现逻辑封装。这种特性使枚举类型在状态管理和配置选项等场景中展现出独特的优势。

常用类和枚举类型分别从动态业务支持和静态常量管理两个方面，共同构成了 Java 开发的核心工具集。

9.1　包　装　类

包装类是 Java 为基本数据类型（如 int、char、boolean 等）提供封装的对象类型。每个基本数据类型都有对应的包装类，包装类允许基本数据类型拥有对象的特性，如方法调用、参与面向对象的机制（如泛型、集合操作）。Java 中 8 个基本数据类型各自对应的包装类如表 9.1 所示。

表 9.1　Java 中 8 个基本数据类型各自对应的包装类

基本数据类型	对应的包装类	基本数据类型	对应的包装类
byte	Byte	float	Float
short	Short	double	Double
int	Integer	char	Character
long	Long	boolean	Boolean

9.1.1　Integer 类

Integer 类是 Java 中用于将基本数据类型 int 封装为对象的类。它属于包装类之一，允许 int 值参与面向对象的机制，如集合框架、泛型等。此外，它还提供了许多有用的方法来操作整数值。下面讲解 Integer 类中的构造方法、常用方法和常量。

1. 构造方法

自 Java 9 起，不再推荐使用构造函数（如 new Integer(int value)）创建 Integer 实例，但理解这种方法对于掌握其历史背景仍然有价值。现在更推荐使用 valueOf(int i) 方法，因为它通过缓存频繁使用的值来提升性能。语法示例如下。

```
// 使用构造函数创建 Integer 实例（不推荐）
    Integer a = new Integer(100);

// 使用 valueOf 方法创建 Integer 实例（推荐）
    Integer b = Integer.valueOf(100);
```

2. 静态方法

- **parseInt(String s)**：将字符串转换为整数。如果字符串不能被解析为有效的整数，则抛出 NumberFormatException。示例代码如下。

```
int num = Integer.parseInt("123"); // num = 123
```

- **valueOf(int i)**：该方法返回指定值的 Integer 实例。此方法利用了内部缓存机制，对于频繁使用的值（通常是−128 到 127 之间的值），可以提高效率。示例代码如下。

```
Integer val = Integer.valueOf(50);
```

- **compare(int x, int y)**：用于比较两个整数的大小。该方法返回负数、零或正数，分别表示第一个参数小于、等于或大于第二个参数。示例代码如下。

```
int result = Integer.compare(5, 10); // result = -1
```

3. 实例方法

- **intValue()**：将 Integer 对象转换为 int。示例代码如下。

```
Integer a = new Integer(100);
int b = a.intValue(); // b = 100
```

- **toString()**：将 Integer 对象转换为字符串表示形式。示例代码如下。

```
Integer num = 100;
String str = num.toString(); // str = "100"
```

- **compareTo(Integer anotherInteger)**：比较当前对象与另一个 Integer 对象的大小。该方法返回负数、零或正数，分别表示当前对象小于、等于或大于另一个对象。示例代码如下。

```
Integer a = 100;
Integer b = 150;
int cmp = a.compareTo(b); // cmp = -1
```

4. 常量

- **Integer.MIN_VALUE**：表示 int 类型的最小值，即-2^{31}或−2147483648。示例代码如下。

```
System.out.println("int 类型的最小值：  " + Integer.MIN_VALUE); // 输出 -2147483648
```

- **Integer.MAX_VALUE**：表示 int 类型的最大值，即$2^{31}-1$或 2147483647。示例代码如下。

```
System.out.println("int 类型的最大值：  " + Integer.MAX_VALUE); // 输出 2147483647
```

● **Integer.SIZE**：表示 int 类型的位数，即 32 位。示例代码如下。

```
System.out.println("int 类型的位数： " + Integer.SIZE); // 输出 32
```

● **Integer.BYTES**：表示 int 类型的字节数，即 4 字节。示例代码如下。

```
System.out.println("int 类型的字节数： " + Integer.BYTES); // 输出 4
```

● **Integer.TYPE**：表示 int 类型的 Class 对象。示例代码如下。

```
System.out.println("int 类型的 Class 对象: " + Integer.TYPE); // 输出 int
```

下面通过一个代码示例演示 Integer 类常用方法及常量的使用。

```java
public class IntegerExample {
    public static void main(String[] args) {
        // 自动装箱
        Integer a = 100; // 自动装箱
        // 自动拆箱
        int b = a; // 自动拆箱
        System.out.println("a: " + a.intValue());
        System.out.println("b: " + b);

        // 使用静态方法
        String str = "123";
        int num = Integer.parseInt(str); // 字符串转整数
        System.out.println("解析整数: " + num);

        // 比较两个整数
        int result = Integer.compare(5, 10); // 比较两个整数
        System.out.println("比较结果： " + result); // 输出 -1

        // 使用 valueOf 方法
        Integer cachedVal = Integer.valueOf(100); // 建议使用 valueOf 而非直接 new Integer()
        System.out.println("缓存的值:" + cachedVal);

        // 使用常量
        System.out.println("int 类型的最小值： " + Integer.MIN_VALUE); // 输出 -2147483648
        System.out.println("int 类型的最大值： " + Integer.MAX_VALUE); // 输出 2147483647
        System.out.println("int 类型的位数： " + Integer.SIZE); // 输出 32
        System.out.println("int 类型的字节数： " + Integer.BYTES); // 输出 4
        System.out.println("int 类型的 Class 对象： " + Integer.TYPE); // 输出 int
    }
}
```

运行结果如图 9.1 所示。

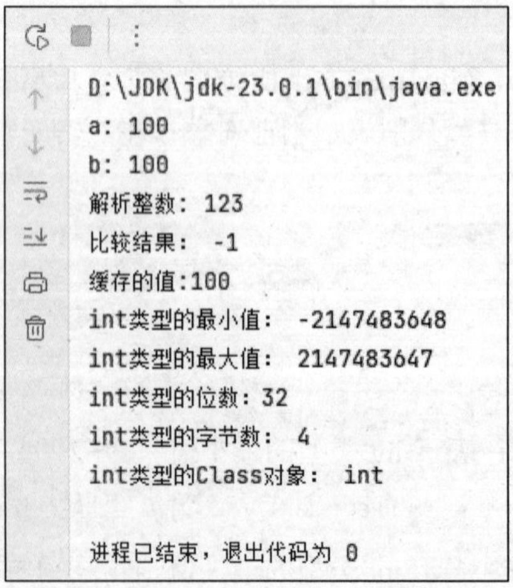

图 9.1　Integer 类示例运行结果

9.1.2　Number 类

Number 类是 Java 中所有数字包装类（例如 Integer、Double、Float、Long、Short、Byte 等）的抽象基类。它提供了一组统一的方法来获取不同类型的数值，使得在处理不同类型的基本数据类型时更加灵活和一致。

要将 Number 类的子对象转换为对应的基本数据类型，应使用该子类提供的相应方法，具体如下所示。

- byteValue()：返回此 Number 对象的值为 byte 类型。
- shortValue()：返回此 Number 对象的值为 short 类型。
- intValue()：返回此 Number 对象的值为 int 类型。
- longValue()：返回此 Number 对象的值为 long 类型。
- floatValue()：返回此 Number 对象的值为 float 类型。
- doubleValue()：返回此 Number 对象的值为 double 类型。

每个具体的子类（如 Integer、Double、Float、Long、Short、Byte 等）都会根据自身的具体需求实现这些抽象方法。例如，Integer 类会将数值转换为 int 类型后，再转换为其他基本类型；而 Double 类则首先将其转换为 double 类型，然后再进行相应的转换。示例代码如下。

```java
Integer intObj = 100;
System.out.println("Int to Byte: " + intObj.byteValue());        // 转换为 byte
System.out.println("Int to Short: " + intObj.shortValue());      // 转换为 short
System.out.println("Int to Int: " + intObj.intValue());          // 转换为 int
System.out.println("Int to Long: " + intObj.longValue());        // 转换为 long
System.out.println("Int to Float: " + intObj.floatValue());      // 转换为 float
System.out.println("Int to Double: " + intObj.doubleValue());    // 转换为 double
Double doubleObj = 123.45;
System.out.println("Double to Byte: " + doubleObj.byteValue());      // 转换为 byte
System.out.println("Double to Short: " + doubleObj.shortValue());    // 转换为 short
System.out.println("Double to Int: " + doubleObj.intValue());        // 转换为 int
System.out.println("Double to Long: " + doubleObj.longValue());      // 转换为 long
System.out.println("Double to Float: " + doubleObj.floatValue());    // 转换为 float
System.out.println("Double to Double: " + doubleObj.doubleValue());  // 转换为 double
```

运行结果如图 9.2 所示。

```
D:\JDK\jdk-23.0.1\bin\java.exe
Int to Byte: 100
Int to Short: 100
Int to Int: 100
Int to Long: 100
Int to Float: 100.0
Int to Double: 100.0
Double to Byte: 123
Double to Short: 123
Double to Int: 123
Double to Long: 123
Double to Float: 123.45
Double to Double: 123.45
```

图 9.2　Number 类示例运行结果

9.2　Math 类

本节将深入探讨 Java 中的 Math 类，它提供了丰富的静态方法用于执行基本的数值运算和常见的数学函数。如取最大值、取最小值、取绝对值、三角函数、指数函数和取整函数等。

9.2.1　Math 类概述

Math 类是 Java 标准库中的一个实用工具类，提供了大量的静态方法用于执行基本的数值运算和数学函数。由于所有方法都是静态的，因此可以直接通过 Math.前缀调用，无须创建 Math 类的实例。语法格式如下。

```
Math.数学方法
```

Math 类中除数学方法外，还存在一些数学常量，如 PI、E 等，这些数学常量作为 Math 类的成员变量出现，调用起来很方便，语法格式如下。

```
Math.PI    //表示圆周率 π，精度约为 15 位小数。
Math.E     //表示自然对数的底数 e，同样具有高精度。
```

9.2.2　常用的数学运算方法

Math 类中的数学方法较多，可以分为基本数值运算、指数和对数运算、三角函数运算和随机数生成几类，下面将逐一讲解。

1. 基本数值运算

● 绝对值方法 abs(double a)：该方法返回参数的绝对值。适用于 double、float、int 和 long 类型。示例代码如下。

```
double num = -10.5;
System.out.println("Absolute value: " + Math.abs(num)); // 输出 10.5
```

● 最大值方法 max(double a, double b)：该方法返回两个数中的较大者。最小值方法 min(double a, double b)：返回两个数中的较小者。示例代码如下。

```
System.out.println("Max of 10 and 20: " + Math.max(10, 20)); // 输出 20
System.out.println("Min of 10 and 20: " + Math.min(10, 20)); // 输出 10
```

为了更好地理解 Math 类中的基本数值运算方法，下面将通过一个具体的例子展示如何使用 abs、max 和 min 方法。

```java
public class BasicMathOperationsExample {
    public static void main(String[] args) {
        // 绝对值示例
        double num = -10.5;
        System.out.println("原始数字: " + num); // 输出原始数字 -10.5
        System.out.println("绝对值: " + Math.abs(num));   // 使用 Math.abs()获取绝对值，输出 10.5

        // 最大值和最小值示例
        int a = 10, b = 20;
        System.out.println("第一个数字: " + a + ", 第二个数字: " + b); // 输出两个比较的数字 10 和 20
```

```
    // 使用 Math.max()找出两个数中的较大者
    System.out.println("最大值: " + a + "和" + b + ": " + Math.max(a, b));  // 输出 20

    // 使用 Math.min()找出两个数中的较小者
    System.out.println("最小值: " + a + "和" + b + ": " + Math.min(a, b));  // 输出 10
  }
}
```

运行结果如图 9.3 所示。

2. 指数和对数运算

- 幂运算方法 pow(double a, double b)：计算第一个参数（基数）的第二个参数（指数）次幂。示例代码如下。

```
System.out.println("2 的 3 次方: " + Math.pow(2, 3)); // 输出 8.0
```

- 平方根方法 sqrt(double a)：计算并返回给定非负数参数的平方根。示例代码如下。

```
System.out.println("根号 16: " + Math.sqrt(16)); // 输出 4.0
```

- 自然对数方法 log(double a)：计算以 e 为底数的参数的自然对数。示例代码如下。

```
System.out.println("自然对数 e: " + Math.log(Math.E)); // 输出 1.0
```

下面将通过一个具体的例子来展示如何使用 pow、sqrt 和 log 方法。

```
public class Main {
        public static void main(String[] args) {

    // 幂运算示例
            double base = 2.0, exponent = 3.0;
            System.out.println(base + "的" + exponent + "次幂是: " + Math.pow(base, exponent)); // 输出 8.0
:ml-citation{ref="1,2" data="citationList"}

    // 平方根示例
            double number = 16.0;
            System.out.println(number + "的平方根是: " + Math.sqrt(number)); // 输出 4.0 :ml-citation{ref=
"3,5" data="citationList"}

    // 自然对数示例
            double eBase = Math.E; // 自然对数的底数 e
            System.out.println("底数 e 的自然对数是: " + Math.log(eBase)); // 输出 1.0（ln(e)=1）:ml-citation
{ref="4,6" data="citationList"}

    // 更多示例: 计算非 e 基数的自然对数
            double otherNumber = 10.0;
            System.out.println(otherNumber + "的自然对数是: " + Math.log(otherNumber));

        }
    }
```

运行结果如图 9.4 所示。

```
D:\JDK\jdk-23.0.1\bin\java.exe
原始数字: -10.5
绝对值: 10.5
第一个数字: 10，第二个数字: 20
最大值: 10和20: 20
最小值: 10和20: 10

进程已结束，退出代码为 0
```

```
D:\JDK\jdk-23.0.1\bin\java.exe "-javaagent
2.0的3.0次幂是: 8.0
16.0的平方根是: 4.0
底数e的自然对数是: 1.0
10.0的自然对数是: 2.302585092994046

进程已结束，退出代码为 0
```

图 9.3　基本数值运算示例运行结果　　　　图 9.4　指数和对数运算示例运行结果

3. 三角函数运算

- 正弦方法 sin(double a)：返回参数的正弦值（参数以弧度表示）。余弦方法 cos(double a)：返回参数的余弦值（参数以弧度表示）。正切方法 tan(double a)：返回参数的正切值（参数以弧度表示）。

为了更好地理解 Math 类中的三角函数运算方法，下面将通过一个具体的例子来展示如何使用 sin、cos 和 tan 方法。

```java
public class TrigonometricOperationsExample {
    public static void main(String[] args) {
        // 定义常见角度（以弧度为单位）
        double angleInRadians45 = Math.PI / 4;  // 45 度
        double angleInRadians90 = Math.PI / 2;  // 90 度
        double angleInRadians180 = Math.PI;        // 180 度

        // 正弦函数计算
// 输出约 0.7071:ml-citation{ref="1,2" data="citationList"}
 System.out.println("45 度(π/4 弧度)的正弦值: " + Math.sin(angleInRadians45));
// 输出约 0.7071:ml-citation{ref="1,2" data="citationList"}
 System.out.println("90 度(π/2 弧度)的正弦值: " + Math.sin(angleInRadians90));
 // 输出约 0.0:ml-citation{ref="2,3" data="citationList"}
 System.out.println("180 度(π 弧度)的正弦值: " + Math.sin(angleInRadians180));

        // 余弦函数计算
 // 输出约 0.7071:ml-citation{ref="1,2" data="citationList"}
System.out.println("45 度(π/4 弧度)的余弦值: " + Math.cos(angleInRadians45));
// 输出约 0.0:ml-citation{ref="2,3" data="citationList"}
System.out.println("90 度(π/2 弧度)的余弦值: " + Math.cos(angleInRadians90));
// 输出约-1.0:ml-citation{ref="2,4" data="citationList"}
System.out.println("180 度(π 弧度)的余弦值: " + Math.cos(angleInRadians180));

        // 正切函数计算
// 输出约 1.0:ml-citation{ref="2,3" data="citationList"}
System.out.println("45 度(π/4 弧度)的正切值: " + Math.tan(angleInRadians45));
// 输出趋近无穷大:ml-citation{ref="2,5" data="citationList"}
System.out.println("90 度(π/2 弧度)的正切值: " + Math.tan(angleInRadians90));
// 输出约 0.0:ml-citation{ref="2,3" data="citationList"}
System.out.println("180 度(π 弧度)的正切值: " + Math.tan(angleInRadians180));
    }
}
```

运行结果如图 9.5 所示。

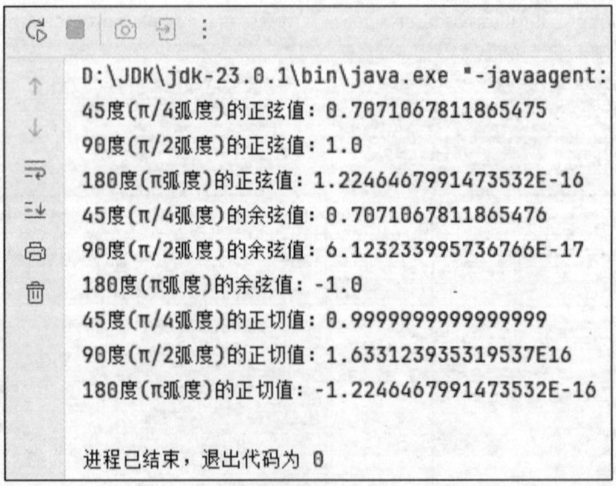

图 9.5 三角函数运算示例运行结果

4. 随机数生成

● 生成随机数方法 random()：返回一个 double 类型的伪随机数，范围在 0.0 到 1.0 之间（不包括 1.0）。示例代码如下。

```
System.out.println("Random number between 0 and 1: " + Math.random());
```

下面通过具体的例子展示如何使用 random()方法生成一个 0.0 到 1.0 之间的伪随机数（不包括 1.0）。示例代码如下。

```
public class RandomNumberGenerationExample {
    public static void main(String[] args) {
// 基本随机数生成：0.0 到 1.0 之间（不包括 1.0）
        double randomDouble = Math.random();
        System.out.println("0 到 1 之间的随机数: " + randomDouble); // 例: 0.423451234

        // 生成指定范围内的随机整数: 例如, 1 到 10
        int minInt = 1, maxInt = 10;
        int randomInt = (int)(Math.random() * (maxInt - minInt + 1)) + minInt;
        System.out.println(minInt + "到" + maxInt + "之间的随机整数: " + randomInt); // 例: 7

        // 生成指定范围内的随机浮点数: 例如, 1.5 到 6.5
        double minFloat = 1.5, maxFloat = 6.5;
        double randomFloat = Math.random() * (maxFloat - minFloat) + minFloat;
        System.out.println(minFloat + "到" + maxFloat + "之间的随机浮点数: " + randomFloat); // 例: 4.832
    }
}
```

运行结果如图 9.6 所示。

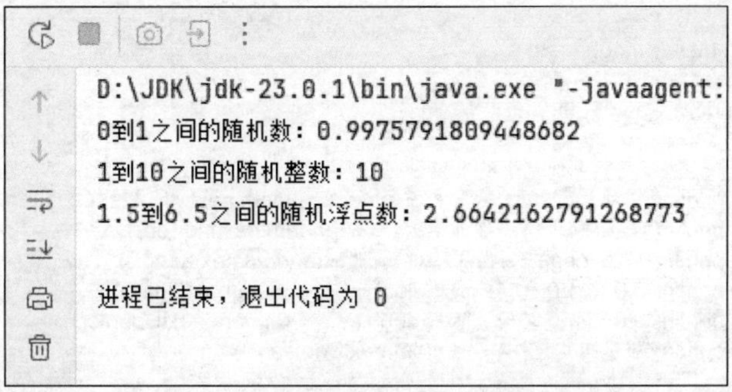

图 9.6　随机数生成示例的运行结果

9.3　Random 类

Random 类是 Java 标准库中的一个用于生成伪随机数的工具类。与 Math.random()相比，它提供了更广泛的随机数生成功能和更高的灵活性。语法如下。

```
Random r = new Random( );
```

其中，r 指 Random 对象。Random 类提供了生成各种数据类型随机数的方法，这些功能及方法如下。

1. 构造方法

- Random()：创建一个新的随机数生成器，默认使用当前时间作为种子。
- Random(long seed)：使用指定的种子值创建一个新的随机数生成器。使用相同的种子将产生相同的随机数序列，这在测试时特别有用。

2. 主要方法

- nextInt()：返回下一个伪随机数，它是取自此随机数生成器序列的均匀分布的 int 值。
- nextInt(int bound)：返回一个伪随机的、均匀分布的 int 值，该值介于 0（包括）和指定值（不包括）之间。
- nextLong()：返回下一个伪随机数，它是取自此随机数生成器序列的均匀分布的 long 值。
- nextFloat()：返回下一个伪随机数，它是取自此随机数生成器序列的均匀分布的 float 值，范围从 0.0 到 1.0。
- nextDouble()：返回下一个伪随机数，它是取自此随机数生成器序列的均匀分布的 double 值，范围从 0.0 到 1.0。
- nextBoolean()：返回下一个伪随机布尔值。
- nextGaussian()：返回下一个伪随机、高斯（"正态"）分布的 double 值，其平均值为 0.0，标准差为 1.0。

下面是 Random 类中主要方法的使用示例。

```java
import java.util.Random;

public class RandomExample {

    public static void main(String[] args) {
        // 创建一个默认种子的 Random 对象
        Random random = new Random();

        // 基本用法：生成不同类型的基本随机数
        System.out.println("任意 int 范围内的随机整数：" + random.nextInt());
        System.out.println("0 到 99 之间的随机整数：" + random.nextInt(100));
        System.out.println("任意 long 范围内的随机数：" + random.nextLong());
        System.out.println("0.0 到 1.0 之间的随机 float：" + random.nextFloat());
        System.out.println("0.0 到 1.0 之间的随机 double：" + random.nextDouble());
        System.out.println("随机布尔值：" + random.nextBoolean());

        // 使用特定种子创建 Random 对象，确保可以重现相同的随机数序列
        Random seededRandom = new Random(12345L);
        System.out.println("\n 使用相同种子生成的随机数序列：");
        System.out.println("来自相同种子的第一个随机整数：" + seededRandom.nextInt());
        System.out.println("来自相同种子的另一个随机整数：" + seededRandom.nextInt());

        // 生成符合高斯（正态）分布的随机数
        double randomGaussian = random.nextGaussian(); // 平均值为 0，标准差为 1
        System.out.println("\n 平均值为 0，标准差为 1 的随机高斯数：" + randomGaussian);

        // 生成指定范围内（如 1.0 到 5.0 之间）的高斯分布随机数
        double min = 1.0, max = 5.0;
        double scaledGaussian = randomGaussian * 2 + 3; // 调整平均值和标准差以适应目标范围
        if (scaledGaussian < min) scaledGaussian = min;
        if (scaledGaussian > max) scaledGaussian = max;
        System.out.println("缩放到" + min + "到" + max + "范围内的随机高斯数：" + scaledGaussian);
    }
}
```

运行结果如图 9.7 所示。

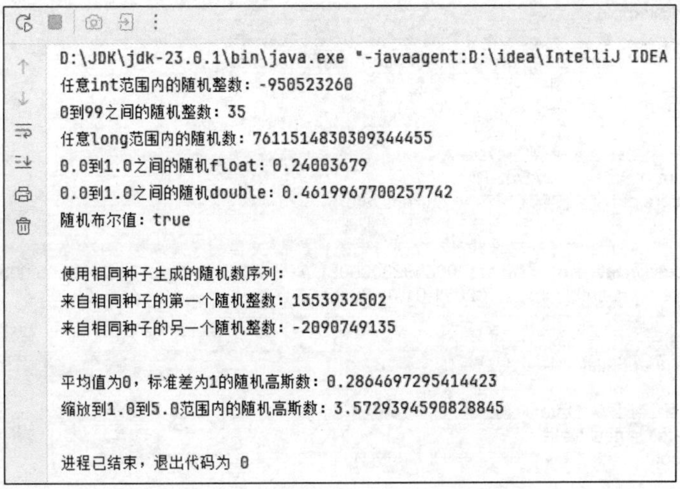

图 9.7　Random 类使用示例的运行结果

9.4　Date 类

Date 类是 Java 标准库中用于处理日期和时间的类，它表示特定的时间点，精确到毫秒。Date 对象可以用来记录自"标准基准时间"（即 1970 年 1 月 1 日 00:00:00 GMT）以来的毫秒数。Date 类的构造方法和主要方法的说明如下。

（1）构造方法。

● Date()：创建一个表示当前时间的 Date 对象。

● Date(long date)：创建一个表示自"标准基准时间"以来指定毫秒数的 Date 对象。

（2）主要方法。

● 获取时间信息：

■ getTime()：返回自"标准基准时间"以来的毫秒数。

■ setTime(long time)：设置此 Date 对象以表示指定时间。

● 字符串转换：

■ toString()：将此 Date 对象转换为字符串形式，默认格式为 EEE MMM dd HH:mm:ss zzz yyyy。

● 比较日期：

■ after(Date when)：判断此日期是否在此给定日期之后。

■ before(Date when)：判断此日期是否在此给定日期之前。

■ equals(Object obj)：判断两个日期是否相等。

注意： 由于 Date 类的一些方法已经过时（例如 getYear() 和 getMonth()），建议使用 Calendar 类或者 java.time 包下的新 API 来进行日期操作。

下面是一个完整的 Java 示例代码，展示了如何使用 Date 类来获取当前时间、创建指定时间的 Date 对象、比较两个日期以及计算它们之间的时间差。

```
import java.util.Date;
```

```java
public class DateExample {

    public static void main(String[] args) throws InterruptedException {
        // 基本用法：获取当前时间
        System.out.println("----- 基本用法 -----");

        // 创建一个表示当前时间的 Date 对象
        Date currentDate = new Date();
        System.out.println("当前时间: " + currentDate);

        // 创建一个表示自"标准基准时间"以来指定毫秒数的 Date 对象（例如 2021 年 1 月 1 日 00:00:00 UTC）
        Date specificDate = new Date(1609459200000L); // 时间戳对应 2021-01-01 00:00:00 UTC
        System.out.println("指定时间（2021-01-01 00:00:00 UTC）: " + specificDate);

        // 高级用法：日期比较和时间差计算
        System.out.println("\n----- 高级用法 -----");

        // 创建两个不同的 Date 对象，模拟一段时间间隔
        Date date1 = new Date();
        System.out.println("第一个时间点: " + date1);

        // 等待一秒以确保 date2 在 date1 之后
        Thread.sleep(1000);

        Date date2 = new Date();
        System.out.println("第二个时间点（等待 1 秒后）: " + date2);

        // 比较两个日期
        if (date1.before(date2)) {
            System.out.println("date1 在 date2 之前");
        }
        if (date1.after(date2)) {
            System.out.println("date1 在 date2 之后");
        }
        if (date1.equals(date2)) {
            System.out.println("date1 和 date2 相等");
        }

        // 计算两个日期之间的差异（毫秒）
        long differenceInMilliseconds = date2.getTime() - date1.getTime();
        System.out.println("两者之间的时间差（毫秒）: " + differenceInMilliseconds);

        // 将时间差转换为秒
        long differenceInSeconds = differenceInMilliseconds / 1000;
        System.out.println("两者之间的时间差（秒）: " + differenceInSeconds);
    }
}
```

运行结果如图 9.8 所示。

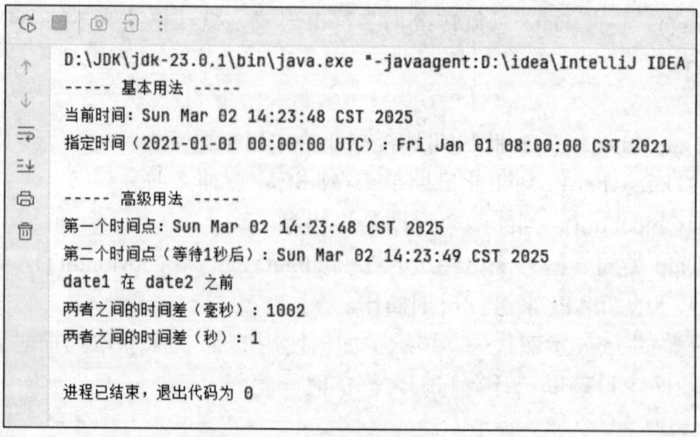

图 9.8　Date 类示例的运行结果

在使用 Date 类处理日期和时间时，经常会遇到需要将日期格式化为特定字符串格式的需求，或者反过来，将字符串解析为日期对象。Java 提供了 DateFormat 类及其子类（如 SimpleDateFormat）来满足这些需求。DateFormat 类常用方法及说明如下。

（1）format()方法。

String format(Date date)：将 Date 对象格式化为字符串。示例如下。

`dateFormat.format(new Date())`//会返回当前日期的时间按照指定或默认格式转换成的字符串。

（2）parse()方法。

Date parse(String source) throws ParseException：将符合特定模式的字符串解析为 Date 对象。示例如下。

`dateFormat.parse("2025-03-01 14:53:00")`//会尝试根据 dateFormat 定义的模式将给定的字符串解析为一个 Date 对象。

（3）setLenient(boolean lenient)方法。

设置解析模式是否宽松。如果设置为 false，则要求输入字符串必须严格遵循设定的日期格式；若设置为 true（默认），则允许一定程度的灵活性。示例如下。

`dateFormat.setLenient(false);`

（4）applyPattern(String pattern)方法。

对于 SimpleDateFormat，此方法允许动态改变日期格式模式。示例如下。

`simpleDateFormat.applyPattern("yyyy/MM/dd");`　//可以改变日期格式为"年/月/日"。

（5）toPattern()方法。

该方法返回当前使用的日期格式模式。对于 SimpleDateFormat 特别有用，可以用来获取当前的格式化模式。示例如下。

`simpleDateFormat.toPattern();`　//将返回当前使用的日期格式模式字符串。

（6）getTimeZone()和 setTimeZone(TimeZone zone)方法。

这两个方法分别获取、设置用于格式化和解析日期的时区。示例如下。

`dateFormat.getTimeZone();`　和 `dateFormat.setTimeZone(TimeZone.getTimeZone("GMT"));`

下面是 DateFormat 类中主要方法的使用示例。

```java
public class DateFormatExample {

    public static void main(String[] args) {
        // 创建一个表示当前时间的 Date 对象
        Date currentDate = new Date();

        // 使用系统默认的短日期格式来格式化当前日期
        DateFormat defaultFormat = DateFormat.getDateInstance(DateFormat.SHORT);
        System.out.println("当前日期（默认短格式）: " + defaultFormat.format(currentDate));

        // 使用自定义格式格式化当前日期
        DateFormat customFormat = new SimpleDateFormat("yyyy-MM-dd HH:mm:ss");
        System.out.println("当前日期（自定义格式）: " + customFormat.format(currentDate));

        // 设置时区并显示
        ((SimpleDateFormat)customFormat).setTimeZone(TimeZone.getTimeZone("GMT"));
        System.out.println("当前日期（GMT 时区，自定义格式）: " + customFormat.format(currentDate));

        // 将字符串解析为 Date 对象
        String dateString = "2025-03-01 14:53:00";
        try {
            Date parsedDate = customFormat.parse(dateString);
```

```
        System.out.println("解析后的日期: " + parsedDate);
    } catch (ParseException e) {
        System.out.println("解析日期时出错: " + e.getMessage());
    }

    // 动态更改日期格式模式
    ((SimpleDateFormat)customFormat).applyPattern("yyyy/MM/dd");
    System.out.println("当前日期（新格式）: " + customFormat.format(currentDate));
}
```

运行结果如图 9.9 所示。

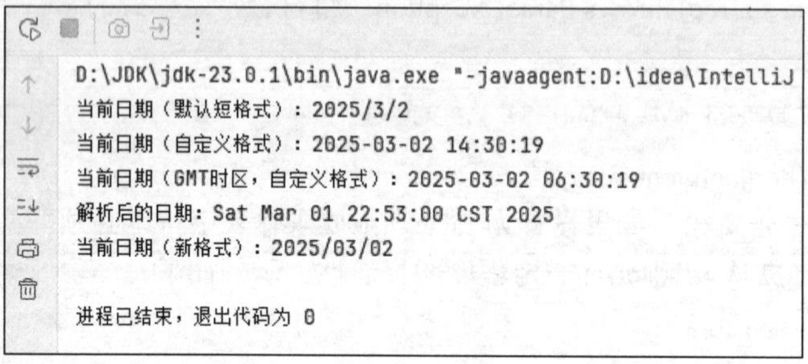

```
D:\JDK\jdk-23.0.1\bin\java.exe "-javaagent:D:\idea\IntelliJ
当前日期（默认短格式）：2025/3/2
当前日期（自定义格式）：2025-03-02 14:30:19
当前日期（GMT时区,自定义格式）：2025-03-02 06:30:19
解析后的日期: Sat Mar 01 22:53:00 CST 2025
当前日期（新格式）：2025/03/02

进程已结束，退出代码为 0
```

图 9.9   DateFormat 类示例的运行结果

9.5 枚举类型

枚举是一种特殊的类，用于定义一组固定的常量。每个枚举常量代表一个特定的值，非常适合用来表示有限集合的变量，如星期几、颜色、状态等。声明一个简单的枚举类型的语法如下。

```
enum Day { SUNDAY, MONDAY, TUESDAY, WEDNESDAY, THURSDAY, FRIDAY, SATURDAY }
```

下面介绍枚举方法。

- values()：返回包含全部枚举常量的数组。
- valueOf(String name)：返回指定名称的枚举常量。
- 自定义方法：可以在枚举中定义自己的方法，包括构造函数、实例变量等。示例代码如下。

```
enum Color {
    RED(255, 0, 0), GREEN(0, 255, 0), BLUE(0, 0, 255);
    private final int r, g, b;
    Color(int r, int g, int b) {
        this.r = r;
        this.g = g;
        this.b = b;
    }
    public String getColorInfo() {
        return "RGB: " + r + ", " + g + ", " + b;
    }
}
```

枚举可以实现一个或多个接口，这使得枚举不限于作为常量集合使用，还可以提供具体的行为。示例代码如下。

```
interface Printable {
    void print();
}
```

```java
enum Day implements Printable {
    SUNDAY, MONDAY, TUESDAY;
    public void print() {
        System.out.println("Day: " + this.name());
    }
}
```

下面这个例子将使用颜色作为主题，展示如何为每个颜色设置 RGB 值，并提供一个方法来获取这些值。

```java
// 定义一个表示颜色的枚举类型，包含构造函数、实例变量和自定义方法
enum Color {
    RED(255, 0, 0),
    GREEN(0, 255, 0),
    BLUE(0, 0, 255),
    YELLOW(255, 255, 0);

    // 实例变量
    private final int r, g, b; // RGB 值

    // 构造函数
    Color(int r, int g, int b) {
        this.r = r;
        this.g = g;
        this.b = b;
    }

    // 自定义方法：返回颜色的 RGB 信息
    public String getColorInfo() {
        return "RGB: " + r + ", " + g + ", " + b;
    }
}

public class SimpleAdvancedEnumExample {

    public static void main(String[] args) {
        // 遍历所有枚举常量并调用其方法
        for (Color color : Color.values()) {
            System.out.println("Color: " + color + " - " + color.getColorInfo());
        }

        // 使用 valueOf 方法获取特定枚举常量
        try {
            Color selectedColor = Color.valueOf("RED");
            System.out.println("Selected Color: " + selectedColor.getColorInfo());
        } catch (IllegalArgumentException e) {
            System.out.println("Invalid color name.");
        }
    }
}
```

运行结果如图 9.10 所示。

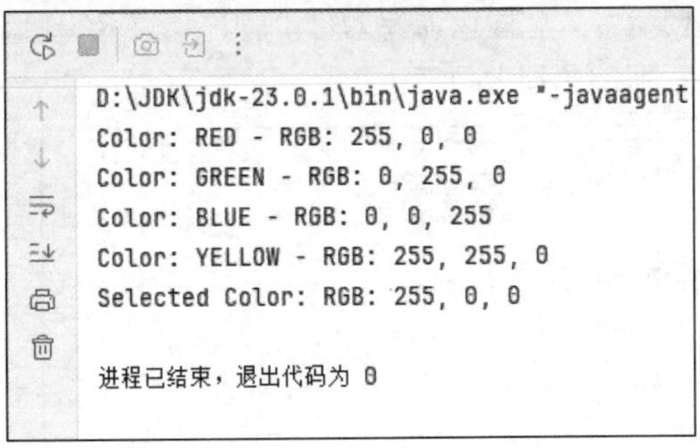

图 9.10　枚举类型示例的运行结果

定义一个包含颜色及其 RGB 值的枚举类型主要需要以下几部分操作。

（1）定义 Color 枚举：Color 枚举定义了四种颜色：红色（RED）、绿色（GREEN）、蓝色（BLUE）和黄色（YELLOW），每种颜色都对应一组 RGB 值。枚举内部声明了三个私有的实例变量 r、g、b 用于存储每种颜色的红绿蓝值。

（2）构造函数：构造函数接收三个参数，分别代表红色、绿色和蓝色的值，并初始化相应的实例变量。

（3）自定义方法 getColorInfo()：此方法返回一个字符串，描述当前颜色对象的 RGB 值，方便输出或调试。

（4）遍历所有枚举常量：在 main 方法中，使用 for 循环遍历 Color 枚举的所有常量，并调用 getColorInfo() 方法打印每种颜色的信息。

（5）使用 valueOf 方法：示例还展示了如何通过颜色名称（如"RED"）来获取对应的枚举常量。如果提供的名称不在枚举中，则会抛出 IllegalArgumentException 异常。

9.6　文心快码智能辅助

文心快码通过其智能提示和代码生成功能，可以自动生成枚举类型模板，包括 values()、valueOf(String) 在内的标准方法框架，并根据开发者的需求添加额外的方法和字段。以下是如何使用这些功能的详细步骤及示例。

（1）创建一个新的枚举类型。当在文心快码中输入"enum Color {"，并按下 Enter 键时，IDE 会自动补全基本的枚举结构，如图 9.11 所示。

（2）自动生成标准方法。文心快码能够自动生成包含 values() 和 valueOf(String) 的标准方法框架，尽管在 Java 中这些方法是隐式提供的，但在某些情况下（如需要覆盖默认行为或添加自定义逻辑），可以选择手动添加它们。如图 9.12 所示。

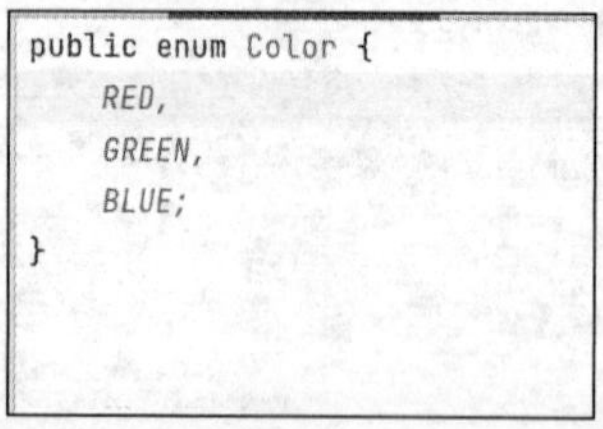

图 9.11　文心快码智能创建枚举类型

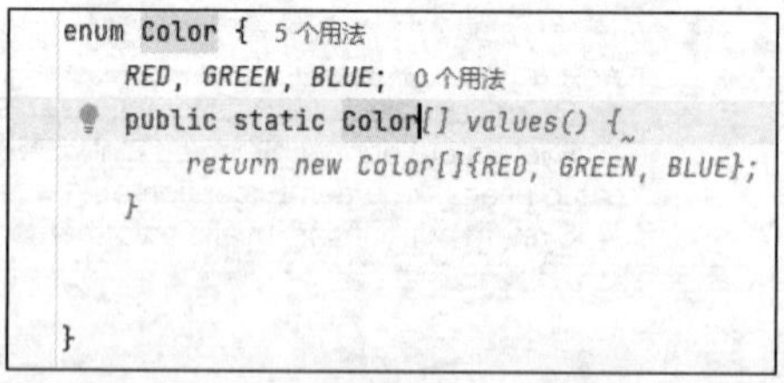

图 9.12　文心快码自动生成标准方法

（3）添加实例变量和构造函数。假设需要为每个颜色设置 RGB 值，文心快码可以帮助快速添加实例变量和构造函数。如图 9.13 所示。

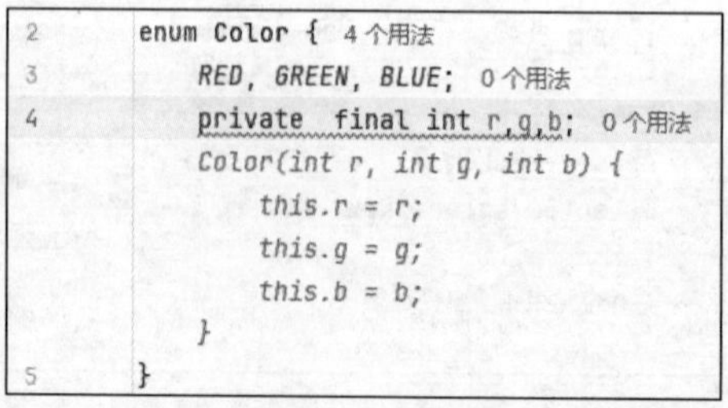

图 9.13　文心快码智能推荐实例变量和构造函数

第 10 章　集合框架与泛型

集合框架与泛型是构建高效、灵活应用程序不可或缺的部分。集合框架提供了一套丰富且强大的接口和类，如 List、Set、Queue 以及 Map 等，使开发者能够以统一且直观的方式管理和操作数据集合。而泛型则进一步增强了这种能力，通过允许类型参数化，确保了代码的高度复用性和类型安全性，避免了类型转换带来的潜在风险。

Java 提供了许多操作集合中元素的方法，如使用迭代器遍历集合，对集合中的元素进行添加、删除和查询等操作。本章知识架构如下。

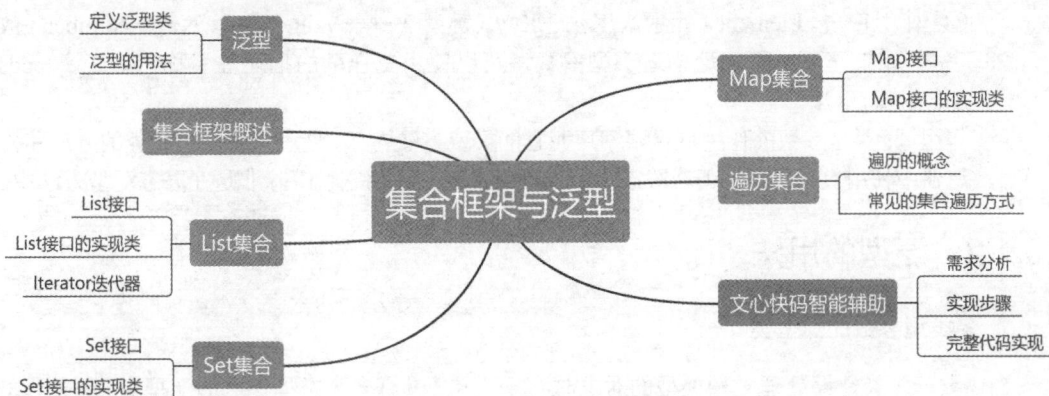

10.1　泛　　型

泛型的本质是参数化类型，这意味着可以定义一个类或方法，并使用一个占位符来表示某种类型，然后在使用该类或方法时指定具体的类型。

10.1.1　定义泛型类

在 Java 中，定义一个泛型类的基本语法是通过在类名后面添加类型参数列表来实现的。类型参数通常使用大写字母表示，如 T、E、K、V 等。例如，定义一个简单的泛型类 Box<T>的示例代码如下。

```
// 定义一个泛型类 Box, 允许指定任意类型 T
public class Box<T> {
    // 私有成员变量 t, 其类型为泛型 T
    private T t;

    /**
     * set 方法, 用于设置成员变量 t 的值。
     * @param t 要存储在 Box 中的对象, 类型与创建 Box 实例时指定的类型参数 T 一致
     */
    public void set(T t) {
        // 将传入的对象赋值给成员变量 t
        this.t = t;
    }
```

```
/**
 * get 方法，返回成员变量 t 的值。
 * @return 成员变量 t 的值，其类型与创建 Box 实例时指定的类型参数 T 一致
 */
public T get() {
    // 返回成员变量 t 的当前值
    return t;
}
}
```

在这个例子中，T 代表一种类型，它可以是任何引用类型。这意味着可以创建一个 Box<Integer>对象来存储整数，或者创建一个 Box<String>对象来存储字符串。

类型参数的命名规范与作用域的相关说明如下。

- 命名规范：通常情况下，单个字母被用来表示类型参数。常用的约定包括：T——Type（类型）、E——Element（元素）、K——Key（键）、V——Value（值）、N——Number（数字）。如果需要更具体地描述类型参数，可以使用更详细的描述性名称，如 T extends Number。
- 作用域：类型参数的作用域仅限于声明它的类或方法内部。这意味着可以在类的方法和构造器中使用类型参数，但在静态上下文中不能直接使用它们，除非是在静态泛型方法中。

10.1.2 泛型的用法

1. 多类型参数的泛型类

当需要一个类能够处理多种类型的对象时，可以定义具有多个类型参数的泛型类。例如，在一个类中需要同时操作键值对（key-value pairs），可以定义如下形式的泛型类：

```
// 定义一个泛型类 Pair，允许指定任意类型的键 K 和值 V
public class Pair<K, V> {
    // 私有成员变量 key，其类型为泛型 K
    private K key;
    // 私有成员变量 value，其类型为泛型 V
    private V value;

    /**
     * 构造函数，用于初始化一个新的 Pair 实例。
     * @param key 键，类型与创建 Pair 实例时指定的类型参数 K 一致
     * @param value 值，类型与创建 Pair 实例时指定的类型参数 V 一致
     */
    public Pair(K key, V value) {
        // 初始化成员变量 key 和 value
        this.key = key;
        this.value = value;
    }

    /**
     * setKey 方法，设置或更新 Pair 实例中的键。
     * @param key 新的键，类型与创建 Pair 实例时指定的类型参数 K 一致
     */
    public void setKey(K key) {
        this.key = key;
    }

    /**
     * setValue 方法，设置或更新 Pair 实例中的值。
     * @param value 新的值，类型与创建 Pair 实例时指定的类型参数 V 一致
     */
    public void setValue(V value) {
        this.value = value;
```

```
    }

    /**
     * getKey 方法，获取 Pair 实例中的键。
     * @return 成员变量 key 的值，其类型与创建 Pair 实例时指定的类型参数 K 一致
     */
    public K getKey() {
        return key;
    }

    /**
     * getValue 方法，获取 Pair 实例中的值。
     * @return 成员变量 value 的值，其类型与创建 Pair 实例时指定的类型参数 V 一致
     */
    public V getValue() {
        return value;
    }
}
```

在这个例子中，Pair 类有两个类型参数 K 和 V，分别代表键和值的类型。使用这个类时，可以根据实际需求指定具体的类型。

2. 定义泛型类时声明数组类型

在定义泛型类时，可以声明一个泛型数组类型。这样可以在类中使用泛型数组来存储数据。示例代码如下：

```java
public class GenericArray<T> {
    private T[] array;

    // 构造方法，接收一个泛型数组
    public GenericArray(T[] array) {
        this.array = array;
    }

    // 获取数组中的元素
    public T get(int index) {
        return array[index];
    }

    // 设置数组中的元素
    public void set(int index, T value) {
        array[index] = value;
    }

    // 主方法
    public static void main(String[] args) {
        // 定义一个字符串数组
        String[] strings = {"Apple", "Banana", "Orange"};

        // 实例化泛型类，传入字符串数组
        GenericArray<String> stringArray = new GenericArray<>(strings);

        // 获取数组中索引为 1 的元素
        System.out.println("Element at index 1: " + stringArray.get(1));
    }
}
```

3. 集合类声明元素的类型

集合框架中的类如 List、Set、Map 等都支持泛型，允许指定集合中存储的对象类型。这样做不仅可以提高代码的可读性，还能在编译期提供类型检查，避免运行时错误。例如：

```java
List<String> list = new ArrayList<>();
list.add("Hello");
```

```
String item = list.get(0); // 不需要显式的类型转换
```

这里，List<String> 表示一个只能包含 String 类型对象的列表。当尝试向这个列表添加任何非 String 类型的对象时，编译器会报错。例如，下面的代码会导致编译错误：

```
list.add(123); // 编译错误：不能将 int 类型的值添加到 List<String> 中
```

由于使用了泛型，当从列表中获取元素时，无须进行类型转换（如(String) list.get(0)），因为编译器已经知道列表中的元素是 String 类型。这不仅减少了代码量，也避免了可能发生的 ClassCastException 运行时异常。

对于 Map 来说，可以指定键和值的类型，示例代码如下：

```
Map<Integer, String> map = new HashMap<>();
map.put(1, "One");
String value = map.get(1); // 返回与键关联的值
```

在这个例子中，Map<Integer, String> 定义了一个映射，其中键是 Integer 类型，而值是 String 类型。这意味着可以使用整数作为键来存储和检索字符串值。同样地，尝试使用不匹配的类型将导致编译错误：

```
map.put("Two", 2); // 编译错误：期望的是 Integer 作为键，String 作为值
```

10.2 集合框架概述

在 Java 中，数组是最基本的数据结构之一，用于存储固定大小的同类型元素。然而，数组的大小在创建时就固定了，无法动态调整。为了克服这一限制，Java 提供了集合框架（collections），它可以动态调整大小，并提供更丰富的操作方法。

集合框架是数组的高级替代品，其不仅具有数组的功能，还提供了许多额外的方法，如添加、删除、查找、排序等。Java 集合类可以分为两大类：Collection 和 Map。Collection 用于表示一组对象的集合，而 Map 用于表示键值对的集合。以下是集合类的主要接口和实现类。

1. Collection 接口

- List：有序集合，允许重复元素。
  - ArrayList：基于动态数组的 List 实现。
  - LinkedList：基于双向链表的 List 实现。
- Set：无序集合，不允许重复元素。
  - HashSet：基于哈希表的 Set 实现。
  - TreeSet：基于红黑树的 Set 实现。

2. Map 接口

- HashMap：基于哈希表的 Map 实现。
- TreeMap：基于红黑树的 Map 实现。

Collection 是集合的根接口，它定义了许多常用的方法，用于操作集合中的元素。Collection 接口的一些常用方法及其功能描述如表 10.1 所示。

表 10.1 Collection 接口常用方法及其功能描述

方法	功能描述
boolean add(E e)	将指定的元素添加到集合中。如果集合中已经包含该元素，则返回 false
boolean addAll(Collection<? extends E> c)	将指定集合中的所有元素添加到集合中。如果集合中已经包含某些元素，则这些元素不会被重复添加
void clear()	删除集合中的所有元素，使集合变为空
boolean contains(Object o)	检查集合中是否包含指定的元素。如果包含，则返回 true
boolean containsAll(Collection<?> c)	检查集合中是否包含指定集合中的所有元素。如果包含，则返回 true
boolean isEmpty()	检查集合是否为空。如果集合中没有元素，则返回 true
Iterator<E> iterator()	返回一个迭代器，用于遍历集合中的元素
boolean remove(Object o)	从集合中删除指定的元素。如果集合中包含该元素，则返回 true
boolean removeAll(Collection<?> c)	从集合中删除指定集合中的所有元素。如果集合中包含这些元素，则返回 true
boolean retainAll(Collection<?> c)	仅保留集合中包含在指定集合中的元素。如果当前集合因调用此方法而发生更改（即有元素被移除），则返回 true
int size()	返回集合中的元素数量
Object[] toArray()	将集合转换为一个数组
<T> T[] toArray(T[] a)	将集合转换为一个指定类型的数组

10.3 List 集合

List 集合包括 List 接口及 List 接口的所有实现类，它代表了一个有序的元素集合，允许存储重复的元素。与数组不同的是，List 的大小是动态可变的，这意味着不需要在创建时指定其大小，并且可以根据需要添加或删除元素。

10.3.1 List 接口

List 接口继承自 Collection 接口，因此可以使用 Collection 接口中的所有方法。此外，List 接口还定义了两个重要的方法，如下所示。

- get(int index)：返回指定索引处的元素。
- set(int index, Object obj)：用指定元素替换列表中指定位置的元素。

10.3.2 List 接口的实现类

因为 List 接口不能直接被实例化，所以 Java 提供了 List 接口的实现类，其中最常用的实现类是 ArrayList 类与 LinkedList 类。

1. ArrayList 类

- 实现原理：ArrayList 是基于动态数组实现的。这意味着它在内部使用一个数组来存储元素，并且当数组容量不足时，会自动扩容。
- 性能特点：由于底层是数组结构，因此通过索引访问元素非常快；插入和删除操作在末尾效率高，因为只需要修改最后一个元素的指针即可；在中间位置插入或删除元素效率较低，因为需要移动被影响的元素以保持数据的连续性。
- 使用场景：适用于需要频繁访问列表中的元素但不经常改变列表大小（尤其是不需要频繁地在列表中间进行插入和删除操作）的应用场景。

2. LinkedList 类

- 实现原理：LinkedList 基于双向链表实现。每个元素（节点）包含对前后两个元素的引用，这使得在进行操作时不需要像数组那样考虑元素的移动问题。
- 性能特点：对于频繁的插入和删除操作效率更高，尤其是在列表的开头、结尾或中间位置，只需调整相关节点的指针即可；随机访问较慢，因为需要从头或尾开始遍历链表直到找到目标节点。
- 适用场景分析：适合用于频繁执行插入和删除操作的场景，尤其适合这些操作发生在列表两端的情况。

分别使用 ArrayList 类和 LinkedList 类实例化 List 集合的关键代码如下。

```
// 实例化 ArrayList
    List<E> arrayList = new ArrayList<>();
// 实例化 LinkedList
    List<E> linkedList = new LinkedList<>();
```

以下是一个更全面的例子，展示了如何使用 ArrayList 类和 LinkedList 类执行添加、访问、删除等操作。

```java
import java.util.ArrayList;
import java.util.LinkedList;
import java.util.List;

public class ListUsageExample {
    public static void main(String[] args) {
        // 创建并初始化 ArrayList
        List<String> arrayList = new ArrayList<>();
        arrayList.add("Java");
        arrayList.add("Python");
        arrayList.add("C++");

        // 创建并初始化 LinkedList
        List<String> linkedList = new LinkedList<>();
        linkedList.add("Java");
        linkedList.add("Python");
        linkedList.add("C++");

        // 访问第三个元素（索引为 2）。
        System.out.println("ArrayList 中的第三个元素: " + arrayList.get(2));
        System.out.println("LinkedList 中的第三个元素:  " + linkedList.get(2));

        // 在索引 1 处插入新元素
        arrayList.add(1, "JavaScript");
        linkedList.add(1, "JavaScript"); // 不需要进行类型转换

        System.out.println("插入后: ");
        System.out.println("ArrayList: " + arrayList);
        System.out.println("LinkedList: " + linkedList);
```

```
        // 删除索引 1 处的元素
        arrayList.remove(1);
        linkedList.remove(1); // 同样不需要类型转换

        System.out.println("删除后: ");
        System.out.println("ArrayList: " + arrayList);
        System.out.println("LinkedList: " + linkedList);

        // 遍历列表
        System.out.println("遍历 ArrayList:");
        for (String language : arrayList) {
            System.out.println(language);
        }

        System.out.println("遍历 LinkedList:");
        for (String language : linkedList) {
            System.out.println(language);
        }
    }
}
```

运行结果如图 10.1 所示。

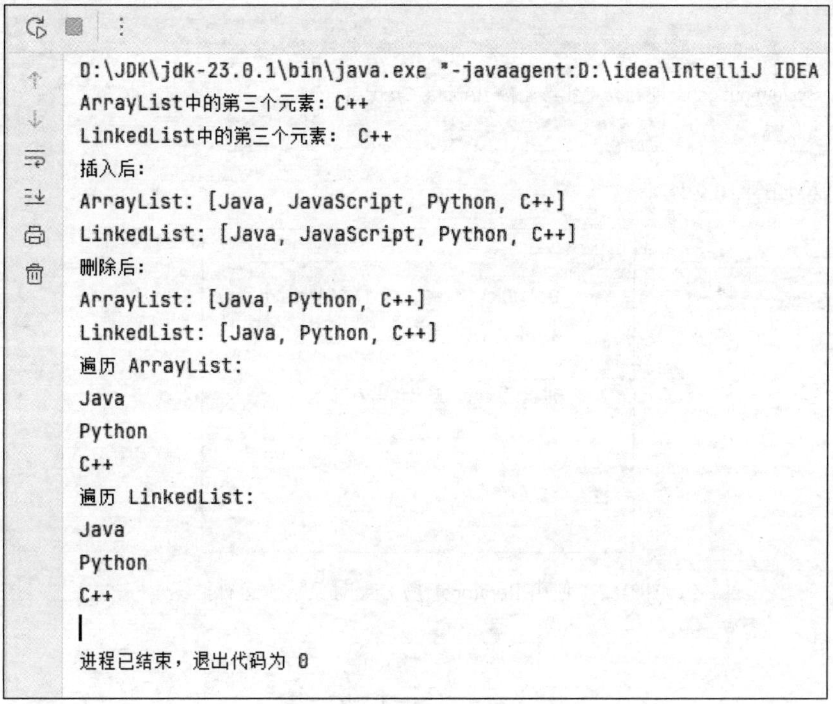

```
D:\JDK\jdk-23.0.1\bin\java.exe "-javaagent:D:\idea\IntelliJ IDEA
ArrayList中的第三个元素: C++
LinkedList中的第三个元素: C++
插入后:
ArrayList: [Java, JavaScript, Python, C++]
LinkedList: [Java, JavaScript, Python, C++]
删除后:
ArrayList: [Java, Python, C++]
LinkedList: [Java, Python, C++]
遍历 ArrayList:
Java
Python
C++
遍历 LinkedList:
Java
Python
C++

进程已结束，退出代码为 0
```

图 10.1　ArrayList 和 LinkedList 基本操作运行结果

10.3.3　Iterator 迭代器

迭代器（iterator）是 Java 集合框架的一部分，它提供了一种统一的方式来遍历集合中的元素，而无须关心底层数据结构的实现细节。其常用方法如下。

● hasNext()：检查迭代器是否还有下一个元素。如果返回 true，则表示还可以调用 next()方法获取下一个元素。

● next()：返回迭代中的下一个元素，并将游标位置前移一位。如果没有更多的元素，则会抛出 NoSuchElementException 异常。

- remove()：从集合中移除由 next() 方法返回的最后一个元素。此方法只能在调用 next() 方法之后调用一次，否则会抛出 IllegalStateException 异常。

以下代码展示了如何使用 Iterator 来遍历 List 对象。

```java
import java.util.*;

public class IteratorExample {
    public static void main(String[] args) {
        // 创建一个包含三个字符串元素的 ArrayList 对象：Apple, Banana, Orange
        List<String> list = new ArrayList<>(Arrays.asList("Apple", "Banana", "Orange"));

        // 获取 list 的迭代器
        Iterator<String> iterator = list.iterator();

        // 使用 while 循环与迭代器遍历列表
        while (iterator.hasNext()) { // 检查迭代器是否有下一个元素
            String fruit = iterator.next(); // 获取迭代器的下一个元素，并将其赋值给 fruit 变量
            if (fruit.equals("Banana")) { // 如果当前元素是"Banana"
                iterator.remove(); // 调用迭代器的 remove 方法，从列表中移除当前元素（"Banana"）
            }
        }

        // 注意：main 方法在这里结束，但可以在此处添加额外的代码来验证列表内容是否符合预期，
        // 例如打印出 list 的内容，以确认"Banana"已被成功移除。
        System.out.println(list); // 输出结果应为[Apple, Orange]
    }
}
```

运行结果如图 10.2 所示。

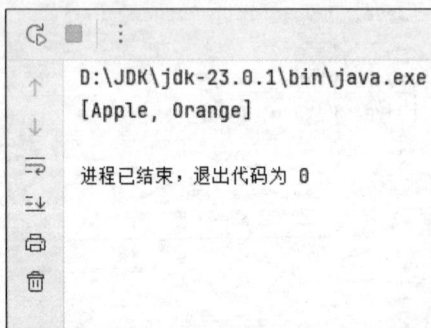

图 10.2　使用 Iterator 遍历 List 对象示例运行结果

10.4　Set 集合

Set 集合由 Set 接口和 Set 接口的实现类组成。与 List 不同，Set 不允许存储重复的元素，并且不保证元素的顺序（除非使用特定实现类）。

10.4.1　Set 接口

Set 接口是 Collection 接口的一个子接口，因此可以使用 Collection 接口中的所有方法。Set 的特性是无序和不可重复，大多数 Set 实现（如 HashSet）不会按照插入顺序或任何其他特定顺

序来维护元素。然而，某些实现（如 LinkedHashSet 和 TreeSet）可以保持特定的顺序。Set 不允许包含重复元素。尝试添加一个已经存在的元素将不会改变集合，并且 add 方法将返回 false。

10.4.2 Set 接口的实现类

Set 接口常用的实现类有 HashSet 类与 TreeSet 类，分别如下。

1. HashSet

- 实现原理：HashSet 基于哈希表实现，使用元素的 hashCode() 方法来确定元素的存储位置。这种实现方式使得 HashSet 在插入、删除和查找操作上都非常高效。
- 性能特点：平均时间复杂度为 $O(1)$。这是因为哈希表允许直接通过计算哈希值访问元素的位置。
- 使用场景分析：当需要一个高性能的集合且不关心元素的顺序时非常适合。由于其内部机制，HashSet 不保证元素的顺序，并且只允许存储一个 null 值。

2. TreeSet

- 实现原理：基于红黑树实现，确保集合中的元素按照自然顺序或者根据提供的 Comparator 进行排序。
- 性能特点：插入、删除和查找的时间复杂度为 $O(\log n)$，因为红黑树是一种自平衡二叉搜索树。
- 使用场景分析：当需要对集合中的元素进行排序时非常有用。例如，处理需要按字母顺序排列的名字列表的情况。

除了继承自 Set 和 Collection 接口的标准方法，TreeSet 还提供了一些专门用于处理有序集合的方法，具体说明如下。

- first()：返回此集合中的第一个（最小的）元素。
- last()：返回此集合中的最后一个（最大的）元素。
- lower(E e)：返回严格小于给定元素的最大元素；如果没有这样的元素，则返回 null。
- higher(E e)：返回严格大于给定元素的最小元素；如果没有这样的元素，则返回 null。
- subSet(E fromElement, E toElement)：返回 fromElement 对象和 toElement 对象之间的所有对象。
- headSet(E toElement)：返回 toElement 之前的所有对象。
- tailSet(E fromElement)：返回 fromElement 之后的所有对象。

下面是一个展示如何使用不同的 Set 实现类的例子，包括基本的增删查改操作以及特定于某些实现类的功能。

```java
import java.util.*;

public class SetImplementationExample {
    public static void main(String[] args) {
        // 创建一个 HashSet 实例，并添加一些水果名称
        // HashSet 不保证元素的顺序，并且不允许重复元素
        Set<String> hashSet = new HashSet<>();
        hashSet.add("Apple");  // 添加"Apple"到 hashSet
        hashSet.add("Banana"); // 添加"Banana"到 hashSet
        hashSet.add("Orange"); // 添加"Orange"到 hashSet
        System.out.println("HashSet: " + hashSet); // 打印 hashSet 的内容
```

```
// 创建一个 TreeSet 实例，使用 Arrays.asList 初始化集合
// TreeSet 会自动对元素进行排序，默认按自然顺序（字母顺序）
Set<String> treeSet = new TreeSet<>(Arrays.asList("Apple", "Banana", "Orange"));
System.out.println("TreeSet: " + treeSet); // 打印 treeSet 的内容

// 使用 TreeSet 特有的方法获取第一个元素和比 'Banana' 大的最小元素
// 注意：需要将 Set<String> 类型转换为 TreeSet<String> 才能访问这些方法
System.out.println("TreeSet 中的第一个元素： " + ((TreeSet<String>) treeSet).first());
System.out.println("比'Banana'大的最小元素:" + ((TreeSet<String>) treeSet).higher("Banana"));

// 基本增删查改操作演示
String fruitToRemove = "Banana"; // 定义要删除的水果名
if (hashSet.contains(fruitToRemove)) { // 检查 hashSet 是否包含指定的水果
    hashSet.remove(fruitToRemove); // 如果存在，则从 hashSet 中移除该水果
        System.out.println("删除 '" + fruitToRemove + "'后的, HashSet: " + hashSet); // 打印移除后的
hashSet
    }

    }
}
```

运行结果如图 10.3 所示。

```
D:\JDK\jdk-23.0.1\bin\java.exe "-javaagent:D:\idea\IntelliJ IDEA
HashSet: [Apple, Orange, Banana]
TreeSet: [Apple, Banana, Orange]
TreeSet中的第一个元素： Apple
比'Banana'大的最小元素: Orange
删除 'Banana'后的, HashSet: [Apple, Orange]

进程已结束，退出代码为 0
```

图 10.3　Set 基本操作的运行结果

10.5　Map 集合

Map 集合由 Map 接口和 Map 接口的实现类组成，它存储键值对（key-value pairs），其中每个键都是唯一的。

10.5.1　Map 接口

与 Set 和 List 不同，Map 并不是继承自 Collection 接口，而是提供了一种将键映射到值的方式。Map 接口的特性如下。

- 键唯一：Map 中的每个键必须是唯一的，重复的键将导致旧值被新值替换。
- 键值对无序：大多数 Map 实现（如 HashMap）并不保证元素的顺序。然而，一些实现类（如 LinkedHashMap 和 TreeMap）可以保持特定的顺序。
- 高效查找、插入和删除操作：根据不同的实现类，这些操作的时间复杂度可能有所不同，例如 HashMap 的平均时间复杂度为 $O(1)$。

Map 接口的常用方法如下。

- put(K key, V value)：将指定的键值对放入此映射中。如果该键已经存在，则旧值被替换为新值，并返回旧值；如果不存在，则返回 null。

- get(Object key)：返回指定键所映射的值；如果此映射不包含该键的映射关系，则返回 null。

- containsKey(Object key)：判断是否包含指定键的映射关系。如果包含则返回 true，否则返回 false。

- containsValue(Object value)：判断是否包含指定值的映射关系。如果包含则返回 true，否则返回 false。

- keySet()：返回此映射中包含的键的 Set 视图。可以通过这个视图执行迭代或其他集合操作。

- values()：返回此映射中包含的值的 Collection 视图。类似于 keySet()，但针对的是值而不是键。

10.5.2 Map 接口的实现类

Map 接口常用的实现类包括 HashMap 类和 TreeMap 类，具体介绍如下。

1. HashMap

- 实现原理：HashMap 基于哈希表实现，使用元素的 hashCode() 方法来确定元素的存储位置。这使得 HashMap 在插入、删除和查找操作上都非常高效。允许一个 null 键和多个 null 值。

- 使用场景分析：适用于需要高效键值对存储结构且不关心键值对顺序的情况。特别适合频繁进行查找、插入和删除操作的应用场景。

2. TreeMap

- 实现原理：TreeMap 基于红黑树实现，确保集合中的元素按键的自然顺序或者根据提供的 Comparator 进行排序。红黑树是一种自平衡二叉搜索树，能够保证在插入、删除和查找操作上的时间复杂度为 $O(\log n)$。

- 使用场景分析：当需要依据键值对进行排序时，该方法尤为实用。例如，处理需要按字母顺序排列的名字列表或需要快速找到最大或最小键的情况。

下面是一个展示如何使用不同的 Map 实现类的例子，包括基本的增删查改操作以及特定于某些实现类的功能。

```java
import java.util.*;

class MapImplementationExample {
    public static void main(String[] args) {
        // 创建一个 HashMap 实例，并添加一些键值对（水果名称和对应的数量）
        Map<String, Integer> hashMap = new HashMap<>();
        hashMap.put("Apple", 1);        // 添加"Apple"到 hashMap，数量为 1
        hashMap.put("Banana", 2);       // 添加"Banana"到 hashMap，数量为 2
        hashMap.put("Orange", 3);       // 添加"Orange"到 hashMap，数量为 3
        System.out.println("HashMap: " + hashMap); // 打印 hashMap 的内容

        // 使用 hashMap 初始化一个 TreeMap 实例
        // TreeMap 会自动对元素进行排序，默认按自然顺序（字母顺序）
```

```java
        Map<String, Integer> treeMap = new TreeMap<>(hashMap);
        System.out.println("TreeMap: " + treeMap); // 打印 treeMap 的内容

        // 获取 TreeMap 中的第一个键（最小的键）
        System.out.println("TreeMap 中的第一个键: " + treeMap.keySet().iterator().next());

        // 获取比'Banana'大的最小键
        // 注意：需要将 Map<String, Integer>类型转换为 TreeMap<String, Integer>才能访问这些方法
        System.out.println("比'Banana'大的最小键: " + ((TreeMap<String, Integer>) treeMap).higherKey
("Banana"));

        // 基本增删查改操作演示
        String fruitToRemove = "Banana";                    // 定义要删除的水果名
        if (hashMap.containsKey(fruitToRemove)) {            // 检查 hashMap 是否包含指定的水果
            int removedValue = hashMap.remove(fruitToRemove);  // 如果存在，则从 hashMap 中移除
该水果
            System.out.println("删除 '" + fruitToRemove + "'后的, HashMap: " + hashMap); // 打印移除
后的 hashMap
        }

        // TreeMap 特有的方法演示
        // 获取 TreeMap 中的第一个键（最小的键）
        System.out.println("TreeMap 中的第一个键: " + ((TreeMap<String, Integer>) treeMap).firstKey());
        // 获取 TreeMap 中的最后一个键（最大的键）
        System.out.println("TreeMap 中最后一个键: " + ((TreeMap<String, Integer>) treeMap).lastKey());
        // 获取比'Apple'大的最小键
        System.out.println("比'Apple'大的最小键: " + ((TreeMap<String, Integer>) treeMap).higherKey
("Apple"));
        // 获取比'Orange'小的最大键
        System.out.println("比 'Orange'小的最大键: " + ((TreeMap<String, Integer>) treeMap).lowerKey
("Orange"));
    }
}
```

运行结果如图 10.4 所示。

```
D:\JDK\jdk-23.0.1\bin\java.exe "-javaagent:D:\idea\IntelliJ IDEA
HashMap: {Apple=1, Orange=3, Banana=2}
TreeMap: {Apple=1, Banana=2, Orange=3}
TreeMap中的第一个键: Apple
比'Banana'大的最小键: Orange
删除 'Banana'后的, HashMap: {Apple=1, Orange=3}
TreeMap中的第一个键: Apple
TreeMap中最后一个键: Orange
比'Apple'大的最小键: Banana
比 'Orange'小的最大键: Banana

进程已结束，退出代码为 0
```

图 10.4　Map 基本操作的运行结果

10.6　遍　历　集　合

10.6.1　遍历的概念

遍历是指逐一访问集合（如 List、Set、Map 等）中每个元素的过程。它是处理和操作数据集

的基础步骤之一。遍历的目的是进行数据处理，如过滤、转换、聚合等操作，以及数据展示，如打印、输出等，便于查看或记录数据。

10.6.2　常见的集合遍历方式

1. 基于索引的 for 循环

适用于支持索引访问的集合类型，如 ArrayList。这种方式通过索引直接访问集合中的元素。

```java
import java.util.ArrayList;
import java.util.List;

public class IndexBasedLoopExample {
    public static void main(String[] args) {
        // 创建一个 ArrayList 实例，并添加三个水果名称
        List<String> list = new ArrayList<>();
        list.add("Apple");     // 在列表末尾添加"Apple"
        list.add("Banana");    // 在列表末尾添加"Banana"
        list.add("Orange");    // 在列表末尾添加"Orange"

        // 使用基于索引的 for 循环进行遍历
        for (int i = 0; i < list.size(); i++) { // 初始化计数器 i 为 0；条件是 i 小于列表大小；每循环一次 i 自增 1
            // 输出当前索引和对应的元素值
            System.out.println("Index " + i + ": " + list.get(i)); // 获取并打印索引 i 处的元素
        }
    }
}
```

2. 迭代器 Iterator

迭代器模式提供了一种统一的方式来遍历不同类型的集合，而无须暴露它们的内部表示。实现 Iterable 接口的集合类可以通过调用 iterator()方法获取迭代器对象。

```java
import java.util.*;

public class IteratorExample {
    public static void main(String[] args) {
        // 创建一个 HashSet 实例，用于存储不重复的字符串元素
        Set<String> set = new HashSet<>();

        // 向 set 中添加三个字符串元素："Apple", "Banana", "Orange"
        set.add("Apple");
        set.add("Banana");
        set.add("Orange");

        // 获取 set 的迭代器对象，迭代器允许安全地遍历集合中的元素
        Iterator<String> iterator = set.iterator();

        // 使用 while 循环通过迭代器遍历集合
        // hasNext()方法检查是否还有下一个元素
        while (iterator.hasNext()) {
            // next()方法返回迭代器指向的下一个元素
            String element = iterator.next();
            // 打印当前元素
            System.out.println(element);
        }

        // 注意：由于 HashSet 不保证元素的顺序，输出可能不会按照插入顺序显示
    }
}
```

3. 增强型 for 循环（for-each）

Java 提供的简化语法，适用于所有实现了 Iterable 接口的集合类型。底层实际上是通过迭代器实现的，但隐藏了迭代器的具体细节，使得代码更加简洁。

```java
import java.util.*;

public class EnhancedForLoopExample {
    public static void main(String[] args) {
        // 使用 Arrays.asList()方法创建一个包含三个字符串元素的列表：Apple, Banana, Orange
        // 注意：这样创建的列表是 Arrays$ArrayList 类型，它是 ArrayList 的一个私有静态内部类，不支持增删
        操作，但支持遍历
        List<String> list = Arrays.asList("Apple", "Banana", "Orange");

        // 使用增强型 for 循环（for-each 循环）进行遍历
        // 增强型 for 循环提供了一种简洁的方式来迭代集合中的每个元素
        for (String element : list) { // 对 list 中的每个元素执行循环体，element 变量依次取 list 中的每个值
            System.out.println(element); // 打印当前元素
        }
    }
}
```

10.7 文心快码智能辅助

本节利用文心快码来辅助完成一个猜数字小游戏，这个游戏会随机生成一个数字，玩家需要通过输入来猜测这个数字，游戏会根据玩家的输入给出提示，直到猜中为止。我们将使用 ArrayList 来存储玩家的猜测历史，并使用 HashMap 来记录玩家的猜测次数和对应的提示信息。

使用文心快码来辅助完成猜数字小游戏，主要是利用其代码生成和优化的功能，帮助快速实现游戏逻辑和提升代码质量。以下是结合文心快码辅助实现的猜数字小游戏的步骤和代码示例。

10.7.1 需求分析

● 游戏随机生成一个 1 到 100 之间的整数作为目标数字。
● 用户通过输入猜测数字，程序根据输入提示"太大了"或"太小了"。
● 用户最多有 10 次猜测机会。
● 猜中数字或用完机会后，游戏结束。
● 使用 ArrayList 来存储玩家的猜测历史。
● 使用 HashMap 来记录玩家的猜测次数和对应的提示信息。

10.7.2 实现步骤

1. 实时续写

在编码时，只需在 IDE 中输入代码并稍作停顿，文心快码会自动分析上下文并提供代码续

写建议。你可以通过 Tab 键自动补全，或使用快捷键 Ctrl+↓ 部分采纳建议。

2. 注释生成代码

当需要实现某个功能但不确定如何开始编写代码时，可以在代码中通过添加注释来描述你的需求，文心快码会根据注释内容生成相应的代码。例如，在猜数字游戏中，可以添加如下注释：

```
// 生成一个 1 到 100 之间的随机数字
```

文心快码可能会补全为如下代码：

```
Random random = new Random();
int targetNumber = random.nextInt(100) + 1;
```

3. 对话式生成代码

如果需要更复杂的代码生成，可以激活文心快码的对话式界面（快捷键 Ctrl+Shift+Y），然后以自然语言描述你的需求。例如：

```
生成一个猜数字游戏的用户输入部分，要求用户输入一个 1 到 100 之间的数字，并进行有效性验证。
```

文心快码会根据你的描述生成相应的代码。

4. 代码优化与重构

如果代码存在性能问题或需要重构，文心快码可以提供优化建议，甚至自动重构代码。例如，你可以选中一段代码，右键选择"文心快码（Baidu Comate）：调优建议"，文心快码会分析代码并提供优化方案。

5. 代码解释

当遇到不熟悉的代码段，可以使用文心快码的代码解释功能来理解其功能。例如，选中一段代码，右键选择"文心快码（Baidu Comate）：代码解释"，文心快码会生成易于理解的自然语言解释。

10.7.3 完整代码实现

在文心快码的对话式界面中输入如下描述：

```
用 Java 写一个猜数字小游戏，需求如下：
游戏随机生成一个 1 到 100 之间的整数作为目标数字。
用户输入猜测数字，程序根据输入提示"太大了"或"太小了"。
用户最多有 10 次猜测机会。
猜中数字或用完机会后，游戏结束。
使用 ArrayList 来存储玩家的猜测历史
使用 HashMap 来记录玩家的猜测次数和对应的提示信息
```

根据上述描述，文心快码会给出对应的代码以及代码解释，如图 10.5 所示。
以下是利用文心快码辅助编程后实现的猜数字小游戏完整代码：

```
import java.util.ArrayList;
import java.util.HashMap;
import java.util.Random;
import java.util.Scanner;
```

```java
public class GuessNumberGame {
    public static void main(String[] args) {
        // 创建随机数生成器
        Random random = new Random();
        // 生成 1 到 100 之间的随机数作为目标数字
        int targetNumber = random.nextInt(100) + 1;
        int guessCount = 0; // 初始化猜测次数
        int maxGuesses = 10; // 最大猜测次数
        ArrayList<Integer> guessHistory = new ArrayList<>(); // 存储猜测历史的列表
        HashMap<Integer, String> guessLog = new HashMap<>(); // 存储每次猜测结果的映射表
        Scanner scanner = new Scanner(System.in); // 创建扫描器对象，用于读取用户输入

        // 循环直到猜测次数达到最大值
        while (guessCount < maxGuesses) {
            // 提示用户输入猜测
            System.out.print("请输入你的猜测（1~100 之间的整数）: ");
            String input = scanner.nextLine(); // 读取用户输入

            try {
                int guess = Integer.parseInt(input); // 将输入转换为整数
                // 检查输入是否在有效范围内
                if (guess < 1 || guess > 100) {
                    System.out.println("输入的数字不在 1 到 100 之间，请重新输入。");
                    continue; // 输入无效，继续下一次循环
                }

                // 记录猜测历史
                guessHistory.add(guess);
                // 根据猜测与目标数字的比较结果，记录猜测结果
                guessLog.put(guessCount, guess > targetNumber ? "太大了" : "太小了");

                // 检查是否猜中
                if (guess == targetNumber) {
                    guessLog.put(guessCount, "猜中了"); // 更新猜中状态
                    System.out.println("恭喜你，猜中了！");
                    break; // 猜中则退出循环
                } else {
                    // 输出猜测结果
                    System.out.println(guess > targetNumber ? "太大了" : "太小了");
                }

                // 增加猜测次数
                guessCount++;
            } catch (NumberFormatException e) {
                // 捕获数字格式异常
                System.out.println("输入无效，请输入一个整数。");
            }
        }

        // 如果猜测次数达到最大值仍未猜中，则输出正确数字
        if (guessCount == maxGuesses) {
            System.out.println("很遗憾，你没有猜中。正确的数字是: " + targetNumber);
        }

        // 输出猜测历史
        System.out.println("你的猜测历史: ");
        for (int i = 0; i < guessHistory.size(); i++) {
            System.out.println("第" + (i + 1) + "次猜测: " + guessHistory.get(i) + " -> " + guessLog.get(i));
        }

        // 关闭扫描器
```

```
        scanner.close();
    }
}
```

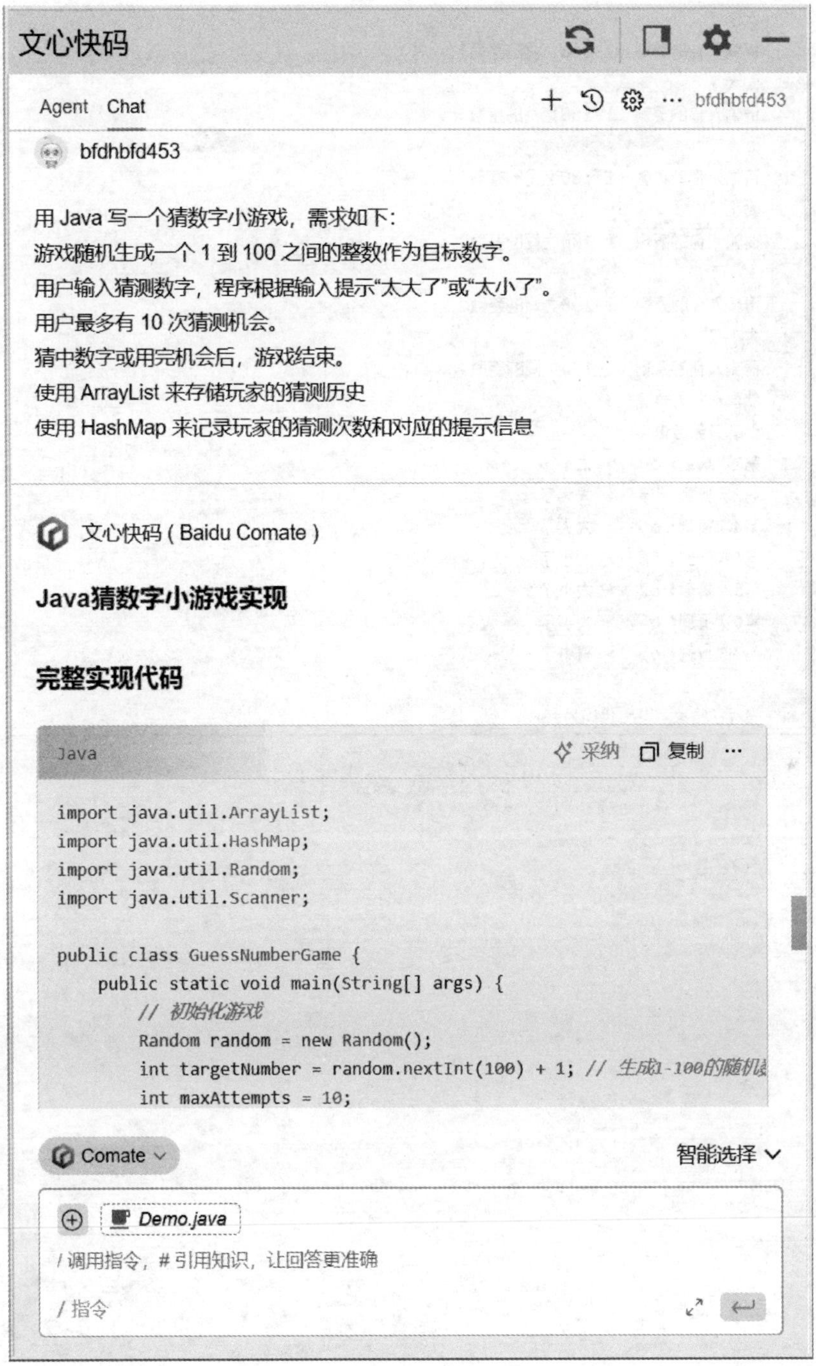

图 10.5　文心快码对话式生成代码

运行结果如图 10.6 所示。

```
C:\Users\w1663\Desktop\ai+Java\项目源码\jdk1.8.0\bin\java.exe ...
请输入你的猜测（1-100之间的整数）：50
太小了
请输入你的猜测（1-100之间的整数）：75
太大了
请输入你的猜测（1-100之间的整数）：66
太大了
请输入你的猜测（1-100之间的整数）：58
太小了
请输入你的猜测（1-100之间的整数）：62
太小了
请输入你的猜测（1-100之间的整数）：64
太小了
请输入你的猜测（1-100之间的整数）：65
恭喜你，猜中了！
你的猜测历史：
第1次猜测：50 -> 太小了
第2次猜测：75 -> 太大了
第3次猜测：66 -> 太大了
第4次猜测：58 -> 太小了
第5次猜测：62 -> 太小了
第6次猜测：64 -> 太小了
第7次猜测：65 -> 猜中了

进程已结束，退出代码为 0
```

图 10.6　猜数字小游戏运行结果

第 11 章　I/O

I/O 是计算机与外界交流的方式，对于软件开发至关重要。在 Java 中，通过使用 java.io 包提供的多种流类，开发者可以方便地进行各种输入输出操作，无论是处理本地文件还是网络数据传输。理解 I/O 机制及其在 Java 中的实现，有助于编写更高效、灵活的应用程序。本章知识架构如下。

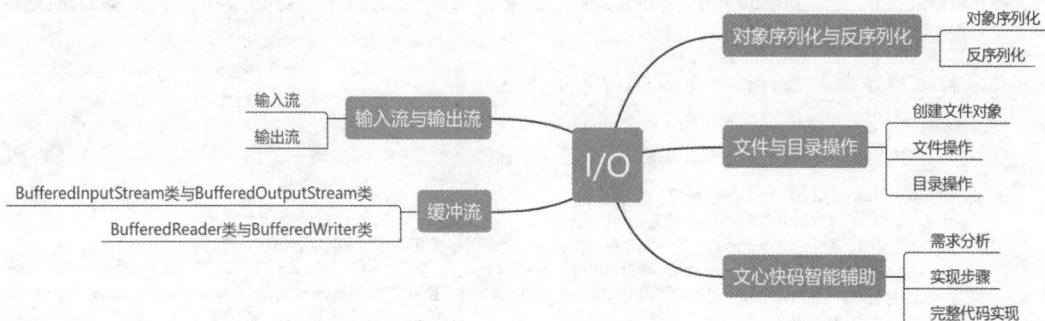

11.1　输入流与输出流

在 Java 中，输入流（input stream）和输出流（output stream）是用于处理数据传输的核心概念。它们属于 java.io 包，提供了多种类来支持不同类型的输入输出操作。

11.1.1　输入流

输入流抽象类有两种，分别是 InputStream 字节输入流与 Reader 字符输入流。

1. InputStream 字节输入流

字节流主要用于处理二进制数据，如图像、音频文件等。它允许程序以原始字节的形式读取或写入数据，适用于需要精确控制数据格式的场景。

InputStream 为所有字节输入流提供基础功能，并定义了一些核心方法，这些方法在具体的子类中实现以完成特定的功能。以下是 InputStream 类中一些常用的公共方法。

- int read()：从输入流中读取下一个字节的数据。返回值是一个 0～255 的 int 类型值（即 0～255 的无符号 8 位二进制数）。如果已到达流的末尾，则返回-1。
- int read(byte[] b)：从输入流中读取一定数量的字节，并将它们存储到缓冲区数组 b 中。返回实际读取的字节数；如果已到达文件末尾，则返回-1。
- int read(byte[] b, int off, int len)：将输入流中的最多 len 个数据字节读入字节数组 b 中，从偏移量 off 开始存储。返回实际读取的字节数；如果已到达文件末尾，则返回-1。
- long skip(long n)：跳过并丢弃此输入流中数据的 n 个字节。返回实际跳过的字节数。
- int available()：返回可从该输入流读取（或跳过）而不阻塞的估计字节数。对于许多流来说，这个值可能并不准确，但对于某些类型的流（如文件输入流），它可以提供有用的提示。

- void close()：关闭该输入流并释放与之相关的系统资源。关闭后的流不能再被使用。
- void mark(int readlimit)：标记当前的位置。调用 reset()方法可将流恢复到该位置，前提是后续读取的字节数不超过 readlimit。
- void reset()：将流重新定位到最后一次标记的位置。如果未调用 mark()方法或超过 readlimit，则抛出 IOException 异常。在进行 I/O 操作时，必须妥善处理可能抛出的 IOException 异常，确保资源被正确释放。
- boolean markSupported()：测试此输入流是否支持 mark()和 reset()操作。如果支持则返回 true，否则返回 false。

从文件读取字节数据并打印到控制台的示例代码如下。

```java
import java.io.FileInputStream;
import java.io.IOException;

public class FileInputStreamExample {
    public static void main(String[] args) {
        // 使用 try-with-resources 确保 FileInputStream 在操作完成后自动关闭
        // D:\\JavaDemo\\Hellojava\\src\\example.txt 要读取的文件路径
        try (FileInputStream fis = new FileInputStream("D:\\JavaDemo\\Hellojava\\src\\example.txt")) {
            int byteData; // 用于存储从文件中读取的一个字节的数据

            // 循环读取文件中的每一个字节，直到文件末尾
            while ((byteData = fis.read()) != -1) { // read()方法返回读取的下一个字节的数据，若已到达文件末
尾则返回-1
                System.out.print((char) byteData); // 将读取的字节数据转换为字符并打印出来
                // 注意：这种方法适合读取单字节编码的文本文件，对于多字节编码（如 UTF-8）的文件，此
方法可能无法正确处理某些字符
            }
        } catch (IOException e) { // 捕获可能发生的 I/O 异常
            e.printStackTrace(); // 打印异常堆栈信息，便于调试
        }
    }
}
```

运行结果如图 11.1 所示。

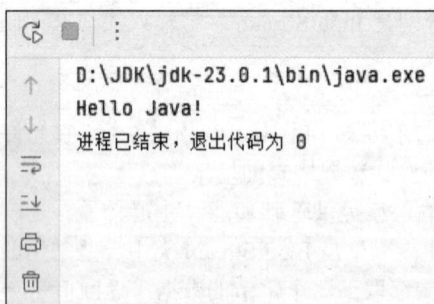

图 11.1　读取字节数据并打印到控制台的运行结果

2. Reader 字符输入流

Reader 类是 Java I/O 库中用于字符输入的抽象类。与 InputStream 不同，它专门处理字符数据（而不是原始字节），并支持多种字符编码方式（如 UTF-8、ISO-8859-1 等）。这意味着 Reader 可以更方便地处理文本数据，自动管理字符编码转换，从而简化了开发者的工作。

Reader 类提供了一系列基本方法，这些方法在具体的子类中实现，以完成特定的功能。

- int read()：从该流中读取一个字符。返回值是一个 0 到 65535 范围内的整数（即 0 到 65535 之间的无符号 16 位二进制数）。如果已到达流末尾，则返回–1。

- int read(char[] cbuf)：从该流中读取字符并存储到数组 cbuf 中。返回实际读取的字符数；如果已经到达流末尾，则返回–1。

- int read(char[] cbuf, int off, int len)：从该流中最多读取 len 个字符，并将它们存储在数组 cbuf 中，开始于偏移量 off。返回实际读取的字符数；如果已经到达流的末尾，则返回–1。

- void close()：关闭该流并释放与其关联的所有资源。关闭后的流不能再被使用。

- boolean ready()：判断此流是否准备好被读取。如果可以不阻塞地立即读取至少一个输入字符，则返回 true。

- void mark(int readAheadLimit)：标记当前的位置。调用 reset()方法可将流恢复到该位置，前提是后续读取的字符数不超过 readAheadLimit。

- void reset()：将流重新定位到最后一次标记的位置。如果未调用 mark()方法或超过 readAheadLimit，则抛出 IOException 异常。

- long skip(long n)：跳过并丢弃此流中的 n 个字符。返回实际跳过的字符数。

- boolean markSupported()：测试此流是否支持 mark()和 reset()操作。如果支持则返回 true，否则返回 false。

从文件读取字符数据并打印到控制台的示例代码如下。

```java
import java.io.FileReader;
import java.io.IOException;

public class FileReaderExample {
    public static void main(String[] args) {
        // 定义要读取的文件路径
        String fileName = "D:\\JavaDemo\\Hellojava\\src\\example.txt";

        // 使用 try-with-resources 确保资源被正确关闭
        try (FileReader fr = new FileReader(fileName)) {
            int character;
            // 循环读取，直到文件末尾
            while ((character = fr.read()) != -1) {      // 每次读取一个字符
                System.out.print((char) character);      // 将读取的字符（int 类型）转换为 char 并打印
            }
        } catch (IOException e) {
            // 处理可能发生的 I/O 异常
            e.printStackTrace();
        }
    }
}
```

运行结果如图 11.2 所示。

- FileReader：创建了一个 FileReader 实例用于读取指定路径的文件。

- try-with-resources：这种语法结构确保了无论是否发生异常，FileReader 都会在完成操作后自动关闭，无须显式调用 close()方法。

- 逐字符读取：通过 fr.read()方法，每次从文件中读取一个字符（实际上返回该字符的 ASCII 值，即一个整数）。当到达文件末尾时，read()方法会返回–1。

- 字符转换和输出：将读取的整数值转换为对应的字符，并通过 System.out.print()方法将其打印。这样可以连续输出完整的文本行。

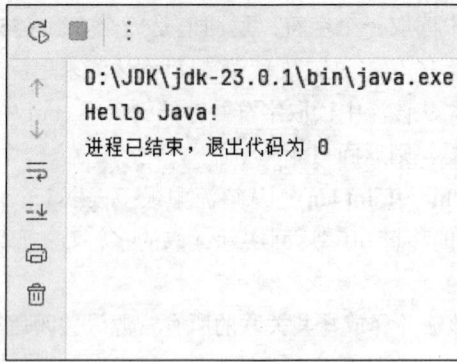

图 11.2　读取字符数据并打印到控制台的运行结果

11.1.2　输出流

输出流主要分为两类：字节输出流（OutputStream）和字符输出流（Writer）。每种类型都有其特定的应用场景和优势。

1. OutputStream 字节输出流

OutputStream 是一个抽象类，提供以字节为单位向目标写入数据的基本方法。它适用于需要处理二进制数据（例如图像、音频文件等）的场景。

OutputStream 类中的所有方法均没有返回值，在遇到错误时会引发 IOException 异常，该类的常用方法及说明如下。

- void write(int b)：写入单个字节。
- void write(byte[] b) 和 void write(byte[] b, int off, int len)：写入字节数组或数组的一部分。
- void flush()：刷新此输出流并强制任何缓冲的输出字节被写出。
- void close()：关闭此输出流并释放与此流有关的所有系统资源。

将字符串数据写入文件的示例代码如下。

```java
import java.io.FileOutputStream;
import java.io.IOException;

public class FileOutputStreamExample {
    public static void main(String[] args) {
        // 尝试使用 try-with-resources 语句创建并自动关闭 FileOutputStream
        try (FileOutputStream fos = new FileOutputStream("output.txt")) {
            // 要写入文件的内容
            String content = "Hello, World!";

            // 将字符串转换为字节数组，并通过 FileOutputStream 写入文件
            fos.write(content.getBytes());
        } catch (IOException e) {
            // 捕获并处理可能发生的 I/O 异常
            e.printStackTrace();
        }
    }
}
```

运行结果如图 11.3 所示。

2. Writer 字符输出流

Writer 类是一个抽象类，它提供了以字符为单位向目标写入数据的方法。适用于处理文本数据，

并能自动管理字符编码转换，使得处理不同语言的文本更加方便。Writer 类的常用方法及说明如下。

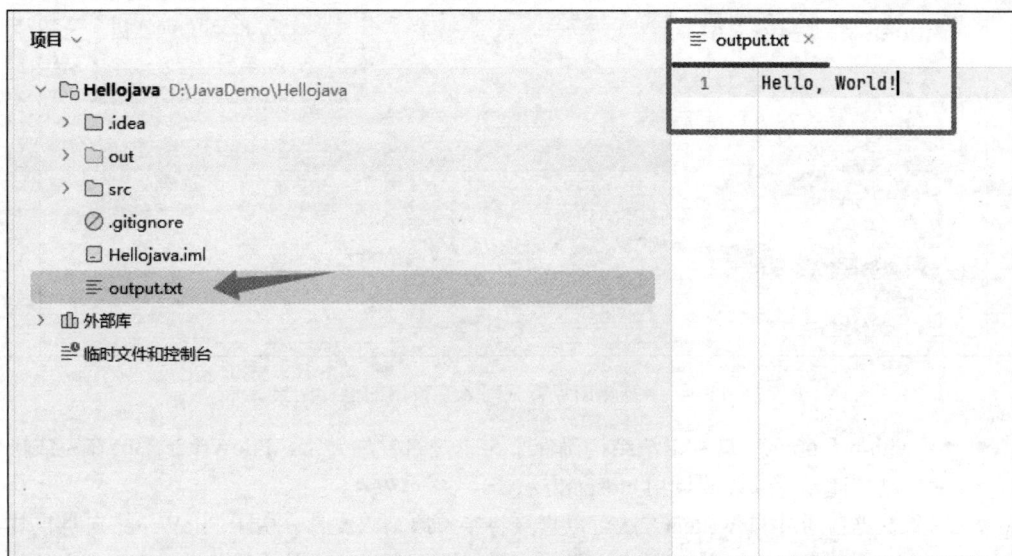

图 11.3 字节输出流方式写入字符串的运行结果

- void write(int c)：写入单个字符。
- void write(char[] cbuf) 和 void write(char[] cbuf, int off, int len)：写入字符数组或数组的一部分。
- void write(String str) 和 void write(String str, int off, int len)：写入字符串或字符串的一部分。
- void flush()：刷新此输出流，强制将缓冲的输出字符写入目标位置。
- void close()：关闭此输出流，并释放与此流有关的所有系统资源。

通过 FileWriter 将字符串数据写入文件的示例代码如下。

```java
// 导入必要的包
import java.io.FileWriter;    // 用于将字符写入文件的类
import java.io.IOException;   // 处理 I/O 异常的类

public class FileWriterExample {
    public static void main(String[] args) {
        // 使用 try-with-resources 语法确保资源自动关闭
        try (FileWriter fw = new FileWriter("output.txt")) {
            // 创建一个 FileWriter 对象来写入指定路径的文件

            // 定义要写入文件的内容
            fw.write("Hello, World!"); // 使用 write 方法将字符串 "Hello, World!" 写入文件

        } catch (IOException e) {
            // 捕获并处理可能发生的 I/O 异常
            // 当发生与文件读写相关的错误时（例如文件不存在、权限不足等），将执行这里的代码块
            e.printStackTrace(); // 打印堆栈跟踪信息，便于调试
        }
    }
}
```

运行结果如图 11.4 所示。

- FileWriter：创建了一个 FileWriter 实例用于向指定路径的文件写入字符数据。如果文件不存在，则会尝试创建它；如果文件存在，默认情况下会覆盖文件中的内容（可以通过构造函数的第二个参数指定为追加模式）。

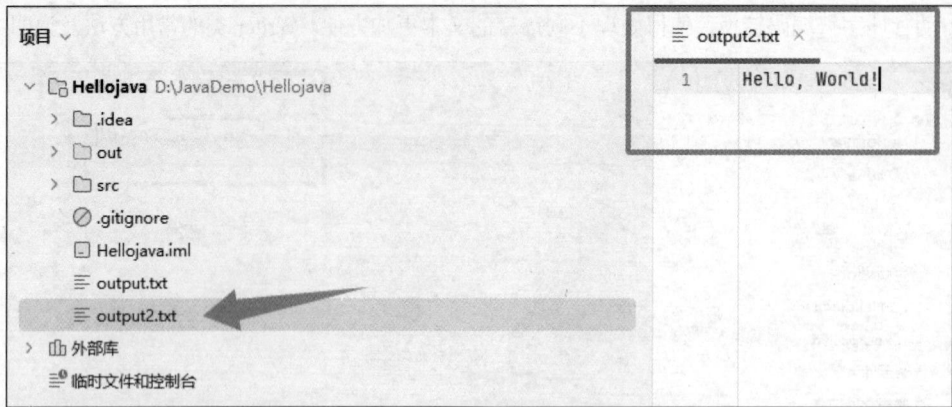

图 11.4　字符输出流方式写入字符串的运行结果

- try-with-resources：这种语法结构确保了无论是否发生异常，FileWriter 都会在完成操作后自动关闭，无须显式调用 close()方法。
- 写入数据：通过 fw.write()方法可以直接将字符串写入文件。由于 FileWriter 自身也具有一定的缓冲机制，因此对于某些简单的写入操作来说，不使用 BufferedWriter 也是可以接受的。
- 异常处理：通过捕获 IOException，可以处理文件写入过程中可能出现的问题，并通过 printStackTrace()输出详细的错误信息以便调试。

11.2　缓　冲　流

缓冲流（buffered stream）是用于提高 I/O 操作效率的包装类。它们通过减少实际的 I/O 操作次数来加速数据传输，这是通过使用内部缓冲区实现的。

11.2.1　BufferedInputStream 类与 BufferedOutputStream 类

在 Java 中，字节缓冲流主要包括两个类，分别是 BufferedInputStream 类与 BufferedOutputStream 类。BufferedInputStream 是基于 InputStream 的一个包装类，通过内部缓冲区来减少对底层输入流的访问次数。BufferedInputStream 类包含两个构造方法。

- BufferedInputStream(InputStream in)：创建一个新的缓冲输入流，使用默认大小的缓冲区。
- BufferedInputStream(InputStream in, int size)：指定缓冲区大小来创建新的缓冲输入流。

除此之外，BufferedInputStream 类拥有多个继承自 InputStream 的基本方法，如 read()、skip()、available()、close()等。

BufferedOutputStream 是基于 OutputStream 的一个包装类，同样是通过内部缓冲区来减少对底层输出流的实际写入次数。BufferedOutputStream 类同样也有两个构造方法。

- BufferedOutputStream(OutputStream out)：创建一个新的缓冲输出流，使用默认缓冲区大小。
- BufferedOutputStream(OutputStream out, int size)：指定缓冲区大小来创建新的缓冲输出流。

除此之外，BufferedOutputStream 类拥有多个继承自 OutputStream 的基本方法，如 write()、 flush()、close()等。

下面这个例子展示了如何使用 BufferedInputStream 和 BufferedOutputStream 来高效地复制一个文件。

```java
import java.io.*;
public class BufferedStreamExample {

    public static void main(String[] args) {
        // 定义源文件路径和目标文件路径
        String sourceFilePath = "output.txt";
        String destinationFilePath = "destination.txt";

        // 使用 try-with-resources 语句确保资源自动关闭
        try (BufferedInputStream bis = new BufferedInputStream(new FileInputStream(sourceFilePath));
             BufferedOutputStream bos = new BufferedOutputStream(new FileOutputStream(destinationFile
Path))) {

            byte[] buffer = new byte[1024]; // 创建一个 1KB 大小的缓冲区
            int bytesRead; // 用于存储每次读取到的字节数量

            // 循环读取数据，直到文件末尾
            while ((bytesRead = bis.read(buffer)) != -1) {
                // 将读取的数据写入输出流中
                bos.write(buffer, 0, bytesRead);
            }

            System.out.println("文件复制成功！");
        } catch (FileNotFoundException e) {
            // 如果指定的文件未找到，则抛出异常并打印堆栈跟踪信息
            System.err.println("文件未找到：" + e.getMessage());
        } catch (IOException e) {
            // 捕获其他可能的 I/O 异常，并打印堆栈跟踪信息
            e.printStackTrace();
        }
    }
}
```

运行结果如图 11.5 所示。

11.2.2　BufferedReader 类与 BufferedWriter 类

BufferedReader 是基于 Reader 的一个包装类，专门用于提高字符输入流的读取效率。BufferedReader 类提供了两个构造方法及多个常用方法。

（1）构造方法。

- BufferedReader(Reader in)接收任何实现 Reader 接口的对象作为参数，例如 FileReader 或 InputStreamReader。
- BufferedReader(Reader in, int sz)允许指定缓冲区大小（字节数），默认大小为 8192 字节。可以根据实际需求调整缓冲区大小以优化性能。

（2）常用方法。

- int read()：读取单个字符。
- String readLine()：按行读取文本，返回包含该行内容的字符串，不包括任何终止符；如果已到达流末尾，则返回 null。
- void close()：关闭此流并释放与其关联的所有系统资源。
- Stream lines()：返回一个 Stream<String>，其元素是通过调用 readLine()方法生成的，适用于处理大量文本数据或进行流式处理。

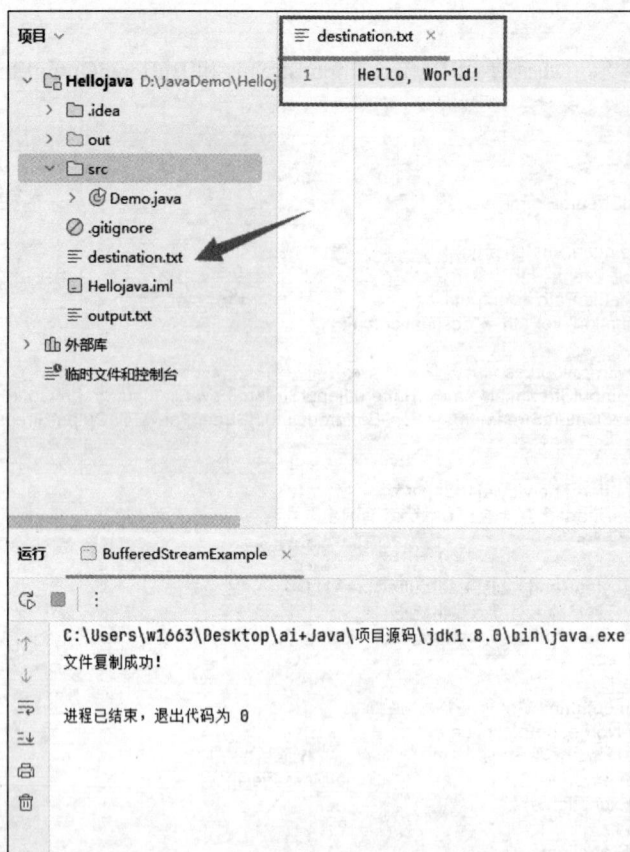

图 11.5　字节缓冲流示例运行结果

BufferedWriter 是基于 Writer 的一个包装类，专门用于提高字符输出流的写入效率。BufferedWriter 类也提供了两个构造方法及多个常用方法。

（1）构造方法。

- BufferedWriter(Writer out)：接收任何实现 Writer 接口的对象作为参数，例如 FileWriter 或 OutputStreamWriter。
- BufferedWriter(Writer out, int sz)：允许指定缓冲区大小，默认大小为 8192 字节。根据实际应用场景调整缓冲区大小以优化性能。

（2）常用方法。

- void write(String str,int off,int len)：将指定字符串的子串写入流中，起始偏移量为 off，长度为 len。
- void newLine()：写入特定于平台的行分隔符。
- void flush()：刷新流，强制所有缓冲的数据被写出到底层流。
- void close()：关闭此流，并释放与其关联的所有系统资源。

下面是一个具体的使用 BufferedReader 和 BufferedWriter 类的例子，展示了如何读取一个文本文件的内容并将其写入另一个文本文件中。

```java
import java.io.*;
public class BufferedReaderWriterExample {
    public static void main(String[] args) {
```

```
// 定义源文件路径和目标文件路径
String sourceFilePath = "output2.txt";
String destinationFilePath = "destination2.txt";

// 使用 try-with-resources 确保资源自动关闭
try (BufferedReader br = new BufferedReader(new FileReader(sourceFilePath));
     BufferedWriter bw = new BufferedWriter(new FileWriter(destinationFilePath))) {

    String line; // 用于存储从源文件中读取的每一行

    // 循环读取源文件中的每一行，直到文件末尾
    while ((line = br.readLine()) != null) {
        // 将读取到的每一行写入目标文件中
        bw.write(line);
        bw.newLine(); // 写入行分隔符以保持原始格式
    }

    System.out.println("文件复制成功！");
} catch (FileNotFoundException e) {
    // 如果指定的文件未找到，则抛出异常并打印错误信息
    System.err.println("文件未找到：" + e.getMessage());
} catch (IOException e) {
    // 捕获其他可能的 I/O 异常，并打印堆栈跟踪信息
    e.printStackTrace();
    }
  }
}
```

运行结果如图 11.6 所示。

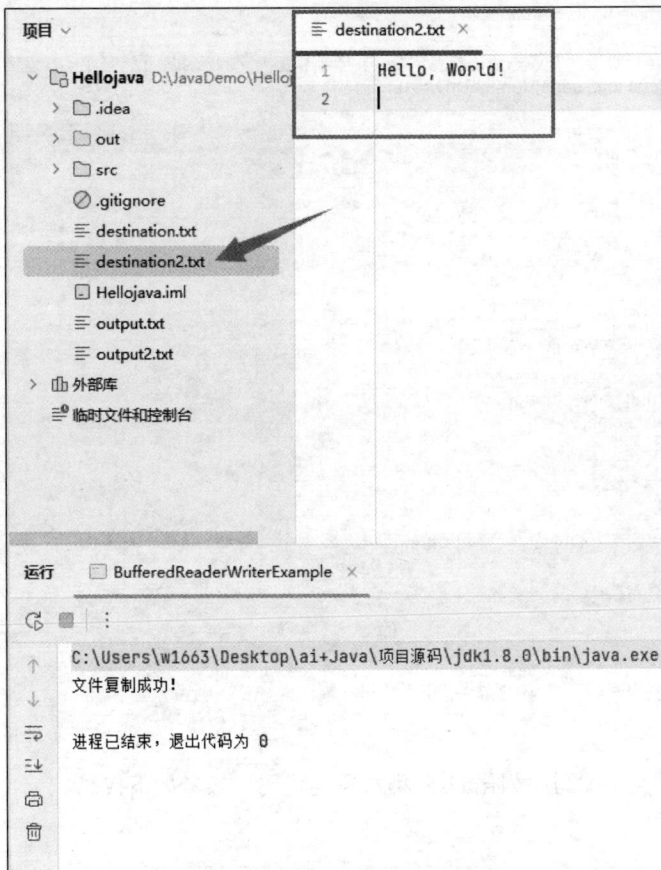

图 11.6 字符缓冲流运行结果

11.3　对象序列化与反序列化

在 Java 中，对象序列化是将对象状态转换为字节流的过程，而反序列化则是从字节流恢复对象的过程。ObjectOutputStream 类用于序列化一个对象，它继承自 OutputStream 类。ObjectInputStream 类用于反序列化一个对象，它继承自 InputStream 类。

11.3.1　对象序列化

为了使类的对象能够被序列化，该类必须实现 Serializable 接口。这是一个标记接口，不包含方法，仅表明该类的对象可以通过序列化机制进行持久化或传输。

每个实现了 Serializable 接口的类都应定义一个静态的 serialVersionUID 字段。它是一个长整型数值，用于确保序列化和反序列化过程中类版本的一致性。如果不手动指定，JVM 会根据类的结构自动生成一个 serialVersionUID，但建议显式定义以避免潜在的兼容性问题。

在 User 类中实现了 Serializable 接口，使其对象可以被序列化，下面是具体的示例代码。

```java
import java.io.Serializable;

public class User implements Serializable {

    // serialVersionUID 是一个静态的长整型字段，用于确保序列化和反序列化过程中类版本的一致性。
    private static final long serialVersionUID = 1L;

    // name 字段存储用户的名称。
    private String name;

    // age 字段存储用户的年龄。
    private int age;

    /**
     * 构造函数，用于初始化 User 对象。
     * @param name 用户的名字
     * @param age 用户的年龄
     */
    public User(String name, int age) {
        this.name = name;
        this.age = age;
    }

    /**
     * toString 方法重写了 Object 类中的 toString 方法。
     * 它提供了一个字符串表示形式，方便打印对象的内容。
     * @return 包含用户的名字和年龄的字符串
     */
    @Override
    public String toString() {
        return "User{name='" + name + "', age=" + age + '}';
    }
}
```

在 UserOutTest 类中编写序列化 User 类对象的代码，参考如下代码。

```java
import java.io.*;

public class UserOutTest {
```

```
public static void main(String[] args) {
    User user = new User("张三", 30);

    // 序列化对象到文件
    try (ObjectOutputStream oos = new ObjectOutputStream(new FileOutputStream("user.ser"))) {
        oos.writeObject(user);
        System.out.println("对象已序列化");
    } catch (IOException e) {
        e.printStackTrace();
    }


    }
}
```

运行结果如图 11.7 所示。

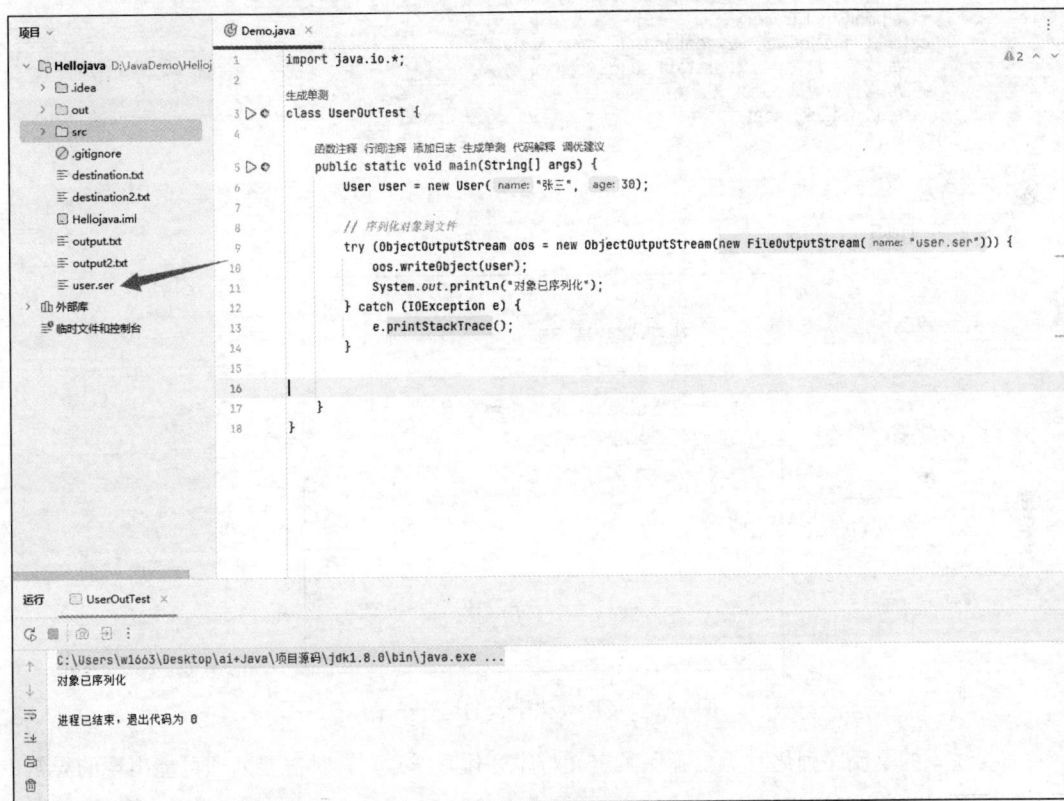

图 11.7　序列化示例的运行结果

11.3.2　反序列化

反序列化是从字节流恢复对象的过程，通常使用 ObjectInputStream 从输入流中读取对象，下面是具体的示例代码。

```
import java.io.*;

/**
 * DeserializationExample 类演示了如何从文件中反序列化一个对象。
 */
public class DeserializationExample {
```

```
/**
 * 主方法，程序的入口点。
 * @param args 命令行参数（未使用）
 */
public static void main(String[] args) {
    try (
        // 创建 ObjectInputStream 对象，用于从文件 "user.ser" 中读取对象。
        // FileInputStream 用于打开文件输入流，ObjectInputStream 则用于从该流中读取对象。
        ObjectInputStream ois = new ObjectInputStream(new FileInputStream("user.ser"))
    ) {
        // 使用 readObject 方法从 ObjectInputStream 中读取对象，并将其强制转换为 User 类型。
        User user = (User) ois.readObject();

        // 打印用户的名字和年龄到控制台。
        System.out.println(user.getName() + " 年龄是" + user.getAge());
    } catch (IOException e) {
        // 捕获可能发生的 IOException 异常，这通常发生在文件操作失败时（例如文件不存在或权限不足）。
        e.printStackTrace();
    } catch (ClassNotFoundException e) {
        // 捕获可能发生的 ClassNotFoundException 异常，这通常发生在尝试反序列化一个类的对象，
        // 但找不到该类的定义时。
        e.printStackTrace();
    }
}
```

运行结果如图 11.8 所示。

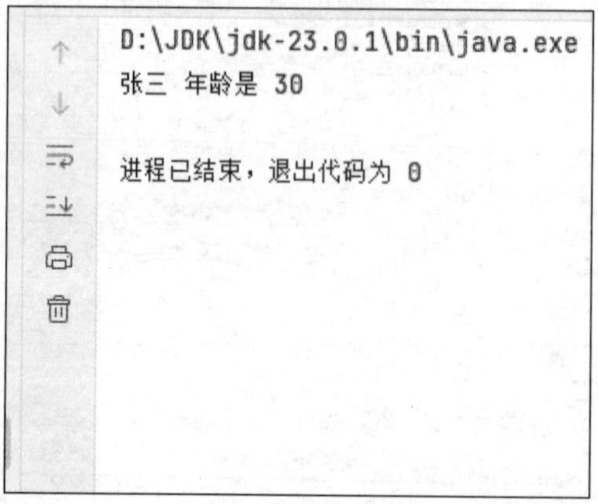

```
D:\JDK\jdk-23.0.1\bin\java.exe
张三 年龄是 30

进程已结束，退出代码为 0
```

图 11.8　反序列化示例的运行结果

需要注意的是反序列化时需要确保类定义与序列化时一致。有时需要处理可能出现的异常，如 ClassNotFoundException。

11.4　文件与目录操作

文件和目录的操作是通过 java.io.File 类实现的。这个类提供了丰富的功能来表示文件系统中的路径名，并执行各种操作，如创建、删除、读取文件或目录等。

11.4.1　创建文件对象

java.io.File 类用于表示文件和目录路径名。它不仅能表示文件，也能表示目录。File 类提供

了多种构造方法来初始化文件对象，比如通过字符串路径或者另一个文件对象。示例代码如下。

```
// 使用绝对路径创建一个文件对象
File file = new File("path/to/file.txt");

// 或者使用相对路径
File anotherFile = new File(new File("path/to"), "file.txt");
```

File 类提供了一系列的方法来获取文件的属性，例如检查文件是否存在（exists()），判断是否为目录（isDirectory()），获取文件大小（length()）等。示例代码如下。

```
if (file.exists()) {
    System.out.println("文件存在");
    System.out.println("是否为目录: " + file.isDirectory());
    System.out.println("文件大小: " + file.length() + " bytes");
} else {
    System.out.println("文件不存在");
}
```

11.4.2 文件操作

File 类提供了操作文件的相应方法，常见的文件操作主要包括创建文件、读取文件、写入文件和删除文件等，以下是一些常见方法的说明及应用。

（1）创建文件。可以使用 createNewFile()方法在指定位置创建新文件。如果文件已经存在，则此方法返回 false。示例代码如下。

```
boolean created = file.createNewFile();
if (created) {
    System.out.println("文件已创建");
} else {
    System.out.println("文件已存在");
}
```

（2）读取文件。Java 提供了多种方式来读取文件内容，包括字节流（FileInputStream）和字符流（FileReader）。为了提高效率，通常会结合缓冲流一起使用。示例代码如下。

```
try (BufferedReader br = new BufferedReader(new FileReader(file))) {
String line;
while ((line = br.readLine()) != null) {
    System.out.println(line);
}
} catch (IOException e) {
    e.printStackTrace();
}
```

（3）写入文件。使用 FileOutputStream 或 FileWriter 将数据写入文件时，可以选择追加模式或覆盖模式。覆盖模式的示例代码如下。

```
try (BufferedWriter bw = new BufferedWriter(new FileWriter(file))) {
    bw.write("Hello, World!");
} catch (IOException e) {
    e.printStackTrace();
}
```

追加模式的示例代码如下。

```
try (BufferedWriter bw = new BufferedWriter(new FileWriter(file, true))) {
    bw.newLine();
    bw.write("Appending more text.");
} catch (IOException e) {
    e.printStackTrace();
}
```

（4）删除文件。使用 delete()方法可以删除文件，示例代码如下。

```
boolean deleted = file.delete();
if (deleted) {
    System.out.println("文件已删除");
} else {
    System.out.println("文件删除失败");
}
```

11.4.3　目录操作

File 类不仅提供了操作文件的相应方法，还提供了操作目录的方法。常见的目录操作包括创建目录、遍历目录和删除目录等，以下是一些常见方法的说明及应用。

（1）创建目录。单级目录可以使用 mkdir()方法创建，而多级目录则需要使用 mkdirs()方法。示例代码如下。

```
boolean createdDir = new File("path/to/directory").mkdirs();
if (createdDir) {
    System.out.println("目录已创建");
} else {
    System.out.println("目录创建失败");
}
```

（2）遍历目录。使用 list()或 listFiles()方法可以列出目录中的文件和子目录。递归遍历目录树是一个常见的需求。示例代码如下。

```
public static void listDirectory(File dir) {
    if (dir.isDirectory()) {
        File[] files = dir.listFiles();
        if (files != null) {
            for (File file : files) {
                System.out.println(file.getAbsolutePath());
                if (file.isDirectory()) {
                    listDirectory(file); // 递归调用
                }
            }
        }
    }
}
```

（3）删除目录。删除空目录可以直接使用 delete()方法。若要删除非空目录，则需要先递归删除目录内的所有文件和子目录。示例代码如下。

```
public static void deleteDirectory(File dir) {
    if (dir.isDirectory()) {
        File[] children = dir.listFiles();
        if (children != null) {
            for (File child : children) {
                deleteDirectory(child);
            }
        }
    }
    dir.delete(); // 最后删除目录本身
}
```

11.5　文心快码智能辅助

本节利用文心快码来辅助实现一个简单的记事本功能，用户可以输入文本并将其保存到文件中，或者从文件中读取文本内容。我们将使用 Java I/O 操作来实现这些功能，并利用文心快码的智能辅助功能来提升开发效率和代码质量。

11.5.1　需求分析

● 写入文本到文件：用户可以输入文本，并将其保存到指定的文件中。如果文件已存在，则可以选择覆盖或追加内容。
● 从文件读取文本：用户可以指定一个文件，程序将读取并显示文件内容。
● 退出程序：用户可以选择退出程序。

11.5.2　实现步骤

可以在注释中或者对话式界面中输入需求描述，文心快码会智能生成对应的代码，具体操作如下。

1. 实现主菜单

主菜单的需求描述如下。
● 创建一个 Scanner 对象用于获取用户输入。
● 提供一个简单的菜单，让用户选择写入文件、读取文件或退出程序。
代码示例如下：

```
Scanner scanner = new Scanner(System.in);
boolean continueRunning = true;

while (continueRunning) {
    System.out.println("简单记事本功能： ");
    System.out.println("1. 写入文本到文件");
    System.out.println("2. 从文件读取文本");
    System.out.println("3. 退出");
    System.out.print("请选择一个操作（1/2/3）： ");

    int choice = scanner.nextInt();
    scanner.nextLine(); // 消耗掉换行符

    switch (choice) {
        case 1:
            writeTextToFile(scanner);
            break;
        case 2:
            readTextFromFile(scanner);
            break;
        case 3:
            continueRunning = false;
            System.out.println("退出程序。");
            break;
        default:
            System.out.println("无效的选择，请重新输入！");
    }
}

scanner.close();
```

2. 实现写入文本到文件功能

写入文本到文件功能的需求描述如下。

- 提示用户输入文件名和要写入的文本内容，然后将文本写入指定文件。
- 使用 FileWriter 将文本写入文件，并处理可能发生的异常。

代码示例如下：

```java
// 写入文本到文件
    public static void writeTextToFile(Scanner scanner) {
        System.out.print("请输入文件名：");
        String fileName = scanner.nextLine();

        System.out.print("请输入要写入的文本（输入'exit'结束）：\n");
        StringBuilder content = new StringBuilder();
        String line;
        while (!(line = scanner.nextLine()).equalsIgnoreCase("exit")) {
            content.append(line).append("\n");
        }

        try (FileWriter writer = new FileWriter(fileName)) {
            writer.write(content.toString());
            System.out.println("文本已成功写入文件：" + fileName);
        } catch (IOException e) {
            System.err.println("写入文件时发生错误：" + e.getMessage());
        }
    }
```

3. 实现从文件读取文本功能

从文件读取文本功能的需求描述如下。

- 提示用户输入文件名，然后逐行打印文件内容。
- 使用 BufferedReader 从文件读取文本，并处理可能发生的异常。

代码示例如下：

```java
// 从文件读取文本
    public static void readTextFromFile(Scanner scanner) {
        System.out.print("请输入文件名：");
        String fileName = scanner.nextLine();

        try (BufferedReader reader = new BufferedReader(new FileReader(fileName))) {
            String line;
            System.out.println("文件内容如下：");
            while ((line = reader.readLine()) != null) {
                System.out.println(line);
            }
        } catch (FileNotFoundException e) {
            System.err.println("文件未找到：" + e.getMessage());
        } catch (IOException e) {
            System.err.println("读取文件时发生错误：" + e.getMessage());
        }
    }
```

11.5.3 完整代码实现

以下是利用文心快码辅助编程后实现的简单的记事本功能的完整代码：

```java
import java.io.*;
    import java.util.Scanner;

    public class SimpleNotepad {
        public static void main(String[] args) {
            Scanner scanner = new Scanner(System.in);
            boolean continueRunning = true;
```

```java
        while (continueRunning) {
            System.out.println("简单记事本功能：");
            System.out.println("1. 写入文本到文件");
            System.out.println("2. 从文件读取文本");
            System.out.println("3. 退出");
            System.out.print("请选择一个操作（1/2/3）：");

            int choice = scanner.nextInt();
            scanner.nextLine(); // 消耗掉换行符

            switch (choice) {
                case 1:
                    writeTextToFile(scanner);
                    break;
                case 2:
                    readTextFromFile(scanner);
                    break;
                case 3:
                    continueRunning = false;
                    System.out.println("退出程序。");
                    break;
                default:
                    System.out.println("无效的选择，请重新输入！");
            }
        }

        scanner.close();
    }

    // 写入文本到文件
    public static void writeTextToFile(Scanner scanner) {
        System.out.print("请输入文件名：");
        String fileName = scanner.nextLine();

        System.out.print("请输入要写入的文本（输入'exit'结束）：\n");
        StringBuilder content = new StringBuilder();
        String line;
        while (!(line = scanner.nextLine()).equalsIgnoreCase("exit")) {
            content.append(line).append("\n");
        }

        try (FileWriter writer = new FileWriter(fileName)) {
            writer.write(content.toString());
            System.out.println("文本已成功写入文件：" + fileName);
        } catch (IOException e) {
            System.err.println("写入文件时发生错误：" + e.getMessage());
        }
    }

    // 从文件读取文本
    public static void readTextFromFile(Scanner scanner) {
        System.out.print("请输入文件名：");
        String fileName = scanner.nextLine();

        try (BufferedReader reader = new BufferedReader(new FileReader(fileName))) {
            String line;
            System.out.println("文件内容如下：");
            while ((line = reader.readLine()) != null) {
                System.out.println(line);
            }
        } catch (FileNotFoundException e) {
            System.err.println("文件未找到：" + e.getMessage());
        } catch (IOException e) {
            System.err.println("读取文件时发生错误：" + e.getMessage());
        }
    }
}
```

运行结果如图 11.9 所示。

运行 　□ SimpleNotepad ✕

```
C:\Users\w1663\Desktop\ai+Java\项目源码\jdk1.8.0\bin\java.exe ...
简单记事本功能:
1. 写入文本到文件
2. 从文件读取文本
3. 退出
请选择一个操作（1/2/3）: 1
请输入文件名: hellojava
请输入要写入的文本（输入'exit'结束）:
hello java
exit
文本已成功写入文件: hellojava
简单记事本功能:
1. 写入文本到文件
2. 从文件读取文本
3. 退出
请选择一个操作（1/2/3）: 2
请输入文件名: hellojava
文件内容如下:
hello java
简单记事本功能:
1. 写入文本到文件
2. 从文件读取文本
3. 退出
请选择一个操作（1/2/3）: 3
退出程序。

进程已结束，退出代码为 0
```

图 11.9　记事本案例运行结果

第 12 章

多线程

为了实现在同一时间运行多个任务，Java 引入了多线程的概念。多线程是指在一个程序中同时执行多个线程，每个线程都有自己独立的执行路径。在传统的单线程编程模型中，程序按照顺序执行，一次只处理一个任务。这种方式在某些情况下可能会导致效率低下或者无法满足需求。而多线程通过将任务拆分为多个子任务，并且在不同的线程上同时执行，从而实现并发处理。本章知识架构如下。

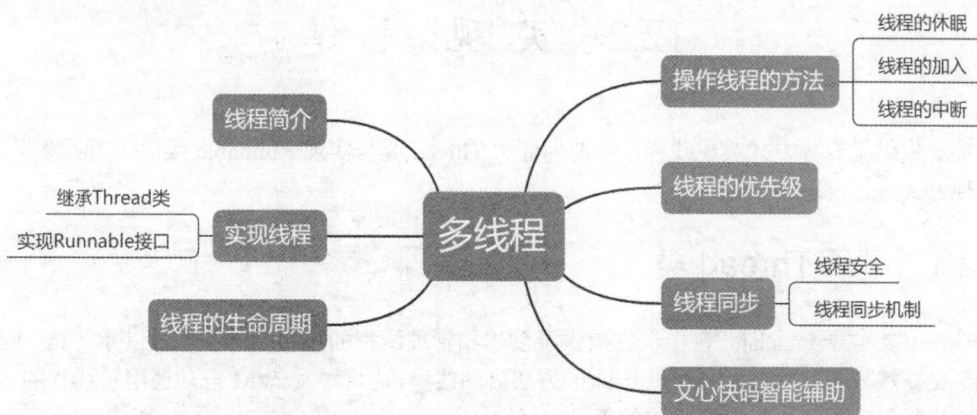

12.1 线 程 简 介

人体可以同时进行呼吸、血液循环、思考问题等活动，这种机制在 Java 中被称为并发机制。正如人体的各个系统协同工作以维持生命活动一样，在软件开发中，也经常需要让程序能够同时执行多个任务，这就需要用到多线程的概念。

在 Java 中，并发机制是通过多线程来实现的。多线程允许在一个程序内部同时运行多个独立的执行流，每个线程都可以独立地完成特定的任务，而这些任务之间既可以是完全独立的，也可以存在某种程度上的交互与协作关系。具体示例如下。

● 图形用户界面（GUI）应用程序：在这种类型的程序中，一个线程可能负责处理用户的输入事件，如鼠标单击或菜单选择；另一个线程则可能负责后台数据加载或处理计算密集型任务，这样即使在执行耗时操作时，用户界面仍然保持响应性。

● 服务器端应用：当构建一个网络服务时，每个客户端连接通常会分配给一个单独的线程来处理请求。这意味着即使有多个客户端同时发送请求，服务器也能够并行地为每个客户端提供服务，而不是等待前一个请求处理完毕后再处理下一个请求。

● 多媒体应用：比如播放视频的同时下载新的内容，或者一边播放音乐一边更新歌词显示。这里，播放音频/视频的任务与下载新内容的任务可以在不同的线程中并行执行，从而增强用户体验。

多线程在 Windows 操作系统中的运行模式如图 12.1 所示。

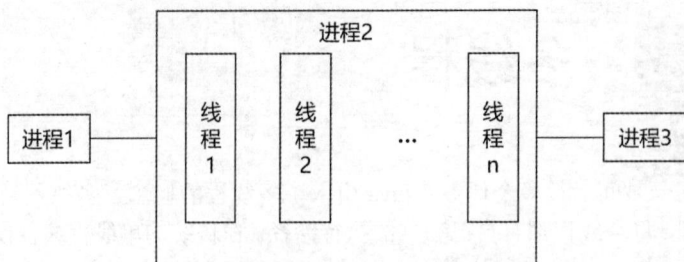

图 12.1 多线程在 Windows 操作系统中的运行模式

12.2 实 现 线 程

Java 提供了两种方式实现线程，分别为继承 Thread 类与实现 Runnable 接口。下面将分别对这两种方式进行讲解。

12.2.1 继承 Thread 类

Thread 类位于 java.lang 包中，它提供了创建和管理线程的核心功能。通过继承 Thread 类，可以定义新线程的行为，并通过调用 start()方法启动线程，这将触发 JVM 自动调用该线程的 run()方法来执行具体的任务。详细步骤如下。

（1）需要创建一个新的类并让它继承自 Thread 类。这个新的子类将代表新线程。示例如下：

```
public class MyThread extends Thread {
    // 其他成员变量和方法
}
```

（2）需要在这个子类中重写 run()方法。该方法包含新线程所需执行的代码逻辑。示例如下：

```
@Override
public void run() {
    // 定义线程执行的任务
    System.out.println("线程 " + Thread.currentThread().getName() + " 正在执行");
}
```

（3）一旦定义好了 run()方法，可以通过创建子类的对象并调用其 start()方法来启动线程。这将导致 JVM 为该线程分配必要的系统资源，并开始执行 run()方法中的代码。示例如下：

```
MyThread myThread = new MyThread();
myThread.start(); // 启动线程
```

Java 中的 Thread 类提供了许多方法来控制线程的行为和状态。以下是一些常用的 Thread 类方法及其说明。

- start()：用于启动一个新创建的线程，使其进入就绪状态，等待 JVM 调度执行。调用此方法后，系统会自动调用该线程的 run()方法。
- run()：定义了线程的任务逻辑。通常需要重写这个方法以指定线程的具体行为。直接调用 run()不会启动新线程，而是在当前线程中执行 run()方法的内容。
- currentThread()：返回对当前正在执行的线程对象的引用。这是一个静态方法，可以直接通过 Thread 类名调用。

- join()：当在一个线程中调用了另一个线程的 join()方法时，当前线程会被阻塞，直到被调用 join()方法的线程执行完毕。还有带参数的版本允许指定等待的最大时间。
- sleep(long millis)：静态方法，使当前线程暂停执行指定的时间（毫秒）。这可以让其他线程有机会执行。
- interrupt()：中断线程，可以用来通知线程停止当前工作并退出。如果线程由于调用 wait()、join()或 sleep()而处于阻塞状态，则抛出 InterruptedException 异常。
- getPriority()和 setPriority(int newPriority)：获取或设置线程的优先级。优先级范围是 1 到 10，默认值通常是 5。较高的数值表示更高的优先级。

下面是一个简单的 Java 代码示例，演示了如何通过继承 Thread 类来创建和启动一个新的线程。这个例子中定义了一个名为 MyThread 的类，它继承自 Thread 类，并重写了 run()方法以包含线程要执行的任务。

```java
// 导入必要的包
import java.lang.Thread;

// 定义一个继承自 Thread 类的新类
public class MyThread extends Thread {
    // 重写 run()方法，该方法包含了线程要执行的任务
    @Override
    public void run() {
        for (int i = 0; i < 5; i++) {
            System.out.println(Thread.currentThread().getName() + " - 计数: " + i);
            try {
                // 模拟一些工作，让当前线程暂停 1 秒
                Thread.sleep(1000); // 注意这里可能会抛出 InterruptedException
            } catch (InterruptedException e) {
                System.out.println("线程被中断: " + e.getMessage());
            }
        }
    }

    // 主方法，用于测试线程
    public static void main(String[] args) {
        // 创建两个 MyThread 实例
        MyThread threadOne = new MyThread();
        MyThread threadTwo = new MyThread();

        // 设置线程的名字
        threadOne.setName("线程一");
        threadTwo.setName("线程二");

        // 启动线程
        threadOne.start(); // 调用 start()方法启动线程，这将导致 JVM 调用 run()方法
        threadTwo.start(); // 同样地启动第二个线程

        // 主线程可以继续做其他事情
        System.out.println("主线程继续执行...");
    }
}
```

运行结果如图 12.2 所示。

在这个例子中，创建了两个 MyThread 对象，分别为它们设置了名字，并调用了它们的 start()方法。每个 MyThread 对象在调用 start()后都会开始一个新的线程，这些新线程会并发地运行自己的 run()方法。run()方法中的循环打印计数信息，并使用 Thread.sleep(1000)模拟了一些耗时操作（如 I/O 操作）。此外，还处理了可能发生的 InterruptedException 异常，这是因为在调用 sleep()时，线程可能被中断。

```
D:\JDK\jdk-23.0.1\bin\java.exe "-javaagent:D:\idea\IntelliJ IDEA
主线程继续执行...
线程一 - 计数: 0
线程二 - 计数: 0
线程一 - 计数: 1
线程二 - 计数: 1
线程一 - 计数: 2
线程二 - 计数: 2
线程一 - 计数: 3
线程二 - 计数: 3
线程一 - 计数: 4
线程二 - 计数: 4

进程已结束，退出代码为 0
```

图 12.2 继承 Thread 类代码的运行结果

12.2.2 实现 Runnable 接口

由于 Java 不支持多继承，这意味着如果一个类已经继承了另一个类，就不能同时继承 Thread 类。然而，可以通过实现多个接口来达到类似的效果，因此实现 Runnable 接口允许保持类的继承关系。Runnable 接口仅包含一个抽象方法 run()，其签名如下：

```
public abstract void run();
```

这个方法定义了线程的任务逻辑。当一个实现了 Runnable 接口的对象作为参数传递给 Thread 构造函数，并调用该 Thread 对象的 start() 方法时，JVM 会自动调用 run() 方法以执行具体的任务逻辑。实现 Runnable 接口创建线程的流程图如图 12.3 所示。

```
┌─────────────────┐
│  定义Runnable类  │
│   实现run()方法  │
└─────────────────┘
         │
         ▼
┌─────────────────┐
│  创建Runnable实例 │
└─────────────────┘
         │
         ▼
┌─────────────────┐
│   创建Thread对象  │
│ (传递Runnable实例)│
└─────────────────┘
         │
         ▼
┌─────────────────┐
│ 调用Thread.start()│
│   (启动新线程)   │
└─────────────────┘
         │
         ▼
┌─────────────────┐
│   执行run()方法   │
│   (在新线程中)   │
└─────────────────┘
```

图 12.3 实现 Runnable 接口创建线程的流程图

使用 Runnable 接口启动新线程的步骤如下。

（1）定义一个实现了 Runnable 接口的类，并重写 run()方法。

```
public class MyRunnable implements Runnable {
@Override
public void run() {
    // 在这里放置要执行的代码
    System.out.println(Thread.currentThread().getName() + " is running.");
}
}
```

（2）使用该类的实例作为参数构造 Thread 对象。

```
MyRunnable myRunnable = new MyRunnable();
Thread thread = new Thread(myRunnable);
```

（3）调用 Thread 对象的 start()方法以启动线程。

```
thread.start(); // 这将导致 JVM 调用 myRunnable 的 run()方法
```

下面是一个使用 Runnable 接口实现多线程的 Java 代码示例。在这个例子中，定义了一个实现 Runnable 接口的类，并通过重写 run()方法指定线程的任务逻辑。

```
// 导入必要的包
import java.lang.Thread;

// 定义一个实现了 Runnable 接口的新类
public class MyRunnable implements Runnable {
    private final String threadName; // 用于标识每个线程的名字

    public MyRunnable(String name) {
        this.threadName = name;
    }

    // 重写 run()方法，该方法包含了线程要执行的任务
    @Override
    public void run() {
        for (int i = 0; i < 5; i++) {
            System.out.println(threadName + " - 计数: " + i);
            try {
                // 模拟一些工作，让当前线程暂停 1 秒
                Thread.sleep(1000); // 注意这里可能会抛出 InterruptedException
            } catch (InterruptedException e) {
                System.out.println(threadName + " 被中断");
            }
        }
    }

    // 主方法，用于测试线程
    public static void main(String[] args) {
        // 创建两个 MyRunnable 实例
        MyRunnable taskOne = new MyRunnable("任务一");
        MyRunnable taskTwo = new MyRunnable("任务二");

        // 使用 MyRunnable 实例作为参数构造 Thread 对象
        Thread threadOne = new Thread(taskOne);
        Thread threadTwo = new Thread(taskTwo);

        // 启动线程
        threadOne.start(); // 这将导致 JVM 调用 taskOne 的 run()方法
        threadTwo.start(); // 同样地启动第二个线程

        // 主线程可以继续做其他事情
        System.out.println("主线程继续执行...");
    }
}
```

运行结果如图 12.4 所示。

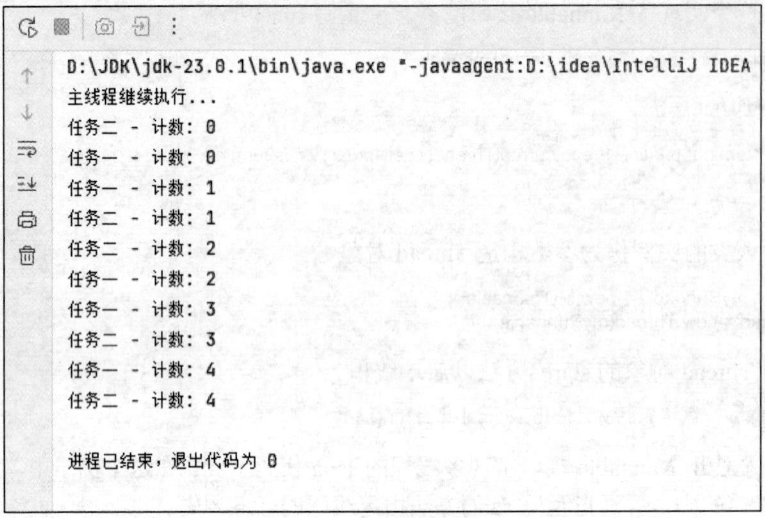

```
D:\JDK\jdk-23.0.1\bin\java.exe "-javaagent:D:\idea\IntelliJ IDEA
主线程继续执行...
任务二 - 计数: 0
任务一 - 计数: 0
任务一 - 计数: 1
任务二 - 计数: 1
任务二 - 计数: 2
任务一 - 计数: 2
任务一 - 计数: 3
任务二 - 计数: 3
任务一 - 计数: 4
任务二 - 计数: 4

进程已结束，退出代码为 0
```

图 12.4 实现 Runnable 接口代码示例运行结果

- MyRunnable 类实现了 Runnable 接口，并且必须提供 run()方法的具体实现。这个方法包含了一个简单的循环，它打印当前计数器值，并通过 Thread.sleep(1000)方法使当前线程暂停一秒。
- 在 main()方法中，创建了两个 MyRunnable 实例，并为每个实例创建了一个 Thread 对象。然后，调用了 start()方法来启动每个线程。这将导致 JVM 调用每个 MyRunnable 实例的 run()方法。
- Thread.sleep(1000)是用来模拟线程执行过程中的延迟，它会使当前线程暂停执行一段时间（以毫秒为单位）。如果在休眠期间线程被中断，则会抛出 InterruptedException 异常，因此需要捕获并处理这个异常。

12.3 线程的生命周期

线程生命周期是描述一个线程从创建到消亡的整个过程。这个周期可以被分为多个状态，这些状态代表了线程在其生命周期中的不同阶段。根据官方 API 文档，Java 线程的生命周期可以划分为以下五种状态。

（1）新建（New）：当一个线程对象被创建时，它处于新建状态。此时，线程对象已经存在，但是还没有调用 start()方法来启动线程。在这一状态下，JVM 并没有为该线程分配任何系统资源。

（2）就绪（Ready）：调用 start()方法后，线程进入就绪状态。这意味着线程可以参与 CPU 调度，但并不意味着线程立即开始执行。实际上，线程可能需要等待一段时间才能得到 CPU 时间片。

（3）运行（Running）：当就绪状态的线程获得了 CPU 时间片后，就开始执行线程的代码，此时线程处于运行状态。这是线程生命周期中最为活跃的阶段，线程在这个阶段完成其特定的任务。

（4）阻塞（Blocked）：线程在尝试阻塞式 IO、等待资源或获取同步锁时，会进入阻塞状态。例如，当一个线程试图进入一个已经被另一个线程占用的同步块，它会被放入阻塞队列，直到获得锁为止。

（5）终止（Terminated）：线程完成 run()方法的所有代码或异常结束时，都会进入终止状态。一旦进入此状态，线程将不再运行，并且它的资源会被 JVM 回收。

各状态之间的转换关系如图 12.5 所示。

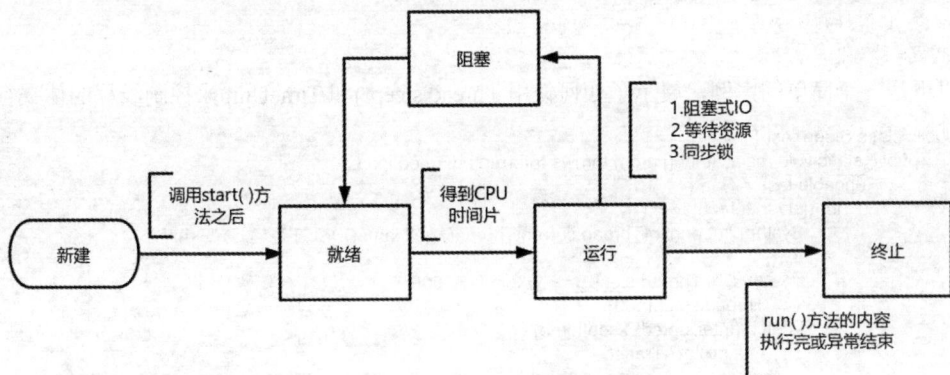

图 12.5　多线程生命周期的各种状态

12.4　操作线程的方法

12.4.1　线程的休眠

线程的休眠是指在多线程环境中，一个线程主动暂停执行一段时间的行为。在 Java 中，这通常是通过调用 Thread.sleep(long millis)方法实现的，该方法会使当前线程暂停执行指定的毫秒数，并释放 CPU 给其他线程使用。线程休眠主要用于以下几个方面。

- 控制执行顺序：当需要确保某些线程按特定顺序执行时，可以通过让某个线程休眠来等待另一个线程完成任务。
- 减少资源竞争：如果多个线程同时访问共享资源，频繁的竞争可能导致性能下降。通过适当的休眠，可以减少这种竞争。
- 模拟延迟：在测试或演示程序行为时，可能需要模拟网络延迟或其他耗时操作。
- 避免过度占用 CPU：有时为了避免线程过于频繁地检查某些条件（如轮询），可以引入短暂的休眠，降低 CPU 使用率。

Thread.sleep(long millis)是最常用的线程休眠方法，它接收一个以毫秒为单位的时间参数，使当前线程暂停执行这段时间。需要注意的是，这个方法可能会抛出 InterruptedException，因此通常需要捕获并处理该异常。sleep()方法的使用方法如下：

```
try {
    Thread.sleep(2000); // 让当前线程休眠 2 秒
} catch (InterruptedException e) {
    e.printStackTrace();
}
```

为了提高代码的可读性和可维护性，Java 提供了 java.util.concurrent.TimeUnit 枚举类，它提供

了一系列静态方法用于将时间转换成不同的单位并进行休眠。例如，TimeUnit.SECONDS.sleep(1)
表示让当前线程休眠 1 秒，这样的表达方式比直接使用毫秒更加直观。TimeUnit 枚举类使用方
法如下：

```java
import java.util.concurrent.TimeUnit;

public class SleepExample {
    public static void main(String[] args) throws InterruptedException {
        TimeUnit.SECONDS.sleep(1); // 使用 TimeUnit 让线程休眠 1 秒
    }
}
```

以下是一个简单的案例，展示了如何使用 Thread.sleep() 和 TimeUnit 来控制线程的休眠行为：

```java
public class SleepTest {
    public static void main(String[] args) throws InterruptedException {
        Runnable task = () -> {
            for (int i = 0; i < 5; i++) {
                System.out.println(Thread.currentThread().getName() + " 正在运行: " + i);
                try {
                    // 使用 Thread.sleep 让当前线程休眠 500 毫秒
                    Thread.sleep(500);
                } catch (InterruptedException e) {
                    e.printStackTrace();
                }
            }
        };

        // 创建两个线程并启动它们
        Thread threadA = new Thread(task, "线程 A");
        Thread threadB = new Thread(task, "线程 B");

        threadA.start();
        threadB.start();

        // 主线程休眠 2 秒后继续执行
        TimeUnit.SECONDS.sleep(2);
        System.out.println("主线程结束");
    }
}
```

运行结果如图 12.6 所示。

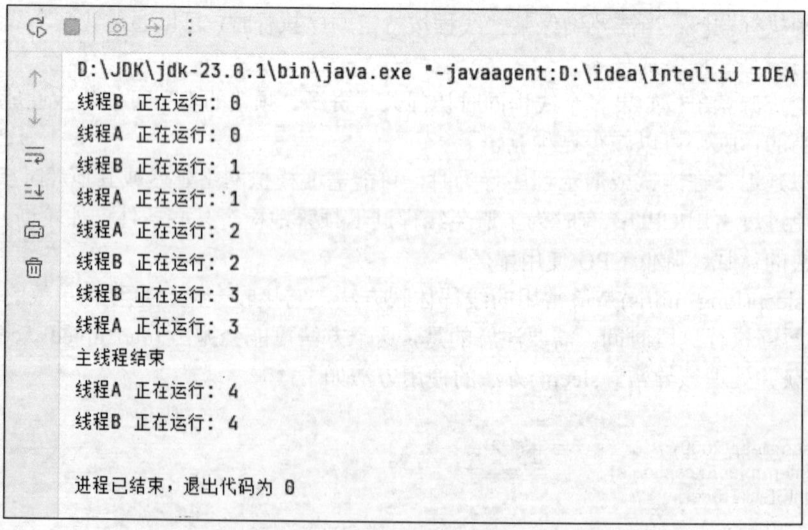

图 12.6　线程休眠示例运行结果

假设线程的调度使得 threadA 和 threadB 能均匀地获得 CPU 时间片，那么在大约 2 秒（也就是 4 次循环迭代，每次 500 毫秒）之后，两个线程将分别完成它们的第 4 次迭代。此时，主线程从休眠中恢复并打印"主线程结束"。与此同时，threadA 和 threadB 将继续执行最后一次迭代，打印出各自的第 5 条消息。

12.4.2　线程的加入

Thread 类提供的 join()方法允许一个线程等待另一个线程完成其执行。具体来说，当在线程 A 上调用 join()方法时，调用该方法的线程 A 将被阻塞，直到被调用 join()方法的线程 B 执行完毕。这可以确保某些线程在其他线程完成后才继续执行，从而实现线程间的同步。使用方法如下：

```
thread.join(); // 当前线程等待 thread 线程执行完毕
```

如果需要指定等待的最大时间，可以使用带参数的版本：

```
thread.join(1000); // 当前线程最多等待 thread 线程 1 秒
```

为了确保线程按预期顺序执行，可以在主线程或其他相关线程中调用目标线程的 join()方法。下面是一个简单的例子，展示了如何使用 join()来确保两个线程按照预定顺序完成任务。

```java
public class JoinExample {
    public static void main(String[] args) throws InterruptedException {
        Thread threadA = new Thread(() -> {
            System.out.println("线程 A 正在运行");
            try {
                Thread.sleep(2000); // 模拟工作
            } catch (InterruptedException e) {
                e.printStackTrace();
            }
            System.out.println("线程 A 完成");
        });

        Thread threadB = new Thread(() -> {
            System.out.println("线程 B 正在运行");
            try {
                Thread.sleep(1000); // 模拟工作
            } catch (InterruptedException e) {
                e.printStackTrace();
            }
            System.out.println("线程 B 完成");
        });

        threadA.start();
        threadB.start();

        // 确保主线程等待 threadA 和 threadB 都完成后才继续
        threadA.join();
        threadB.join();

        System.out.println("所有线程都完成了。");
    }
}
```

运行结果如图 12.7 所示。

join()方法可能会抛出 InterruptedException，这是因为当前线程在等待期间被中断了。处理这种情况的最佳实践是恢复中断状态，以便上层代码能够检测到中断并做出相应的反应。

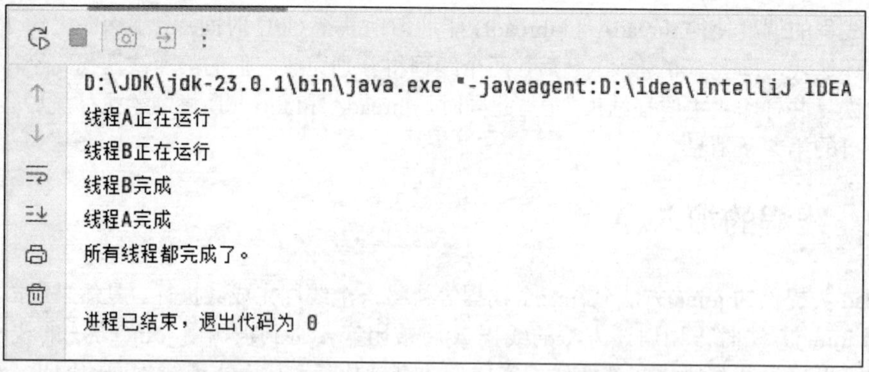

图 12.7 两个线程按照预定顺序完成任务的运行结果

```
try {
    threadA.join();
} catch (InterruptedException e) {
    // 恢复中断状态
    Thread.currentThread().interrupt();
    System.out.println("线程在等待另一个线程完成时被中断。");
}
```

12.4.3 线程的中断

线程中断是一种协作机制，它允许一个线程请求另一个线程停止其当前的工作。这种请求是通过设置目标线程的"中断状态"来实现的。当调用 Thread.interrupt()方法时，实际上是在目标线程上设置了这个标志位（即中断状态）。

- 中断状态：每个线程都有一个布尔类型的中断状态，可以通过 isInterrupted()方法检查该状态。
- 设置中断状态：通过调用 interrupt()方法可以将线程的中断状态设置为 true。
- 清除中断状态：如果线程因为调用了某些阻塞方法（如 wait()、join()或 sleep()）而抛出 InterruptedException 异常，则该异常被抛出前会自动清除中断状态（即将中断状态重置为 false）。如果需要保留中断状态，可以在捕获 InterruptedException 异常后再次调用 interrupt()方法。

为了使线程能够响应中断，通常需要在循环内部定期检查中断状态，并且在适当的地方处理 InterruptedException 异常。下面是一个简单的例子：

```
public class InterruptibleTask implements Runnable {
    @Override
    public void run() {
        try {
            while (!Thread.currentThread().isInterrupted()) {
                // 执行任务...
                System.out.println("工作中...");
                Thread.sleep(500); // 模拟工作
            }
        } catch (InterruptedException e) {
            // 处理中断
            Thread.currentThread().interrupt(); // 重新设置中断状态
            System.out.println("工作时被打断");
        }
        System.out.println("由于中断，任务正在结束。");
    }
```

```
public static void main(String[] args) throws InterruptedException {
    Thread taskThread = new Thread(new InterruptibleTask());
    taskThread.start();
    Thread.sleep(2000); // 主线程等待一段时间
    taskThread.interrupt(); // 发送中断信号给 taskThread
}
```

运行结果如图 12.8 所示。

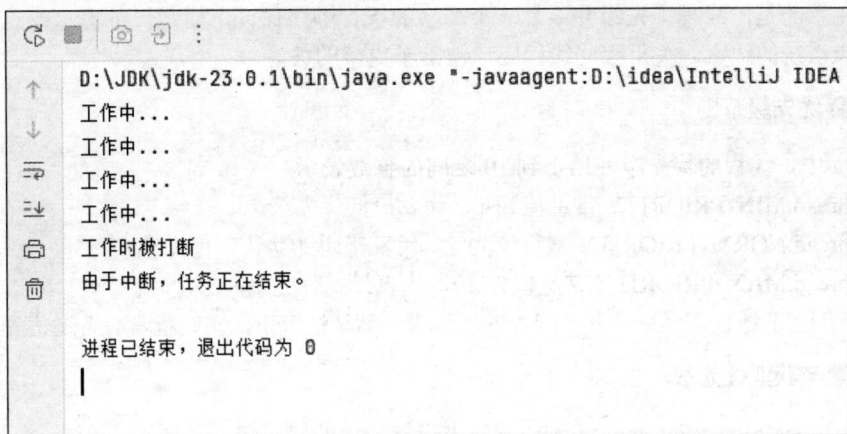

图 12.8 线程的中断代码示例运行结果

（1）类和方法。

- InterruptibleTask 类实现了 Runnable 接口，并重写了 run()方法。
- 在 run()方法中，通过一个 while 循环不断地检查当前线程是否被中断（!Thread.currentThread().isInterrupted()）。只要线程没有被中断，就会执行任务（这里简化为打印"工作中..."）并调用 Thread.sleep(500)模拟工作过程中的等待。

（2）中断处理。

- 如果在 Thread.sleep(500)期间发出了中断信号，会抛出 InterruptedException 异常，跳出当前的 try 语句块。
- 在捕获到 InterruptedException 时，首先通过 Thread.currentThread().interrupt();重新设置线程的中断状态，这是因为当 InterruptedException 被抛出时，原来的中断状态会被清除。这一步骤对于确保外部能够正确检测到中断状态非常重要。
- 然后打印一条消息"工作时被打断"。

（3）结束任务。

- 无论循环是因为中断而退出，还是因为异常处理而退出，最终都会打印"由于中断，任务正在结束。"来表明任务因中断而终止。

（4）主函数。

- 在 main 方法中，首先创建了一个新的线程 taskThread，并将其实例化为 InterruptibleTask 对象。
- 调用 taskThread.start()启动新线程，使 InterruptibleTask 的 run()方法得以执行。
- 主线程接着调用 Thread.sleep(2000)，会暂停执行 2 秒，给 taskThread 足够的时间循环运行其任务多次。
- 2 秒之后，主线程调用 taskThread.interrupt()向 taskThread 发送一个中断信号，尝试中断该线程的工作。

12.5　线程的优先级

线程优先级是一个用于指示线程重要性的整数值，它影响线程调度器分配 CPU 时间的决策。需要注意的是，线程优先级并不是一个严格的执行顺序保证，而是一种提示或建议给 JVM 和底层操作系统的线索，关于哪些线程应该被给予更多的关注。

1. 线程优先级范围

在 Java 中，线程的优先级使用 1 到 10 之间的整数表示。
- Thread.MIN_PRIORITY 常量值为 1，代表最低优先级。
- Thread.NORM_PRIORITY 常量值为 5，代表普通（默认）优先级。
- Thread.MAX_PRIORITY 常量值为 10，代表最高优先级。

每个新创建的线程都会继承其父线程的优先级，默认情况下，主线程具有普通优先级，即 5。

2. 设置与获取优先级

可以通过 setPriority(int newPriority)方法来设置线程的优先级，并通过 getPriority()方法来查询当前线程的优先级。示例代码如下：

```
Thread thread = new Thread(new MyRunnable());
thread.setPriority(Thread.MAX_PRIORITY); // 设置为最高优先级
System.out.println("Current priority: " + thread.getPriority()); // 获取并打印优先级
```

3. 线程优先级的影响

虽然高优先级的线程理论上更有可能获得更多的 CPU 时间，但这并不意味着它们总是会先于低优先级线程执行。实际上，这取决于操作系统的线程调度策略以及 JVM 的具体实现。有些操作系统可能会忽略 Java 线程的优先级设定。

12.6　线 程 同 步

在单线程程序中，每次只能做一件事情，后面的事情需要等待前面的事情完成后才可以进行。当涉及多任务处理时，尤其是这些任务可能需要访问共享资源（如内存、文件等）时，就进入了多线程编程的领域。而在这个领域中，确保数据一致性和正确性的关键概念之一就是线程同步。

12.6.1　线程安全

线程安全是指在多线程环境中，当多个线程同时访问共享资源时，程序能够确保数据的一致性和完整性，避免出现竞态条件（race condition）、死锁（deadlock）等并发问题。下面以银行账户转账系统为例，来讲解如何确保在多线程环境下对共享资源进行安全访问。

假设有一个简单的银行账户类 BankAccount，它包含一个方法 transferTo 用于从一个账户向另一个账户转账。如果两个线程同时尝试从同一个账户转出资金到不同的账户，并且没有适当的同步机制，可能会发生以下情况。

（1）账户 A 当前余额为 500 元。

（2）线程 1 准备从账户 A 转账 300 元到账户 B。

（3）线程 2 准备从账户 A 转账 400 元到账户 C。

（4）如果没有同步控制，线程 1 和线程 2 可能几乎同时读取到账户 A 的余额为 500 元，并各自计算转账扣除的金额（分别为 300 元和 400 元）。

（5）结果是账户 A 的余额被错误地减少到了 -200 元，这显然是不正确的。

下面是一个未考虑线程安全的简单银行账户转账代码实现。

```java
class BankAccount {
    private double balance; // 账户余额

    public BankAccount(double balance) {
        this.balance = balance;
    }

    // 从当前账户向目标账户转账
    public void transferTo(BankAccount targetAccount, double amount, String sourceAccountName,
String targetAccountName) {
        if (this.balance >= amount) { // 检查是否有足够的余额
            try {
                Thread.sleep(100); // 模拟转账过程中的延迟
            } catch (InterruptedException e) {
                Thread.currentThread().interrupt();
            }
            this.balance -= amount; // 减少当前账户余额
            targetAccount.deposit(amount); // 增加目标账户余额
            System.out.printf("转账 %.2f 元: 从账户%s 到账户%s\n", amount, sourceAccountName,
targetAccountName);
        } else {
            System.out.println("余额不足，无法完成转账");
        }
    }

    // 存款方法
    private synchronized void deposit(double amount) {
        this.balance += amount;
    }

    // 获取账户余额
    public double getBalance() {
        return this.balance;
    }
}

// 主类用于测试
class Main {
    public static void main(String[] args) {
        final BankAccount accountA = new BankAccount(500);
        final BankAccount accountB = new BankAccount(0);
        final BankAccount accountC = new BankAccount(0);

        Thread thread1 = new Thread(() -> {
            accountA.transferTo(accountB, 300, "A", "B");
        });

        Thread thread2 = new Thread(() -> {
            accountA.transferTo(accountC, 400, "A", "C");
        });

        thread1.start();
        thread2.start();

        try {
```

```
                        thread1.join();
                        thread2.join();
            } catch (InterruptedException e) {
                        e.printStackTrace();
            }

            System.out.println("最终账户 A 余额：" + accountA.getBalance());
            System.out.println("最终账户 B 余额：" + accountB.getBalance());
            System.out.println("最终账户 C 余额：" + accountC.getBalance());
    }
}
```

运行结果如图 12.9 所示。

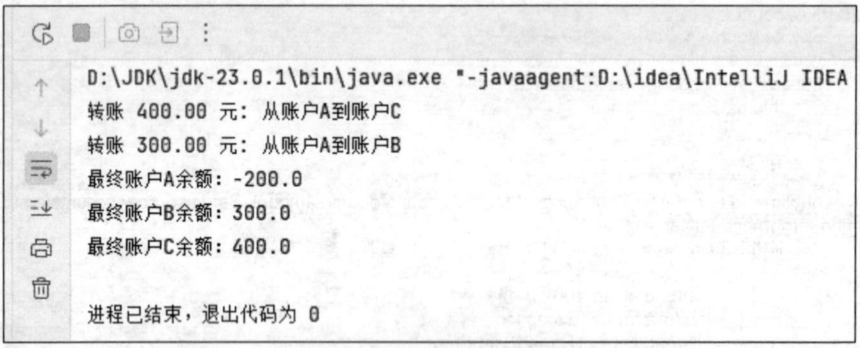

```
D:\JDK\jdk-23.0.1\bin\java.exe "-javaagent:D:\idea\IntelliJ IDEA
转账 400.00 元：从账户A到账户C
转账 300.00 元：从账户A到账户B
最终账户A余额：-200.0
最终账户B余额：300.0
最终账户C余额：400.0

进程已结束，退出代码为 0
```

图 12.9　未考虑线程安全的代码示例运行结果

在这个例子中，transferTo()方法不是线程安全的，因为它允许并发线程同时修改 balance 变量，可能导致数据不一致的问题。

12.6.2　线程同步机制

为了防止数据不一致问题的发生，需要使用同步机制来保证对共享资源的访问是互斥的。Java 提供了多种方式来实现这一点，比如使用 synchronized 关键字或者显式锁（如 ReentrantLock）。这里将使用 synchronized 关键字来修正这个问题。

synchronized 是 Java 中用于控制多线程对共享资源的访问的关键字。它可以用来修饰方法或者代码块，确保同一时刻只有一个线程能够执行被 synchronized 保护的代码段。

1. synchronized 方法

当一个方法被声明为 synchronized 时，意味着这个方法在同一时间只能由一个线程执行。如果两个线程尝试同时调用同一个对象上的不同 synchronized 方法，第二个线程将不得不等待第一个线程完成并释放锁。

```
public synchronized void method() {
    // 受保护的代码
}
```

以下是使用 synchronized 方法修正后的代码：

```
class BankAccount {
        private double balance; // 账户余额

        public BankAccount(double balance) {
                this.balance = balance;
        }
```

```
        // 从当前账户向目标账户转账
        public   synchronized void transferTo(BankAccount targetAccount, double amount, String
sourceAccountName, String targetAccountName) {
            if (this.balance >= amount) { // 检查是否有足够的余额
                try {
                    Thread.sleep(100); // 模拟转账过程中的延迟
                } catch (InterruptedException e) {
                    Thread.currentThread().interrupt();
                }
                this.balance -= amount; // 减少当前账户余额
                targetAccount.deposit(amount); // 增加目标账户余额
                System.out.printf("转账  %.2f 元: 从账户%s 到账户%s\n", amount, sourceAccountName,
targetAccountName);
            } else {
                System.out.println("余额不足，无法完成转账");
            }
        }

        // 存款方法
        private synchronized void deposit(double amount) {
            this.balance += amount;
        }

        // 获取账户余额
        public double getBalance() {
            return this.balance;
        }
    }

// 主类用于测试
  class Main {
    public static void main(String[] args) {
        final BankAccount accountA = new BankAccount(500);
        final BankAccount accountB = new BankAccount(0);
        final BankAccount accountC = new BankAccount(0);

        Thread thread1 = new Thread(() -> {
            accountA.transferTo(accountB, 300, "A", "B");
        });

        Thread thread2 = new Thread(() -> {
            accountA.transferTo(accountC, 400, "A", "C");
        });

        thread1.start();
        thread2.start();

        try {
            thread1.join();
            thread2.join();
        } catch (InterruptedException e) {
            e.printStackTrace();
        }

        System.out.println("最终账户 A 余额： " + accountA.getBalance());
        System.out.println("最终账户 B 余额： " + accountB.getBalance());
        System.out.println("最终账户 C 余额： " + accountC.getBalance());
    }
}
```

运行结果如图 12.10 所示。

2. synchronized 代码块

有时可能只需要锁定小部分代码而不是整个方法。这时可以使用同步代码块来减小锁的粒度，从而提高性能。同步代码块需要指定一个对象作为锁的对象监视器。

```
D:\JDK\jdk-23.0.1\bin\java.exe "-javaagent:D:\idea\IntelliJ IDEA
转账 300.00 元：从账户A到账户B
余额不足，无法完成转账
最终账户A余额：200.0
最终账户B余额：300.0
最终账户C余额：0.0

进程已结束，退出代码为 0
```

图 12.10　使用 synchronized 方法修正后的代码的运行结果

```
synchronized (lockObject) {
    // 受保护的代码
}
```

以下是使用 synchronized 代码块修正后的代码。

```java
class BankAccount {
    private double balance; // 账户余额

    public BankAccount(double balance) {
        this.balance = balance;
    }

    // 从当前账户向目标账户转账
    public void transferTo(BankAccount targetAccount, double amount, String sourceAccountName,
String targetAccountName) {
        synchronized (this) { // 锁定当前对象
            if (this.balance >= amount) { // 检查是否有足够的余额
                try {
                    Thread.sleep(100); // 模拟转账过程中的延迟
                } catch (InterruptedException e) {
                    Thread.currentThread().interrupt();
                }
                this.balance -= amount; // 减少当前账户余额
                targetAccount.deposit(amount); // 增加目标账户余额
                System.out.printf("转账 %.2f 元：从账户%s 到账户%s\n", amount, sourceAccountName,
targetAccountName);
            } else {
                System.out.println("余额不足，无法完成转账");
            }
        }
    }
    // 存款方法
    private synchronized void deposit(double amount) {
        this.balance += amount;
    }

    // 获取账户余额
    public double getBalance() {
        return this.balance;
    }
}

// 主类用于测试
class Main {
    public static void main(String[] args) {
        final BankAccount accountA = new BankAccount(500);
        final BankAccount accountB = new BankAccount(0);
        final BankAccount accountC = new BankAccount(0);

        Thread thread1 = new Thread(() -> {
```

```
            accountA.transferTo(accountB, 300, "A", "B");
        });

        Thread thread2 = new Thread(() -> {
            accountA.transferTo(accountC, 400, "A", "C");
        });


        thread1.start();
        thread2.start();

        try {
            thread1.join();
            thread2.join();
        } catch (InterruptedException e) {
            e.printStackTrace();
        }

        System.out.println("最终账户 A 余额: " + accountA.getBalance());
        System.out.println("最终账户 B 余额: " + accountB.getBalance());
        System.out.println("最终账户 C 余额: " + accountC.getBalance());
    }
}
```

运行结果如图 12.11 所示。

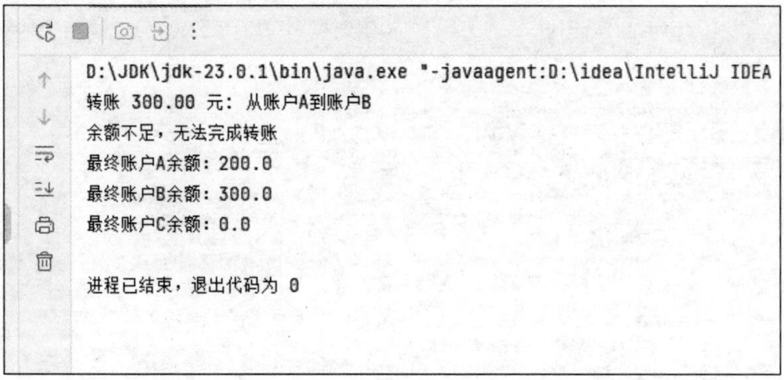

```
C  ■ ▣ ⊡ :
↑    D:\JDK\jdk-23.0.1\bin\java.exe "-javaagent:D:\idea\IntelliJ IDEA
↓    转账 300.00 元: 从账户A到账户B
⇥    余额不足，无法完成转账
↧    最终账户A余额: 200.0
🖶    最终账户B余额: 300.0
🗑    最终账户C余额: 0.0


     进程已结束，退出代码为 0
```

图 12.11 使用 synchronized 代码块修正后的代码的运行结果

12.7 文心快码智能辅助

为了展示如何使用文心快码辅助完成一个多线程案例，可以设想一个简单的任务：从一个大型列表中筛选出所有偶数，并将它们打印出来。考虑到列表可能非常大，希望通过多线程来加速这个过程。

1. 案例描述

假设有一个包含大量整数的列表，目标是找出所有的偶数并打印出来。将使用 Java 中的 ExecutorService 和 Callable 接口来创建多个线程，每个线程负责处理列表的一部分。同时，将利用文心快码帮助快速编写和优化代码。

2. 实现步骤

（1）定义需求。首先，在开始编码之前，应该明确地定义需求。例如，可以这样注释：

```
// 需求：从一个大型列表中筛选出所有偶数，并使用多线程加速处理。
// 1. 创建一个包含 1000 个整数的列表。
// 2. 使用多线程技术对列表进行分割处理。
// 3. 每个线程负责检查其分配到的部分，并找出所有偶数。// 4. 将结果合并并打印出来。
```

（2）利用文心快码生成代码。接下来，可以根据上述注释，逐步实现功能。如果使用了文心快码，它可能会提示如图 12.12 所示的代码片段或类似的建议。

```java
import java.util.ArrayList;
import java.util.Arrays;
import java.util.List;
import java.util.concurrent.ExecutorService;
import java.util.concurrent.Executors;
import java.util.concurrent.TimeUnit;

public class Demo {  0 个用法
    // 需求：从一个大型列表中筛选出所有偶数，并使用多线程加速处理。
    // 1. 创建一个包含1000个整数的列表。
    // 2. 使用多线程技术对列表进行分割处理。
    // 3. 每个线程负责检查其分配到的部分，并找出所有偶数。
    // 4. 将结果合并并打印出来。
    public static void main(String[] args) throws InterruptedException {        Ctrl + ↓ 逐行采纳
        List<Integer> numbers = new ArrayList<>();
        for (int i = 0; i < 1000; i++) {
            numbers.add(i);
        }

        ExecutorService executorService = Executors.newFixedThreadPool(4); // 使用固定大小的线程池，这里设置为4个线程

        // 将列表分割成多个部分，每个部分由一个线程处理。
        final int numThreads = 4;
        final int partSize = numbers.size() / numThreads;
        for (int i = 0; i < numThreads; i++) {
            final List<Integer> sublist = numbers.sublist(i * partSize, Math.min((i + 1) * partSize, numbers.size()));
            executorService.submit(() -> {
                List<Integer> evenNumbers = new ArrayList<>();
                for (Integer number : sublist) {
                    if (number % 2 == 0) {
                        evenNumbers.add(number);
                    }
                    System.out.println("Thread "
                        + Thread.currentThread().getId()
                        + " found even numbers: " + Arrays.toString(evenNumbers.toArray()));
                });
            }

            executorService.shutdown(); // 关闭线程池，不再接受新的任务。
            executorService.awaitTermination(1, TimeUnit.MINUTES); // 等待所有已提交的任务完成
    }
}
```

图 12.12　文心快码根据注释智能推荐

（3）优化与调试。文心快码直接生成的代码不一定符合预期，可以进行优化与调试。第二步给出的代码运行之后，发现没有将结果合并打印，而是分开打印，如图 12.13 所示。

```
D:\JDK\jdk-23.0.1\bin\java.exe "-javaagent:D:\idea\IntelliJ IDEA Community Edition 2024.3.1\lib\idea_rt.jar=52355:D:\idea\IntelliJ IDEA
Thread pool-1-thread-1 found even numbers: [0, 2, 4, 6, 8, 10, 12, 14, 16, 18, 20, 22, 24, 26, 28, 30, 32, 34, 36, 38, 40, 42, 44, 46, 4
Thread pool-1-thread-4 found even numbers: [750, 752, 754, 756, 758, 760, 762, 764, 766, 768, 770, 772, 774, 776, 778, 780, 782, 784, 78
Thread pool-1-thread-2 found even numbers: [250, 252, 254, 256, 258, 260, 262, 264, 266, 268, 270, 272, 274, 276, 278, 280, 282, 284, 28
Thread pool-1-thread-3 found even numbers: [500, 502, 504, 506, 508, 510, 512, 514, 516, 518, 520, 522, 524, 526, 528, 530, 532, 534, 53

进程已结束，退出代码为 0
```

图 12.13　文心快码智能推荐代码的运行结果

此时可以选中代码，单击文心快码图标进行提问，如图 12.14 所示。

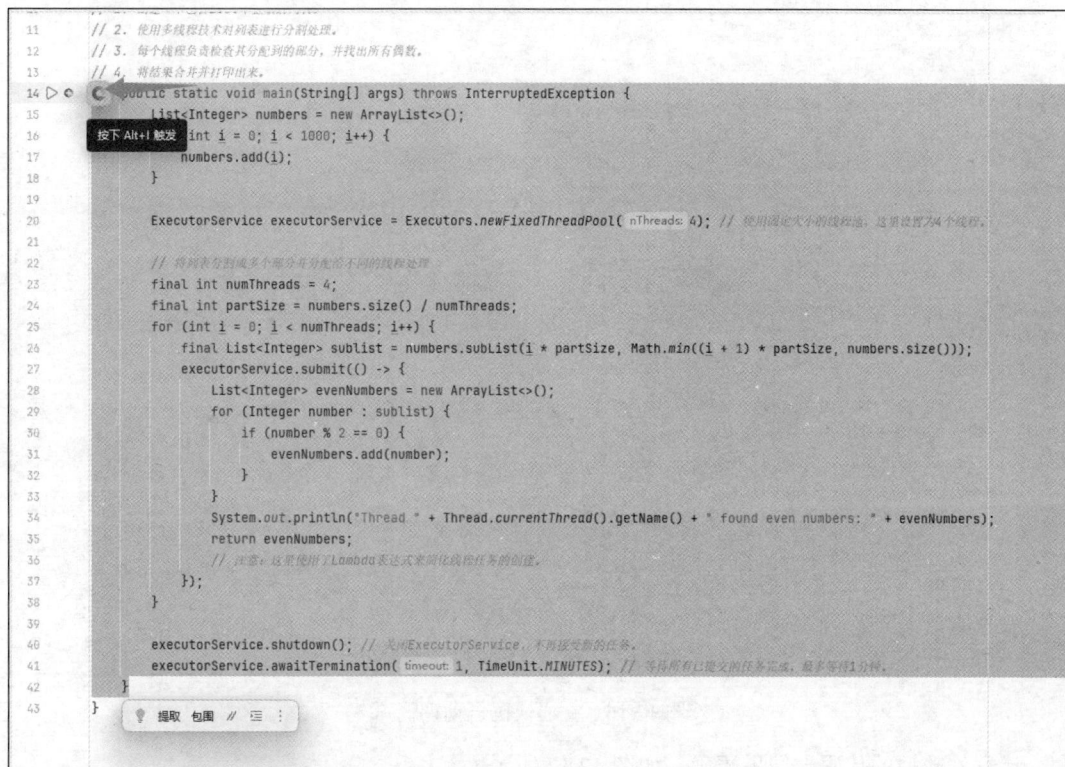

图 12.14　文心快码的代码调优

单击后弹出对话框，可以在对话框中提问，如图 12.15 所示。

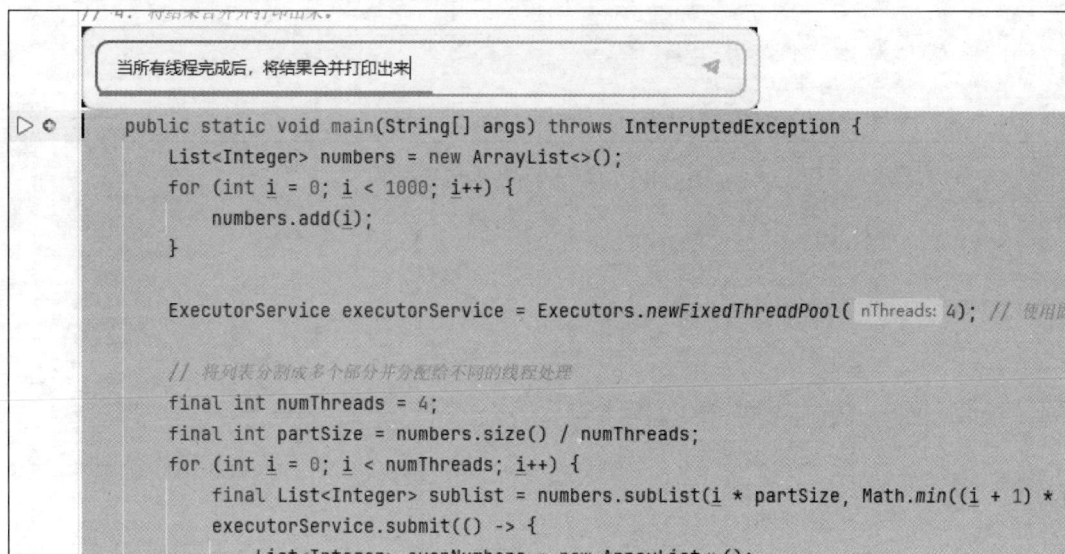

图 12.15　向文心快码提问

随后文心快码会自动检查每行代码，并直接在代码上修改，如图 12.16 所示。

```
Accept (Alt+A)    Undo (Alt+X)    Diff (Alt+D)
15 ▷ ⚙   public static void main(String[] args) throws InterruptedException, ExecutionException {
16           List<Integer> numbers = new ArrayList<>();
17           for (int i = 0; i < 1000; i++) {
18               numbers.add(i);
19           }
20
21           ExecutorService executorService = Executors.newFixedThreadPool( nThreads: 4); // 使用固定大小的线程池，这里设置为4个线程。
22
23           // 将列表分割成多个部分，每个部分由一个线程处理。
24           final int numThreads = 4;
25           final int partSize = numbers.size() / numThreads;
26           List<List<Integer>> allResults = new ArrayList<>();
27           for (int i = 0; i < numThreads; i++) {
28               final List<Integer> sublist = numbers.subList(i * partSize, Math.min((i + 1) * partSize, numbers.size()));
29               allResults.add(executorService.submit(() -> {
30                   List<Integer> evenNumbers = new ArrayList<>();
31                   for (Integer number : sublist) {
32                       if (number % 2 == 0) {
33                           evenNumbers.add(number);
34                       }
35                   }
36                   return evenNumbers;
37               }).get()); // 阻塞当前线程直到获取结果
38           }
39
40           executorService.shutdown(); // 关闭线程池，不再接受新的任务。
41           executorService.awaitTermination( timeout: 1, TimeUnit.MINUTES); // 等待所有已提交的任务完成。
42
43           // 合并结果并打印
44           List<Integer> combinedResults = new ArrayList<>();
45           for (List<Integer> result : allResults) {
46               combinedResults.addAll(result);
47           }
48           System.out.println("Combined even numbers: " + Arrays.toString(combinedResults.toArray()));
```

图 12.16　文心快码自动调优

运行修改后的代码，结果正确，如图 12.17 所示。

```
运行    □ Demo ×                                                                                    ⋮  —

C↻ ▣ ⋮
↑    D:\JDK\jdk-23.0.1\bin\java.exe "-javaagent:D:\idea\IntelliJ IDEA Community Edition 2024.3.1\lib\idea_rt.jar=52056:D:\idea\IntelliJ IDEA Commun
↓    Combined even numbers: [0, 2, 4, 6, 8, 10, 12, 14, 16, 18, 20, 22, 24, 26, 28, 30, 32, 34, 36, 38, 40, 42, 44, 46, 48, 50, 52, 54, 56, 58, 60,
⇥
≡    进程已结束，退出代码为 0
↕
🖨
🗑
```

图 12.17　案例调优后的运行结果

第13章 数据库编程

数据库系统由数据库、数据库管理系统、应用系统以及数据库管理员构成。数据库管理系统（DBMS）是数据库系统的核心组件，它涵盖了数据库的定义、数据查询、数据维护等关键功能。作为连接数据库与应用程序的重要桥梁，Java 数据库连接（Java database connectivity，JDBC）对于学习 Java 语言的人来说至关重要。开发一款应用程序时，通常需要使用服务器库来保存数据，通过运用 JDBC 技术，开发者能够高效地访问和操作数据库，实现查找满足特定条件的记录、向数据库中添加新数据、修改现有数据或删除数据等功能。本章旨在向读者介绍如何利用 Java 语言进行数据库编程。本章知识架构如下。

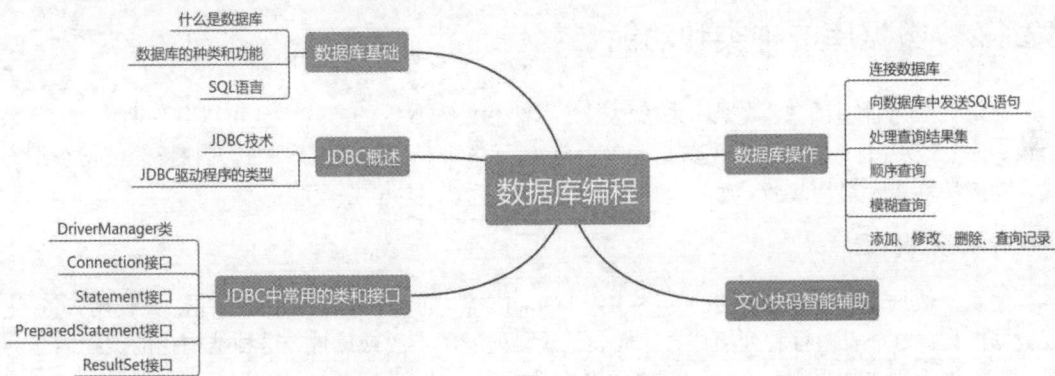

13.1 数据库基础

13.1.1 什么是数据库

数据库是按照数据结构来组织、存储和管理数据的仓库。每个数据库都有一个或多个独特的应用程序接口（API），用于创建、访问、管理和搜索其中的数据。这些数据通常以表格形式存在（在关系型数据库中），但也可以采用其他形式，如文档、键值对或图形结构（在非关系型数据库中）。DBMS 提供了一个中间层，确保用户和应用程序可以通过标准的方法与数据库进行交互。数据库具有以下作用。

- 数据持久化：数据库的一个核心功能是实现数据的持久化存储。这意味着即使应用程序关闭或系统崩溃，数据也不会丢失。例如，在线购物网站需要保存用户的订单信息、商品详情等数据，以便随时检索和处理。如果这些数据仅存储在内存中而不使用数据库进行持久化，一旦服务器重启或发生故障，所有未保存的数据都将消失。
- 信息检索：数据库允许高效的信息检索。通过 SQL 查询或其他查询语言，可以从大量数据中快速找到所需的信息。比如，图书馆管理系统需要根据作者名、书名或者出版年份等条件查找特定书籍的信息。利用数据库强大的查询功能，可以迅速定位所需的记录，极大地提高了工作效率。
- 事务管理：另一个重要作用是支持事务管理。事务是一组逻辑操作单元，必须全部执行成功或全部不执行，以保证数据的一致性和完整性。考虑银行转账操作，从一个账户扣款并同时向另一个账户存款的过程就是一个典型的事务。如果在这两个步骤之间出现了错误（如网络中断），良好的事务管理机制能够确保资金不会凭空消失或重复出现，维持了财务数据的准确性和一致性。

在现代应用程序中，数据库的重要性体现在支持大规模数据处理、确保数据完整性和安全性等方面。随着互联网的发展，应用程序生成的数据量正以指数级增长。得益于数据库技术的进步，使得处理 PB 级别的数据成为可能，这为大数据分析提供了基础。此外，通过实施严格的权限控制和加密措施，数据库还能有效保护敏感信息免受未经授权的访问，确保数据的安全性。

例如，像抖音这样的社交媒体平台每天都会产生海量的用户互动数据，包括点赞、评论、分享等。借助高效的数据库解决方案，抖音不仅能管理这些庞大的数据流，还可以确保每位用户的隐私得到妥善保护，并且当用户希望回顾过去的互动时，能够快速准确地检索到相关信息。

13.1.2　数据库的种类和功能

在现代数据管理领域，数据库系统根据其存储和处理数据的方式大致可以分为两大类：关系型数据库（RDBMS）和非关系型数据库（NoSQL）。每种类型的数据库都有其独特的数据组织方式、功能特性以及适用场景。

1. 关系型数据库

关系型数据库如 MySQL、PostgreSQL 和 Oracle 等，通过表格形式存储数据，并使用 SQL 进行数据操作。每个表由行和列组成，行代表记录，列表示字段或属性。这种结构化的数据表示方式使得数据管理更加直观和易于理解。关系型数据库的功能特性如下。

- 事务支持：提供完整的 ACID（原子性、一致性、隔离性、持久性）事务支持，确保数据的一致性和完整性。
- 索引机制：支持多种类型的索引，比如 B 树索引，以加快查询速度。
- 查询优化：内置的查询优化器可以自动选择最优执行计划，提高查询效率。

例如，在一个电子商务平台中，订单信息、客户资料和产品详情都可以被组织成不同的表。当需要生成客户的购买历史时，可以通过 JOIN 操作轻松地从不同表中获取相关信息。

2. 非关系型数据库

非关系型数据库如 MongoDB、Cassandra 和 Redis 等，提供了更灵活的数据模型，适合处理大量非结构化或半结构化数据。这类数据库包括文档数据库、键值对存储、宽列存储和图形数据库等多种形式。非关系型数据库的功能特性如下。

- 灵活性：能够存储复杂的数据结构，无须预定义模式，非常适合快速变化的需求。
- 扩展性：通常设计为水平扩展，可以很容易地添加更多服务器来增加容量。
- 高可用性：许多 NoSQL 数据库设计了强大的复制和分区策略，确保了系统的高可用性和容错能力。

例如，社交媒体应用 Instagram 会使用 MongoDB 来存储用户上传的照片元数据，因为每张照片可能关联不同数量的标签、评论和点赞数，这些数据结构并不固定，使用 NoSQL 数据库可以更方便地适应这种多样性。

3. 对比分析

这两种数据库各有优势，适用于不同类型的应用场景。它们的主要特点对比如表 13.1 所示。

表 13.1　关系型数据库与非关系型数据库对比

特性	关系型数据库	非关系型数据库
数据模型	固定的表格形式，需预先定义模式	灵活多变，支持文档、键值、宽列和图模型
事务支持	强调 ACID 特性，适用于金融交易等场景	多数支持 BASE 原则，更适合实时处理大规模数据
扩展性	垂直扩展为主，扩展成本较高	水平扩展能力强，适合分布式环境
查询语言	使用标准化的 SQL	各有其特定的查询语言

13.1.3　SQL 语言

结构化查询语言（structured query language，SQL）是用于与数据库进行通信的标准语言。它允许用户执行各种数据库操作，包括但不限于数据的插入、更新、删除以及查询。SQL 通常分为几个主要部分，每个部分负责数据库管理的不同方面。以下是 SQL 的主要组成部分。

（1）数据定义语言（data definition language，DDL）。
● 用于定义或更改数据库结构，包括创建、修改和删除数据库对象，如表、视图、索引等。
● 常用命令有 CREATE（创建）、ALTER（修改）、DROP（删除）、TRUNCATE（清空表中的数据但保留表结构）。
（2）数据操作语言（data manipulation language，DML）。
● 用于添加、更新、删除和查询数据库中的数据。
● 常见命令包括 INSERT（插入新记录）、UPDATE（更新现有记录）、DELETE（删除记录）以及 SELECT（查询数据）。
（3）数据控制语言（data control language，DCL）。
● 控制对数据库及其对象的访问权限。
● 主要命令有 GRANT（授予权限）和 REVOKE（撤销权限）。
（4）事务控制语言（transaction control language，TCL）。
● 管理数据库中的事务，确保 ACID 属性。
● 命令包括 COMMIT（提交事务）、ROLLBACK（回滚事务）以及 SAVEPOINT（设置保存点以便于部分回滚）。
（5）指针控制语言（cursor control language，CCL）。
● 负责控制游标的操作，游标允许程序对查询结果集进行逐行处理。
● 相关命令可能包括 DECLARE CURSOR、FETCH INTO 和 UPDATE WHERE CURRENT 等。
（6）数据查询语言（data query language，DQL）。
● 尽管有时它被认为是 DML 的一部分，但在某些上下文中，查询功能被视为独立的部分。
● 主要由 SELECT 语句组成，用于从数据库中检索数据。
在应用程序中使用最多的就是数据操作语言，它也是最常用的核心 SQL 语言。下面对数据操作语言进行简单的介绍。
（1）SELECT 语句。
使用 SELECT 语句从数据表中检索指定字段列表的数据，并可以添加条件来筛选特定记录。语法如下：

```
SELECT 所选字段列表 FROM 数据表名 WHERE 条件;
```

假设要查找所有年龄大于 20 岁的用户的姓名和邮箱：

```
SELECT name, email FROM users WHERE age > 20;
```

（2）INSERT INTO 语句。

使用 INSERT INTO 向指定的数据表插入新的记录，需要指定列名和对应的值列表。语法如下：

```
INSERT INTO 数据表名 (列 1, 列 2, ...) VALUES (值 1, 值 2, ...);
```

假设添加一位新用户的信息：

```
INSERT INTO users (name, email, age) VALUES ('张三', 'zhangsan@example.com', 25);
```

（3）UPDATE 语句。

使用 UPDATE 更新数据表中的记录，通过 SET 关键字设置新的值，并且通常需要 WHERE 子句来限定更新的行。语法如下：

```
UPDATE 数据表名 SET 列 1 = 新值 1, 列 2 = 新值 2, ... WHERE 条件;
```

假设更新某位用户的邮箱地址：

```
UPDATE users SET email = 'new.email@example.com' WHERE id = 1;
```

（4）DELETE 语句。

使用 DELETE FROM 删除数据表中满足条件的记录。为了安全起见，通常需要包含 WHERE 子句来限定删除的具体行。语法如下：

```
DELETE FROM 数据表名 WHERE 条件;
```

假设删除特定用户的信息：

```
DELETE FROM users WHERE id = 1;
```

13.2 JDBC 概述

13.2.1 JDBC 技术

JDBC 是 Java 语言中用来规范客户端程序访问数据库的应用程序接口。它提供了一组标准的 API，使得开发者可以使用统一的方式与不同类型的数据库进行交互。通过 JDBC，Java 应用程序能够连接各种 RDBMS，如 MySQL、Oracle、SQL Server 等，并执行 SQL 语句来操作数据。使用 JDBC 技术访问数据库主要有以下几个步骤。

（1）导入必要的包或依赖。

（2）注册 JDBC 驱动程序。

（3）建立与数据库的连接。

（4）创建 SQL 语句对象并执行查询或更新。

（5）处理查询结果。

（6）关闭资源（如 ResultSet、Statement 和 Connection）以释放数据库连接。

JDBC 并不能直接访问数据库，必须依赖于数据库厂商提供的 JDBC 驱动程序。下面详细介绍 JDBC 驱动程序的分类。

13.2.2　JDBC 驱动程序的类型

　　JDBC 的总体结构由四个组件组成，分别是应用程序、驱动程序管理器、驱动程序和数据源。
JDBC 驱动程序基本上分为以下四种。

- JDBC-ODBC 桥接驱动程序：这类驱动程序通过将 JDBC 调用转换为 ODBC 调用来实现
  数据库访问。这种方式主要适用于仅支持 ODBC 接口的旧系统或数据库，但由于它依赖
  于本地的 ODBC 驱动程序，并且在每次调用时都需要进行额外的转换步骤，因此性能较
  差，通常不推荐用于新项目中。
- 本地 API 部分 Java 驱动程序：这种类型的驱动程序需要在客户端安装特定数据库的本
  地库，然后将 JDBC 调用转换为这些本地库的调用。虽然这样可以提供较好的性能，但
  由于依赖于特定平台的本地代码，限制了其跨平台的能力，并且增加了部署的复杂性。
- 网络协议纯 Java 驱动程序：这类驱动程序将 JDBC 调用转换成独立于任何 DBMS 的网
  络协议命令，然后发送给中间服务器，该服务器再与数据库通信。这种方式提高了应用
  的跨平台能力，因为整个过程都是基于 Java 编写的，不需要在客户端安装额外的软件。
  然而，由于引入了额外的中间层，可能会带来一定的性能开销。
- 本地协议纯 Java 驱动程序：这是最常用的驱动程序类型之一，它直接将 JDBC 调用转换
  为特定数据库的网络协议命令，不需任何中间件。因其完全基于 Java 实现，具有良好的
  跨平台兼容性，并且可以直接与数据库服务器通信，提供了较高的性能和安全性。

　　选择哪种类型的 JDBC 驱动程序取决于项目的具体需求。例如，对于追求最高性能的应用来
说，第四种驱动程序通常是最佳选择；而对于需要连接多种不同类型的数据库或者希望简化客户
端部署的情况，第三种驱动程序可能更加合适。同时，在选择驱动程序时还应考虑驱动程序的稳
定性、厂商的支持程度等因素，以确保长期维护和支持。

13.3　JDBC 中常用的类和接口

13.3.1　DriverManager 类

　　DriverManager 是 JDBC API 中的一个核心类，它作为用户与数据库驱动程序之间的桥梁，
主要负责管理可用的 JDBC 驱动程序，并在应用程序请求时建立与数据库的连接。通过
DriverManager，开发者可以方便地加载所需的驱动程序并获取数据库连接，而无须直接与底层
驱动程序交互。DriverManager 提供了多个关键的静态方法，例如 registerDriver(Driver driver)用
于注册驱动程序，以及 getConnection(String url, String user, String pwd)方法用于获取数据库连接。

　　DriverManager 的职责不限于注册和管理驱动程序，它还负责根据提供的 JDBC URL 自动选
择合适的驱动程序来创建数据库连接。这意味着当调用 getConnection()方法时，DriverManager 会
尝试使用已注册的所有驱动程序来建立连接，直到找到一个能够成功连接的驱动程序为止。这种
方式极大地简化了开发者的操作，使他们可以专注于业务逻辑而非连接细节。

　　DriverManager 类提供了多个关键的静态方法，来管理数据库驱动程序和建立数据库连接。
以下是 DriverManager 类的一些常用方法及其功能描述。

- getConnection(String url, String user, String password)：此方法用于获取与数据库的连接。
  它需要三个参数：数据库的 URL、用户名和密码。URL 指定了要连接的数据库的位置

和类型，而用户名和密码则是用来验证用户的凭证。

- setLoginTimeout(int seconds)：设置等待建立数据库连接的最大时间（以秒为单位）。如果在指定时间内无法建立连接，则会抛出一个 SQLException 异常。
- println(String message)：输出指定的消息到当前的 JDBC 日志流。

13.3.2　Connection 接口

Connection 接口代表了 Java 应用程序与数据库之间的连接。通过这个接口，开发者可以发送 SQL 语句到数据库并接收结果集。以下是 Connection 接口中一些常用的方法及其功能描述。

（1）创建 SQL 执行对象。

- createStatement()：创建一个 Statement 对象，用于执行不带参数的简单 SQL 语句。
- prepareStatement(String sql)：创建一个 PreparedStatement 对象，用于执行预编译的 SQL 语句，支持动态参数绑定，提高性能和安全性。
- prepareCall(String sql)：创建一个 CallableStatement 对象，用于执行存储过程或函数。

（2）事务管理。

- setAutoCommit(boolean autoCommit)：设置是否自动提交模式。如果设置为 false，则需要显式调用 commit() 来确认更改，或者在遇到错误时调用 rollback() 来撤销未提交的更改。
- commit()：提交当前事务的所有更改到数据库中。
- rollback()：回滚当前事务中的所有更改，通常是在发生异常或错误的情况下使用。

（3）其他功能。

- close()：关闭此 Connection 对象，并释放其持有的数据库连接和其他资源。
- isClosed()：检查此 Connection 是否已关闭。
- getMetaData()：获取关于此连接引用的数据库的元数据。
- setReadOnly(boolean readOnly)：将此连接设置为只读模式或读写模式。
- setTransactionIsolation(int level)：设置事务隔离级别，以控制并发事务之间的可见性。
- getTypeMap() 和 setTypeMap(Map<String, Class<?>> map)：获取和设置与此 Connection 对象关联的类型映射。

13.3.3　Statement 接口

Statement 接口是 Java JDBC API 中的核心接口之一，它提供了执行 SQL 查询和更新的能力。通过 Statement 接口，开发者能够向数据库发送 SQL 命令并处理其结果。Statement 接口有三种主要的实现：Statement、PreparedStatement 和 CallableStatement。

- Statement 对象用于执行不带参数的简单 SQL 语句，如 SELECT、INSERT、UPDATE 或 DELETE。
- PreparedStatement 是 Statement 的一个子接口，允许使用预编译的 SQL 语句来提高性能，并且可以防止 SQL 注入攻击。它支持动态参数绑定，使得 SQL 语句在执行时可以根据需要传入不同的参数值。
- CallableStatement 继承自 PreparedStatement，但专门用于调用存储过程。

Statement 接口提供了多种方法来执行 SQL 语句并处理结果。以下是 Statement 接口的一些常用方法及其功能描述。

（1）executeQuery(String sql)。
- 功能：专门用于执行查询语句（如 SELECT），并返回一个 ResultSet 对象，该对象包含了查询的结果集。
- 返回值：ResultSet 对象。

（2）executeUpdate(String sql)。
- 功能：用于执行更新操作（如 INSERT、UPDATE 或 DELETE），以及 DDL 语句（如 CREATE TABLE 或 DROP TABLE）。
- 返回值：表示受此操作影响的行数的整数值；对于不涉及行更改的 DDL 语句，返回值为 0。

（3）execute(String sql)。
- 功能：可以执行任意类型的 SQL 语句。如果第一个结果是 ResultSet 对象，则返回 true；如果第一个结果是更新计数或者没有结果，则返回 false。
- 返回值：布尔值，指示是否返回了 ResultSet 对象。

（4）close()。
- 功能：关闭 Statement 对象，并释放与此对象相关的数据库和 JDBC 资源。关闭后，任何对 Statement 对象的方法调用都将导致异常抛出。

（5）addBatch(String sql)。
- 功能：将给定的 SQL 命令添加到此 Statement 对象的当前命令列表中，以便稍后一起执行。

（6）clearBatch()。
- 功能：清空此 Statement 对象的当前 SQL 命令列表。

（7）executeBatch()。
- 功能：执行所有批量命令，并返回一个包含每个命令影响行数的数组。

13.3.4　PreparedStatement 接口

PreparedStatement 接口的一个核心特性是它允许对 SQL 语句进行预编译。当一个 SQL 语句第一次被发送到数据库时，数据库会对其进行解析、验证和编译。由于这个过程通常比较耗时，所以对于需要多次执行的 SQL 语句，预编译可以显著提高性能。PreparedStatement 接口常用方法及其功能描述如下。
- executeQuery()：专门用于执行查询操作，并返回一个 ResultSet 对象。
- executeUpdate()：适用于执行更新或删除操作，返回受影响的行数。
- execute()：可以执行任意类型的 SQL 语句，返回一个布尔值，指示是否返回了一个 ResultSet。
- setXxx(int parameterIndex, Xxx value)：根据参数的索引位置和类型设置参数值。例如，setString()、setInt()等。
- clearParameters()：清除当前所有参数的值。
- getMetaData()：返回关于 ResultSet 元数据的对象，包括列的数量、名称等信息。
- close()：关闭 PreparedStatement 对象，释放其占用的数据库和 JVM 资源。

13.3.5　ResultSet 接口

ResultSet 接口在 Java JDBC 中扮演着至关重要的角色，它代表了执行 SQL 查询后返回的数据集合。该接口不仅封装了查询结果，还提供了一系列方法来遍历这些数据行。ResultSet 对象内部维护了一个指向当前数据行的游标，初始时位于第一行之前。为了移动这个游标并访问结果集中的数据，可以使用诸如 next()、previous()、first()、last()、beforeFirst()和 afterLast()等方法。以下是 ResultSet 接口中一些常用的方法及其功能描述。

（1）移动游标的方法。

- next()：将游标从当前位置向下移一行，并返回一个布尔值表示是否成功移动到下一行。通常在 while 循环中使用此方法来迭代结果集。
- previous()：将游标向上移一行，如果存在上一行则返回 true。
- first()：移动游标到第一行。
- last()：移动游标到最后一个数据行。
- beforeFirst()：将游标移动到结果集的开始位置之前。
- afterLast()：将游标移动到结果集的最后一行之后。
- absolute(int row)：将游标移动到指定的行号。

（2）获取列值的方法。

- getString(String columnName)和 getString(int columnIndex)：根据列名或索引获取当前行中的字符串类型的值。
- getInt(String columnName)和 getInt(int columnIndex)：获取整型值。
- getDate(String columnName)和 getDate(int columnIndex)：获取日期类型的数据。
- 还有其他类似的方法如 getBoolean()、getDouble()、getLong()等，用于获取不同类型的值。

（3）元数据相关的方法。

- getMetaData()：返回一个 ResultSetMetaData 对象，通过它可以获取关于 ResultSet 中列的信息，例如列数、列名、列类型等。

（4）更新和插入行的方法（当且仅当 ResultSet 是可更新类型时可用）。

- updateXxx(column, value)：更新当前行中指定列的值，其中 Xxx 代表目标数据类型。
- insertRow()：在结果集中插入新行，并将更改写入数据库。
- deleteRow()：删除当前行。

（5）关闭资源的方法。

- close()：关闭 ResultSet 对象，释放相关的数据库资源。

13.4　数据库操作

13.4.1　连接数据库

在 Java 中，使用 DriverManager.getConnection()方法创建与数据库的连接是 JDBC 的核心操作之一。这一过程通常涉及三个主要步骤：加载适当的数据库驱动程序、提供正确的数据库 URL 以及输入有效的用户名和密码。

该方法接收一个或多个参数，最常见的是三个：数据库的 URL、用户名和密码。数据库 URL 是一个字符串，它指定了如何找到数据库服务器及其特定的数据库实例。对于 MySQL 来说，典型的 URL 格式如下：

```
jdbc:mysql://[hostname]:[port]/[database]?user=[username]&password=[password]
```

这里，[hostname]是数据库服务器的主机名或 IP 地址，[port]是数据库服务监听的端口号（默认情况下 MySQL 为 3306），[database]是想要连接的具体数据库名称，[username]和[password]是访问数据库所需的认证信息。

下面是一个具体的代码示例，演示如何使用 DriverManager.getConnection()方法来连接本地运行的 MySQL 数据库，代码如下：

```java
import java.sql.Connection;
    import java.sql.DriverManager;
    import java.sql.SQLException;

public class DatabaseConnector {

    public static void main(String[] args) {
        // 数据库连接信息
        String jdbcUrl = "jdbc:mysql://localhost:3306/mydatabase?serverTimezone=UTC&useSSL=false";
        String username = "root";
        String password = "111111";

        try {
            // 加载 MySQL JDBC 驱动程序
            Class.forName("com.mysql.cj.jdbc.Driver");
            System.out.println("MySQL JDBC 驱动程序已加载！");

            // 尝试建立数据库连接
            Connection connection = DriverManager.getConnection(jdbcUrl, username, password);
            if (connection != null) {
                System.out.println("数据库连接成功！");
            }
        } catch (ClassNotFoundException e) {
            System.out.println("没有找到 MySQL JDBC 驱动程序。");
            e.printStackTrace();
        } catch (SQLException e) {
            System.out.println("数据库连接失败：" + e.getMessage());
            e.printStackTrace();
        }
    }
}
```

运行结果如图 13.1 所示。

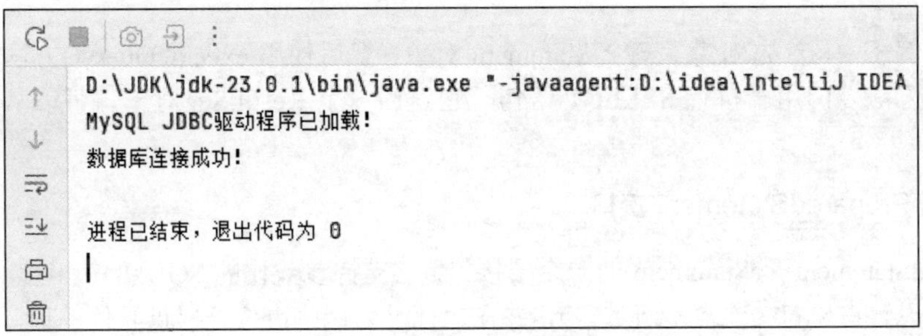

图 13.1　连接数据库示例运行结果

需要注意的是，加载驱动程序要提前导入 jar 包，未导入会抛出 ClassNotFoundException 异常。如果是 Maven 项目，需要在 pom.xml 配置文件中添加 Mysql 依赖。如果是普通 Java 项目，则需要手动下载 jar 包再将其导入。

13.4.2　向数据库中发送 SQL 语句

通常通过 JDBC 提供的 Statement 或 PreparedStatement 接口来实现向数据库发送 SQL 语句。

这两个接口提供了不同的方法来执行 SQL 查询和更新。

1. 使用 Statement 接口

Statement 接口用于执行静态的 SQL 语句，并返回结果。它是最基本的执行 SQL 的方式，适用于不包含参数的简单查询或更新。下面是一个使用 Statement 的例子。

```java
import java.sql.*;

public class DatabaseConnector {

    public static void main(String[] args) {
        // 数据库连接信息
        String jdbcUrl = "jdbc:mysql://localhost:3306/mydatabase?serverTimezone=UTC&useSSL=false";
        String username = "root";
        String password = "111111";

        // SQL 查询语句
        String query = "SELECT * FROM employees";

        // 尝试获取数据库连接、创建 Statement 对象并执行查询
        try (
            // 获取数据库连接
            Connection conn = DriverManager.getConnection(jdbcUrl, username, password);
            // 创建 Statement 对象
            Statement stmt = conn.createStatement();
            // 执行查询并获取 ResultSet 对象
            ResultSet rs = stmt.executeQuery(query)
        ) {
            // 遍历结果集
            while (rs.next()) {
            // 处理结果集中的数据
            }
        } catch (SQLException e) {
            // 捕获并处理 SQLException 异常
            e.printStackTrace();
        }
    }

}
```

在这个例子中，首先创建了一个 Statement 对象，然后使用 executeQuery() 方法来执行一个查询。这个方法专门用于执行 SELECT 语句，它返回一个 ResultSet 对象，可以从中提取查询结果。

2. 使用 PreparedStatement 接口

PreparedStatement 是 Statement 的一个子接口，它支持参数化的 SQL 语句，这意味着可以在 SQL 语句中设置占位符（通常是问号？），并在运行时为这些占位符提供具体的值。这种方式不仅提高了代码的可读性和可维护性，还能有效防止 SQL 注入攻击。

```java
import java.sql.*;

public class DatabaseConnector {

    public static void main(String[] args) {
        // 数据库连接信息
        String jdbcUrl = "jdbc:mysql://localhost:3306/mydatabase?serverTimezone=UTC&useSSL=false";
        String username = "root";
        String password = "111111";

        // SQL 更新语句
```

```
String updateSQL = "UPDATE employees SET name = ? WHERE id = ?";
try (
        // 获取数据库连接
        Connection conn = DriverManager.getConnection(jdbcUrl, username, password);
        // 创建 PreparedStatement 对象，用于执行带参数的 SQL 语句
        PreparedStatement pstmt = conn.prepareStatement(updateSQL)
) {
    // 要更新的新名字
    String newSalary = "张三";
    // 员工 ID
    int employeeId = 2;
    // 设置第一个占位符（？）的值为新的名字
    pstmt.setString(1, newSalary);
    // 设置第二个占位符（？）的值为员工 ID
    pstmt.setInt(2, employeeId);
    // 执行更新操作，并返回受影响的行数
    int rowsAffected = pstmt.executeUpdate();
} catch (SQLException e) {
    // 打印 SQL 异常堆栈信息
    e.printStackTrace();
}
}

}
```

这里，使用 PreparedStatement 来执行一个带有参数的更新操作。setString()和 setInt()方法分别用于给 SQL 语句中的占位符赋值，而 executeUpdate()则用来执行更新并返回受影响的行数。

13.4.3 处理查询结果集

当执行一个 SELECT 查询时，数据库会返回一个包含查询结果的集合，称为 ResultSet。在 Java 中，这个 ResultSet 对象可以被看作一个虚拟的表格，其中每一行代表一条记录，每一列代表一个字段值。

遍历 ResultSet 是访问查询结果的主要方式。通常会使用 next()方法来移动到结果集中的下一行，并检查是否还有更多数据需要处理。一旦确定有可用的数据行，可以使用各种 getXXX()方法（如 getInt()、getString()等）来提取特定列的数据。

例如，假设有一个名为 employees 的表，现需要查询所有员工的名字和薪水，代码如下：

```
import java.sql.*;

public class DatabaseConnector {

    public static void main(String[] args) {
        // 数据库连接信息
        String jdbcUrl = "jdbc:mysql://localhost:3306/mydatabase?serverTimezone=UTC&useSSL=false";
        // 数据库用户名
        String username = "root";
        // 数据库密码
        String password = "111111";

        // SQL 查询语句
        String query = "SELECT name, salary FROM employees";
        try (
            // 获取数据库连接
            Connection conn = DriverManager.getConnection(jdbcUrl, username, password);
            // 创建 Statement 对象
            Statement stmt = conn.createStatement();
            // 执行查询并获取结果集
```

```
                    ResultSet rs = stmt.executeQuery(query)
          ) {
              // 遍历结果集
              while (rs.next()) {
                  // 从结果集中获取 name 字段的值
                  String name = rs.getString("name");
                  // 从结果集中获取 salary 字段的值
                  double salary = rs.getDouble("salary");
                  // 打印员工姓名和工资
                  System.out.println("Name: " + name + ", Salary: " + salary);
              }
          } catch (SQLException e) {
              // 打印 SQL 异常堆栈跟踪
              e.printStackTrace();
          }
      }

  }
```

运行结果如图 13.2 所示。

```
D:\JDK\jdk-23.0.1\bin\java.exe "-javaagent:D:\idea\IntelliJ IDEA
Name: 张三, Salary: 8500.0
Name: 李四, Salary: 9500.5
Name: 王五, Salary: 7800.75
Name: 赵六, Salary: 10500.0
Name: 孙七, Salary: 8200.25

进程已结束，退出代码为 0
```

图 13.2　处理查询结果集示例的运行结果

在这个例子中，首先创建了一个 Statement 对象并执行了查询，然后通过 next()方法逐行遍历 ResultSet。每当调用 next()并且它返回 true 时，表示当前行存在，此时可以安全地调用 getXXX()方法来获取该行中的数据。

13.4.4　顺序查询

在 SQL 中，ORDER BY 子句用于对查询结果集进行排序。可以根据一个或多个列来指定排序规则，并可以选择升序（ASC）或降序（DESC）。默认情况下，如果没有明确指定排序方向，则会按照升序排列。例如，如果想要从一个名为 employees 的表中获取所有员工的信息，并按他们的工资从低到高排序，可以使用以下 SQL 语句：

```
SELECT * FROM employees ORDER BY salary ASC;
```

同样地，如果希望以降序方式查看这些记录，只需将 ASC 替换为 DESC：

```
SELECT * FROM employees ORDER BY salary DESC;
```

此外，还可以基于多个列进行排序。假设希望先按部门名称升序排列，然后在同一部门内按工资降序排列，可以这样写：

```
SELECT * FROM employees ORDER BY department ASC, salary DESC;
```

下面这个示例展示了如何利用多列排序来细化查询结果的顺序。

```java
import java.sql.*;

    public class DatabaseConnector {

        public static void main(String[] args) {
            // 数据库连接信息
            String jdbcUrl = "jdbc:mysql://localhost:3306/mydatabase?serverTimezone=UTC&useSSL=false";
            // 数据库用户名
            String username = "root";
            // 数据库密码
            String password = "111111";

            // SQL 查询语句
            String query = "SELECT * FROM employees ORDER BY job_title ASC, salary DESC";
            try (
                    // 获取数据库连接
                    Connection conn = DriverManager.getConnection(jdbcUrl, username, password);
                    // 创建 Statement 对象
                    Statement stmt = conn.createStatement();
                    // 执行查询并获取结果集
                    ResultSet rs = stmt.executeQuery(query)
            ) {
                // 遍历结果集
                while (rs.next()) {
                    // 从结果集中获取 name 字段的值
                    String name = rs.getString("name");
                    // 从结果集中获取 salary 字段的值
                    double salary = rs.getDouble("salary");
                    String job_title=rs.getString("job_title");
                    // 打印员工姓名和工资
                    System.out.println("Name: " + name + ", Salary: " + salary+", job_title: "+job_title);
                }
            } catch (SQLException e) {
                // 打印 SQL 异常堆栈跟踪
                e.printStackTrace();
            }
        }

    }
```

运行结果如图 13.3 所示。

```
D:\JDK\jdk-23.0.1\bin\java.exe "-javaagent:D:\idea\IntelliJ IDEA
Name: 孙七, Salary: 8200.25, job_title: Frontend Developer
Name: 李四, Salary: 9500.5, job_title: Product Manager
Name: 张六, Salary: 9200.0, job_title: Software Engineer
Name: 张五, Salary: 9000.0, job_title: Software Engineer
Name: 张三, Salary: 8500.0, job_title: Software Engineer
Name: 张四, Salary: 8500.0, job_title: Software Engineer
Name: 赵六, Salary: 10500.0, job_title: System Architect
Name: 王五, Salary: 7800.75, job_title: UI Designer


进程已结束，退出代码为 0
```

图 13.3　顺序查询示例的运行结果

13.4.5　模糊查询

当需要查找与特定模式匹配的数据时，可以使用 SQL 中的 LIKE 运算符。它允许使用通配符来进行模糊匹配，其中%代表任意数量的字符（包括零个字符），而_则表示单个字符。例如，为了找到所有姓氏以"张"开头的员工，可以编写如下查询：

```sql
SELECT * FROM employees WHERE last_name LIKE '张%';
```

如果想要找出名字中包含"天"的所有员工，无论其位置如何，可以使用如下示例代码：

```sql
SELECT * FROM employees WHERE first_name LIKE '%天%';
```

更进一步，如果想查找名字长度为 3 且第二个字是"妙"的所有员工，可以编写如下查询：

```sql
SELECT * FROM employees WHERE first_name LIKE '_妙_';
```

通过这种方式，LIKE 和相应的通配符使得构建灵活的搜索条件成为可能。

13.4.6　添加、修改、删除、查询记录

CRUD 是数据库操作中最基础且最重要的四个操作，它们分别是创建（create）、读取（read）、更新（update）和删除（delete）。下面是一个使用 JDBC 进行数据库操作的简单 Java 示例，它展示了如何添加（创建）、查询（读取）、修改（更新）和删除记录。为了简洁起见，这里仅提供一个表 employees 的例子，包括了这三个操作。

```java
import java.sql.*;

public class DatabaseConnector {

    // 数据库连接信息
    private static final String JDBC_URL="jdbc:mysql://localhost:3306/mydatabase?serverTimezone=UTC&useSSL=false";
    private static final String USERNAME = "root";
    private static final String PASSWORD = "111111";

    public static void main(String[] args) {
        try {
            // 加载 MySQL JDBC 驱动程序
            Class.forName("com.mysql.cj.jdbc.Driver");
            // 添加记录
            addEmployee("赵六", 5000);
            System.out.println("员工添加成功! ");
            // 查询记录
            queryEmployees();
            // 修改记录
            updateEmployee(2, 9000.00);
            System.out.println("员工信息更新成功! ");
            // 查询记录
            queryEmployees();
            // 删除记录
            deleteEmployee(3);
            System.out.println("员工删除成功! ");
            // 查询记录
            queryEmployees();
        } catch (ClassNotFoundException e) {
            // 如果找不到 MySQL JDBC 驱动程序，则捕获 ClassNotFoundException 异常
            System.out.println("MySQL JDBC Driver not found.");
            e.printStackTrace();
        } catch (SQLException e) {
            // 如果数据库操作失败，则捕获 SQLException 异常
```

```
                    System.out.println("Database operation failed: " + e.getMessage());
                    e.printStackTrace();
            }
        }


        // 添加记录
        public static void addEmployee(String name, double salary) throws SQLException {
            String sql = "INSERT INTO employees (name, salary) VALUES (?, ?)";
            try (Connection conn = DriverManager.getConnection(JDBC_URL, USERNAME, PASSWORD);
                PreparedStatement pstmt = conn.prepareStatement(sql)) {
                pstmt.setString(1, name);
                pstmt.setDouble(2, salary);
                pstmt.executeUpdate();
            }
        }

        // 修改记录
        public static void updateEmployee(int id,    double newSalary) throws SQLException {
            String sql = "UPDATE employees SET    salary = ? WHERE id = ?";
            try (Connection conn = DriverManager.getConnection(JDBC_URL, USERNAME, PASSWORD);
                PreparedStatement pstmt = conn.prepareStatement(sql)) {
                pstmt.setDouble(1, newSalary);
                pstmt.setInt(2, id);
                pstmt.executeUpdate();
            }
        }

        // 删除记录
        public static void deleteEmployee(int id) throws SQLException {
            String sql = "DELETE FROM employees WHERE id = ?";
            try (Connection conn = DriverManager.getConnection(JDBC_URL, USERNAME, PASSWORD);
                PreparedStatement pstmt = conn.prepareStatement(sql) {
                pstmt.setInt(1, id);
                pstmt.executeUpdate();
            }
        }

        // 查询记录
        public static void queryEmployees() throws SQLException {
            String sql = "SELECT * FROM employees";
            try (Connection conn = DriverManager.getConnection(JDBC_URL, USERNAME, PASSWORD);
                Statement stmt = conn.createStatement();
                ResultSet rs = stmt.executeQuery(sql)) {
                while (rs.next()) {
                    int id = rs.getInt("id");
                    String name = rs.getString("name");
                    double salary = rs.getDouble("salary");

                    System.out.printf("ID: %d, Name: %s, Salary: %.2f",
                            id, name,    salary);
                    System.out.println();
                }
            }
        }
    }
}
```

运行结果如图 13.4 所示。

请根据实际情况替换数据库 URL、用户名和密码，并确保在数据库中存在名为 employees 的表，该表至少包含字段 id、first_name、last_name 和 email。此外，请确保开发环境中已经配置好了相应的 JDBC 驱动程序。这个例子假设正在使用 MySQL 数据库。如果使用的是其他类型的数据库，需要相应地调整连接字符串和加载的驱动程序类名。

```
G ■ ◎ ⇥ ⋮
↑    D:\JDK\jdk-23.0.1\bin\java.exe "-javaagent:D:\idea\IntelliJ IDEA
↓    员工添加成功！
⇥    ID: 1, Name: 张三, Salary: 8500.00
⇥    ID: 2, Name: 李四, Salary: 9500.50
     ID: 3, Name: 王五, Salary: 5000.00
🖶    ID: 18, Name: 赵六, Salary: 5000.00
🗑    员工信息更新成功！
     ID: 1, Name: 张三, Salary: 8500.00
     ID: 2, Name: 李四, Salary: 9000.00
     ID: 3, Name: 王五, Salary: 5000.00
     ID: 18, Name: 赵六, Salary: 5000.00
     员工删除成功！
     ID: 1, Name: 张三, Salary: 8500.00
     ID: 2, Name: 李四, Salary: 9000.00
     ID: 18, Name: 赵六, Salary: 5000.00

     进程已结束，退出代码为 0
```

图 13.4　CRUD 代码示例运行结果

13.5　文心快码智能辅助

为了展示如何利用文心快码（Baidu Comate）辅助完成一个数据库操作，可以设想这样一个场景：需要为一个简单的图书管理系统创建一个功能，允许用户查询特定 ISBN 的书籍信息。将使用 Java 语言，并且假设已经存在一个名为 books 的 MySQL 数据库表，该表包含以下字段：isbn、title、author 和 publish_year。步骤如下。

（1）需求分析与初步规划。

首先，明确需求如下：

● 需要一个方法，根据给定的 ISBN 查询对应的书籍信息。

● 这个方法应该能够处理找不到对应书籍的情况，并给出适当的反馈。

（2）使用文心快码生成代码。

有了上述需求描述后，接下来就是使用文心快码来帮助快速生成相应的代码。如果已经在 VS Code 或其他支持 Comate 的 IDE 中安装了插件，并登录了账号，可以开始接收来自 Comate 的建议。可以在文心快码中输入如下需求。

● 已经有一个名为 books 的 MySQL 数据库表，该表包含以下字段：isbn、title、author 和 publish_year。

● 创建一个方法，用于根据提供的 ISBN 查询书籍信息。

● 方法应该返回书籍的 title、author 和 publish_year。

● 如果没有找到匹配的书籍，则应返回一条消息告知用户未找到相关信息。

文心快码会给出分析、代码实现和代码说明的内容，可以直接采纳，也可以新建文件，如图 13.5 所示。

问题分析

您需要一个方法，该方法能够根据提供的ISBN从名为 books 的MySQL数据库表中查询书籍信息。查询结果应包含书籍的 title 、 author 和 publish_year，如果未找到匹配的书籍，方法应返回一条消息告知用户未找到相关信息。

为了实现这个功能，我们需要：

1. 连接到MySQL数据库。

2. 编写SQL查询语句，根据ISBN查询书籍信息。

3. 执行查询并处理结果。

4. 根据查询结果返回相应的数据或消息。

方法实现

下面是一个示例方法，使用Python和MySQL Connector库来实现上述功能：

☑ 采纳　⧉ 复制　⊞ 新建文件

```Python
import mysql.connector
from mysql.connector import Error

def query_book_by_isbn(isbn):
    try:
        # 建立数据库连接
        connection = mysql.connector.connect(
            host='your_host',       # 替换为你的数据库主机
            database='your_database',  # 替换为你的数据库名
            user='your_username',   # 替换为你的数据库用户名
            password='your_password'  # 替换为你的数据库密码
        )

        if connection.is_connected():
            cursor = connection.cursor(dictionary=True)

            # 编写SQL查询语句
            query = "SELECT title, author, publish_year FROM books WHERE isbn = %s"
            cursor.execute(query, (isbn,))

            # 获取查询结果
            result = cursor.fetchone()

            # 关闭游标和连接
            cursor.close()
            connection.close()

            # 根据查询结果返回相应的数据或消息
            if result:
                return {
                    'title': result['title'],
                    'author': result['author'],
                    'publish_year': result['publish_year']
                }
            else:
                return "未找到相关信息"

    except Error as e:
        print(f"Error: {e}")
```

ERNIE-3.5-128K ∨

图 13.5　文心快码智能问答

（3）完善与测试。

虽然文心快码提供了基础的代码结构，但可能还需要根据实际情况进行一些调整，比如修改连接数据库信息、优化 SQL 语句等。同时，不要忘记测试这个方法以确保其按预期工作。

第 14 章 Swing 程序设计

Swing 是 AWT 组件的增强组件，Swing 中除了保留 AWT 中几个重量级组件，其他组件都是轻量级的。这种设计理念不仅使得 Swing 在保持与传统 AWT 组件兼容的同时，还极大地丰富了 Java 图形用户界面（GUI）开发的可能性。但因为 Swing 技术的推出时间太早，其性能、开发效率等不及一些其他流行技术，所以市面上大多数桌面窗体程序都不是使用 Java 开发的，Swing 技术也逐渐被放弃。本章主要介绍 Swing 的基本构成要素，涵盖窗体布局、容器管理、常用组件的使用，以及事件处理和监听器机制等内容，不会深入讲解 Swing 技术，对此读者了解即可。

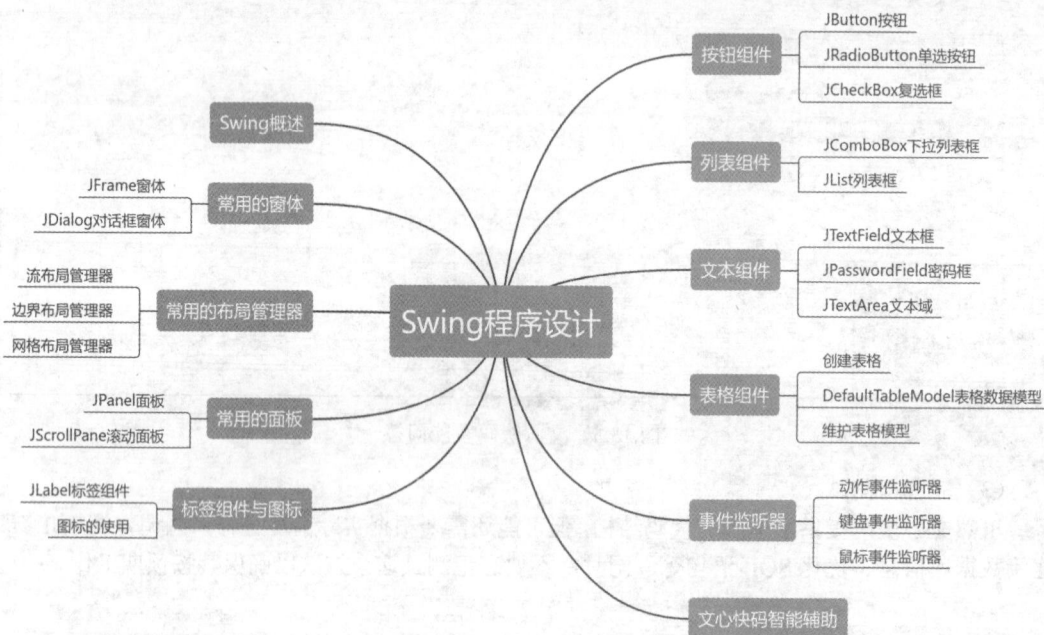

14.1 Swing 概述

Swing 是 Java 提供的用于创建 GUI 的强大工具包，作为 AWT（抽象窗口工具包）的扩展，它不仅保留了 AWT 中几个重量级组件，还引入了大量的轻量级组件，为开发者提供了更多的选择和更高的灵活性。Swing 的主要目标之一是解决 AWT 在跨平台应用开发时遇到的问题，如不一致的外观和有限的组件库。通过使用 Swing，开发者能够构建美观且功能强大的应用程序，这些应用程序能够在不同的操作系统上以几乎相同的方式运行，极大地提升了用户体验的一致性。

Swing 位于 javax.swing 包中，提供了丰富的、轻量级的组件。在 Swing 包的层次结构和继承关系中，比较重要的类是 Component 类、Container 类和 JComponent 类。Swing 包的层次结构和继承关系如图 14.1 所示。

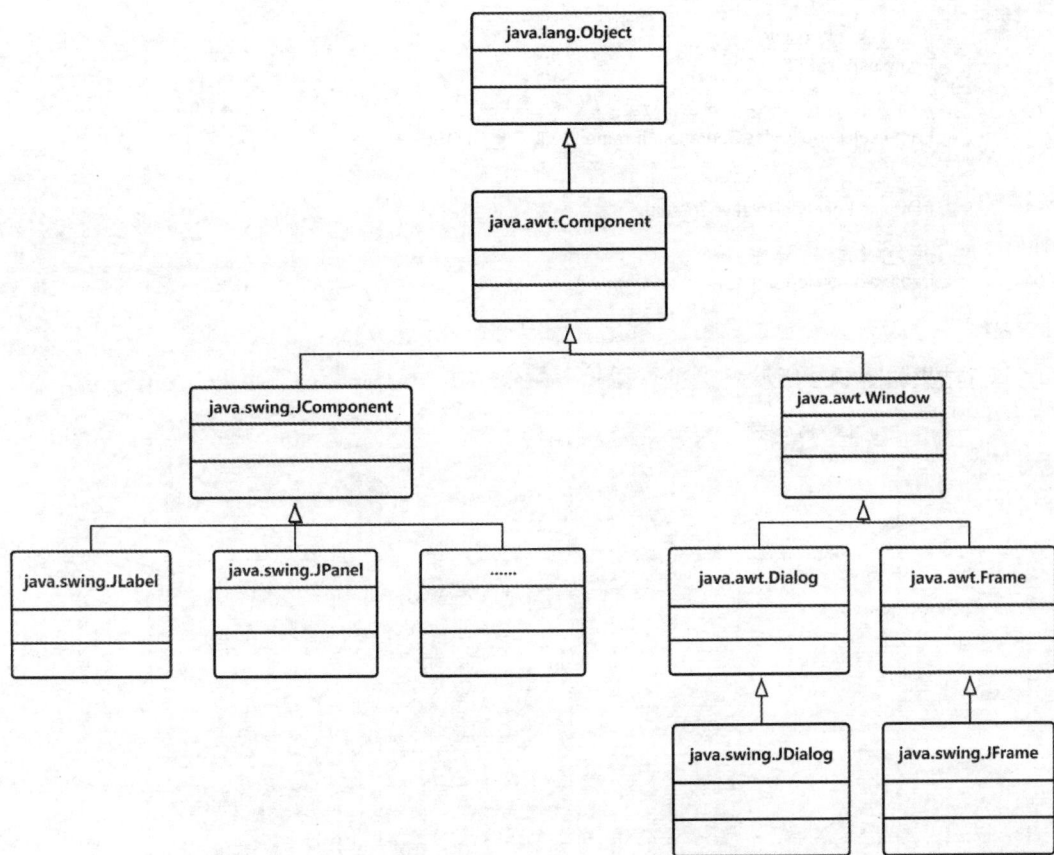

图 14.1 Swing 包的层次结构和继承关系

14.2 常用的窗体

14.2.1 JFrame 窗体

JFrame 是 Swing 库中用于创建窗口应用程序的基本容器，它为开发者提供了一个具有标准窗口特性（如最小化、最大化按钮以及关闭按钮等）的框架。使用 JFrame，首先需要创建其实例。可以通过 new JFrame(String title) 构造函数来初始化一个带有标题的 JFrame 实例。例如：

```
JFrame frame = new JFrame("我的第一个 Swing 程序");
```

为了确保窗口可以正确显示并根据用户的操作做出响应，通常还需要设置窗口大小（setSize(int width, int height)）、默认关闭操作（setDefaultCloseOperation(int operation)），以及使窗口可见（setVisible(boolean b)）。以下是一个简单的示例代码：

```
import javax.swing.JFrame;

public class SimpleJFrameExample {

    public static void main(String[] args) {
        // 创建一个新的 JFrame 实例，并设置标题
        JFrame frame = new JFrame("简单的 JFrame 示例");
```

```
        // 设置窗口的大小（宽度和高度）
        frame.setSize(600, 400);

        // 设置当用户单击窗口关闭按钮时的操作：退出程序
        frame.setDefaultCloseOperation(JFrame.EXIT_ON_CLOSE);

        // 设置窗口在屏幕上的位置为居中显示
        frame.setLocationRelativeTo(null);

        // 使窗口可见
        frame.setVisible(true);
    }
}
```

运行结果如图 14.2 所示。

图 14.2　窗体示例运行结果

（1）**创建 JFrame 实例**：使用 new JFrame("简单的 JFrame 示例")构造函数创建了一个新的 JFrame 实例，并设置了窗口标题为"简单的 JFrame 示例"。

（2）**设置窗口大小**：frame.setSize(600, 400)；设置了窗口的宽度为 600 像素，高度为 400 像素。

（3）**设置默认关闭操作**：frame.setDefaultCloseOperation(JFrame.EXIT_ON_CLOSE)；设置了当用户单击窗口右上角的关闭按钮时的行为。在这个例子中，选择了 EXIT_ON_CLOSE，这意味着程序将完全退出。

（4）**窗口居中显示**：frame.setLocationRelativeTo(null)；这行代码使得窗口在屏幕上居中显示。传入 null 作为参数会告诉系统将此窗口相对于其所有者（在这个例子中没有指定所有者）居中放置。

（5）**使窗口可见**：最后，通过调用 frame.setVisible(true)；使窗口变得可见。如果不调用这行代码，即使已经设置了所有的属性，窗口也不会显示出来。

14.2.2　JDialog 对话框窗体

JDialog 是 Swing 库中用于创建对话框窗口的类，它可以被设计为模式（modal）或非模式

（modeless）。模式对话框会在其显示期间阻止用户与同一应用程序中的其他窗口进行交互，直到该对话框被关闭。这种特性使得 JDialog 非常适用于需要立即获得用户反馈或确认的情况，例如显示警告信息、请求用户输入等。相比之下，JFrame 作为顶级容器更适合构建应用程序的主要窗口界面，而 JDialog 则更专注于提供临时性的交互体验。

JDialog 类提供了多个构造方法，允许开发者以不同的方式创建对话框。这些构造方法根据是否需要指定父窗口、对话框的模态性以及是否需要指定标题等参数来区分。以下是 JDialog 的几个主要构造方法及其详细说明。

- JDialog()：创建一个没有标题的非模式对话框，并且没有指定父窗口。这种对话框默认是隐藏的，需要通过调用 setVisible(true) 来显示。
- JDialog(Frame owner)：创建一个没有标题的非模式对话框，并指定其父窗口为一个 Frame（如 JFrame）。当父窗口被最小化或关闭时，该对话框也会受到影响。
- JDialog(Frame owner, boolean modal)：创建一个没有标题的对话框，允许指定父窗口和是否为模式对话框。如果 modal 参数设置为 true，则在对话框未关闭前，用户无法与应用程序中的其他窗口交互。
- JDialog(Frame owner, String title)：创建一个具有指定标题的非模式对话框，并指定其父窗口。这使得可以为对话框提供一个描述性的标题。
- JDialog(Frame owner, String title, boolean modal)：这是最灵活的构造方法，允许同时指定父窗口、对话框的标题以及是否为模式对话框。使用这种方法可以完全控制对话框的行为和外观。

下面是一个关于 JDialog 对话框窗体的完整 Java 代码示例。这个例子展示了一个模式对话框，可以根据用户的操作显示相应的消息。

```java
import javax.swing.*;
import java.awt.event.ActionEvent;
import java.awt.event.ActionListener;

class SimpleDialogExample {

    public static void main(String[] args) {
        // 创建主窗口
        JFrame frame = new JFrame("主窗体");
        frame.setSize(400, 300);
        frame.setDefaultCloseOperation(JFrame.EXIT_ON_CLOSE);

        // 添加一个按钮，用于打开对话框
        JButton openDialogButton = new JButton("对话框");
        openDialogButton.addActionListener(new ActionListener() {
            @Override
            public void actionPerformed(ActionEvent e) {
                // 创建并显示对话框
                showDialog(frame);
            }
        });

        frame.setLayout(null); // 使用绝对布局
        openDialogButton.setBounds(150, 120, 100, 30); // 设置按钮位置和大小
        frame.add(openDialogButton);

        frame.setVisible(true); // 显示主窗口
    }

    // 弹出对话框的方法
    private static void showDialog(JFrame owner) {
        // 创建对话框
        JDialog dialog = new JDialog(owner, "选项", true);        // true 表示模式对话框
```

```
            dialog.setSize(300, 200);                           // 设置对话框大小
            dialog.setLocationRelativeTo(owner);                // 设置对话框居中于主窗口

            // 添加一个标签，显示文字
            JLabel label = new JLabel("这是一个对话框", SwingConstants.CENTER);
            label.setBounds(0, 50, 300, 30);                    // 设置标签位置和大小

            // 添加一个关闭按钮
            JButton closeButton = new JButton("关闭");
            closeButton.setBounds(110, 100, 80, 30);            // 设置按钮位置和大小
            closeButton.addActionListener(new ActionListener() {
                @Override
                public void actionPerformed(ActionEvent e) {
                    dialog.dispose();                           // 关闭对话框
                }
            });

            // 设置布局为 null（绝对布局）
            dialog.setLayout(null);
            dialog.add(label);                                  // 添加标签到对话框
            dialog.add(closeButton);                            // 添加按钮到对话框

            dialog.setVisible(true);                            // 显示对话框
        }
    }
```

运行结果如图 14.3 所示。

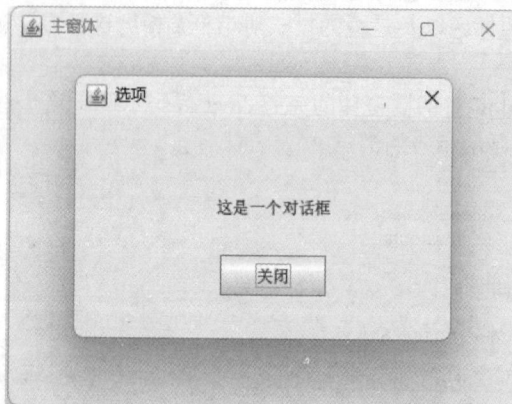

图 14.3 对话框窗体示例运行结果

（1）创建主窗口。

● 使用 JFrame 类创建了一个名为"主窗体"的应用程序主窗口。

● 设置窗口的大小为 400×300 像素，并通过 setDefaultCloseOperation() 确保在关闭窗口时程序会退出。

● 主窗口中添加了一个按钮，按钮上显示的文字为"对话框"，用于触发对话框的显示。

（2）定义按钮单击行为。

● 当用户单击"对话框"按钮时，会执行按钮绑定的事件处理器（ActionListener）。

● 在事件处理器中，调用一个方法（如 showDialog()）来创建并显示一个新的 JDialog 对象。

● 对话框被设置为模式对话框（通过传递 true 给构造函数），这意味着在关闭该对话框之前，用户无法与主窗口或其他任何窗口进行交互。

（3）对话框设计。

● 使用 JDialog 类创建对话框，设置其标题为"选项"，并通过 setSize(300, 200) 定义对话

框的大小。

- 使用 setLocationRelativeTo(owner) 将对话框居中显示在主窗口上。

（4）显示对话框。

- 调用 dialog.setVisible(true) 方法来显示对话框。
- 由于对话框是模式对话框，程序执行会在显示对话框时暂停，直到对话框被关闭。

14.3 常用的布局管理器

开发 Swing 程序时，在容器中使用布局管理器能够设置窗体的布局，进而控制 Swing 组件的位置和大小。Swing 提供的常用布局管理器有流布局管理器、边界布局管理器和网格布局管理器，这些布局管理器都位于 java.awt 包中。

14.3.1 流布局管理器

FlowLayout 是 Swing 中最简单的布局管理器之一，它按照组件添加的顺序从左到右放置组件。当一行放不下时，FlowLayout 会自动将组件换行排列，类似于文本编辑器中的段落换行。这种布局方式非常适合用于需要快速布置一组按钮、标签等简单界面元素的场景。例如，在创建一个包含多个操作按钮的工具栏时，FlowLayout 可以确保这些按钮以直观且易于访问的方式呈现给用户。

FlowLayout 提供了几个构造方法来满足不同的需求。

- FlowLayout()：创建一个新的 FlowLayout 实例，使用居中对齐（FlowLayout.CENTER），并且水平和垂直间距都为 5 像素。
- FlowLayout(int align)：允许指定组件在容器内的对齐方式，可选值包括 FlowLayout.LEFT、FlowLayout.CENTER、FlowLayout.RIGHT。
- FlowLayout(int align, int hgap, int vgap)：不仅允许指定组件的对齐方式，还可以设置组件间的水平（hgap）和垂直（vgap）间距，单位为像素。

下面是一个具体的 Java 代码示例，演示了如何使用 FlowLayout 作为布局管理器，并将其应用于 JPanel 容器中，同时添加多个按钮来观察布局效果。

```java
import javax.swing.*;
import java.awt.*;

public class FlowLayoutExample {

    public static void main(String[] args) {
        // 创建主窗口（JFrame）
        JFrame frame = new JFrame("FlowLayout 示例");
        frame.setDefaultCloseOperation(JFrame.EXIT_ON_CLOSE);
        frame.setSize(400, 200);

        // 创建面板（JPanel），并设置其布局管理器为 FlowLayout
        JPanel panel = new JPanel();
        // 使用指定对齐方式（左对齐）及间距（水平 10 像素，垂直 10 像素）的 FlowLayout
        FlowLayout flowLayout = new FlowLayout(FlowLayout.LEFT, 10, 10);
        panel.setLayout(flowLayout);

        // 向面板中添加多个按钮
        panel.add(new JButton("按钮一"));
```

```
        panel.add(new JButton("按钮二"));
        panel.add(new JButton("按钮三"));
        panel.add(new JButton("按钮四"));
        panel.add(new JButton("按钮五"));

        // 将面板添加到主窗口
        frame.add(panel);

        // 显示主窗口
        frame.setVisible(true);
    }
}
```

运行结果如图 14.4 所示。

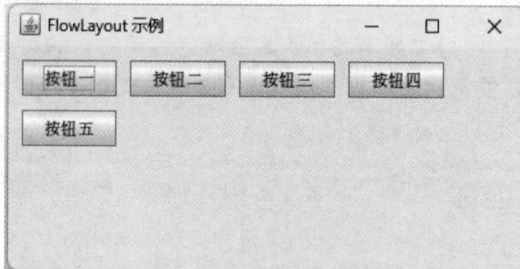

图 14.4　流布局管理器代码示例运行结果

在这个例子中，首先创建了一个名为"FlowLayout 示例"的主窗口，并设置了它的关闭操作和尺寸。接着，创建了一个 JPanel 实例，并为其指定了一个 FlowLayout 布局管理器，该布局管理器设置为左对齐，组件间的水平和垂直间距均为 10 像素。然后，向这个面板中添加了五个按钮。最后，将这个面板添加到主窗口中，并使主窗口可见。

14.3.2　边界布局管理器

BorderLayout 是 Swing 提供的另一种重要的布局管理器，它将容器划分为五个区域：北（north）、南（south）、东（east）、西（west）和中（center）。这种布局方式非常适合用于构建具有明确分区的应用界面，例如顶部放置菜单栏、底部放置状态栏、左侧或右侧放置导航面板、中间放置主要内容区。每个区域可以容纳一个组件，如果尝试向同一区域添加多个组件，则只有最后一个组件会显示。

BorderLayout 通过一组静态字符串常量来标识不同的区域。

- BorderLayout.NORTH 或 BorderLayout.PAGE_START：定义了容器的顶部区域（北）。
- BorderLayout.SOUTH 或 BorderLayout.PAGE_END：定义了容器的底部区域（南）。
- BorderLayout.EAST 或 BorderLayout.LINE_END：定义了容器的右侧区域（东）。
- BorderLayout.WEST 或 BorderLayout.LINE_START：定义了容器的左侧区域（西）。
- BorderLayout.CENTER：默认区域（中），位于容器中央，占据剩余空间。

下面是一个具体的 Java 代码示例，演示了如何使用 BorderLayout 作为布局管理器，并将其应用于 JFrame 容器中，同时添加不同类型的组件到各个区域来观察布局效果。

```
import javax.swing.*;
import java.awt.*;

public class BorderLayoutExample {

    public static void main(String[] args) {
```

```
        // 创建主窗口(JFrame)
        JFrame frame = new JFrame("BorderLayout 示例");
        frame.setDefaultCloseOperation(JFrame.EXIT_ON_CLOSE);
        frame.setSize(600, 400);

        // 创建并配置一个使用 BorderLayout 的面板
        JPanel panel = new JPanel(new BorderLayout(10, 10)); // 设置水平和垂直间距为 10 像素

        // 向面板的不同区域添加组件
        panel.add(new JButton("北"), BorderLayout.NORTH);
        panel.add(new JButton("南"), BorderLayout.SOUTH);
        panel.add(new JButton("东"), BorderLayout.EAST);
        panel.add(new JButton("西"), BorderLayout.WEST);
        panel.add(new JTextArea("这里是中心区域的内容", 10, 20), BorderLayout.CENTER);

        // 将面板添加到主窗口
        frame.add(panel);

        // 显示主窗口
        frame.setVisible(true);
    }
}
```

运行结果如图 14.5 所示。

图 14.5 边界布局管理器代码示例运行结果

在这个例子中,创建了一个名为"BorderLayout 示例"的主窗口,并设置了它的关闭操作和尺寸。接着,创建了一个 JPanel 实例,并为其指定了一个带有 10 像素水平和垂直间距的 BorderLayout 布局管理器。然后,向这个面板的不同区域添加了按钮或文本区域。最后,将这个面板添加到主窗口中,并使主窗口可见。

14.3.3 网格布局管理器

GridLayout 是 Swing 提供的一个布局管理器,它将容器划分为一个由行和列组成的网格。每个组件都被放置在网格的一个单元格内,并且所有单元格的大小都是相同的,这使得 GridLayout 非常适合用于需要均匀分布组件的场景。例如,在创建计算器界面或表格形式的数据输入表单时,GridLayout 可以确保所有的按钮或输入框以一致的方式排列。

与 FlowLayout 不同,GridLayout 不会自动换行;相反,它严格根据指定的行数和列数来安

排组件的位置。如果添加的组件数量超过了网格中的单元格数量，则组件会在按照顺序填满整个网格后，继续填充新的行或列（取决于构造方法中是否指定了行数或列数）。

GridLayout 提供了下面几种常用的构造方法来满足不同的需求。

- GridLayout()：创建一个默认的 GridLayout 实例，其行为相当于一行一列的网格布局。
- GridLayout(int rows, int cols)：允许指定网格的行数和列数。如果希望某一行或某一列的数量不受限制，可以将该参数设置为 0。
- GridLayout(int rows, int cols, int hgap, int vgap)：不仅允许指定网格的行数和列数，还可以设置组件间的水平（hgap）和垂直（vgap）间距，单位为像素。这对于增加组件之间的空间间隔非常有用。

下面是一个具体的 Java 代码示例，演示了如何使用 GridLayout 作为布局管理器，并将其应用于 JPanel 容器中，同时添加多个按钮来观察布局效果。

```java
import javax.swing.*;
import java.awt.*;

public class GridLayoutExample {

    public static void main(String[] args) {
        // 创建主窗口（JFrame）
        JFrame frame = new JFrame("GridLayout 示例");
        frame.setDefaultCloseOperation(JFrame.EXIT_ON_CLOSE);
        frame.setSize(400, 300);

        // 创建面板（JPanel），并设置其布局管理器为 GridLayout
        JPanel panel = new JPanel();
        // 使用指定行列数（3 行 4 列）及间距（水平 5 像素，垂直 5 像素）的 GridLayout
        GridLayout gridLayout = new GridLayout(3, 4, 5, 5);
        panel.setLayout(gridLayout);

        // 向面板中添加多个按钮
        for (int i = 1; i <= 12; i++) {
            panel.add(new JButton("按钮 " + i));
        }

        frame.add(panel);        // 将面板添加到主窗口

        frame.setVisible(true); // 显示主窗口
    }
}
```

运行结果如图 14.6 所示。

图 14.6 网格布局管理器代码示例运行结果

在这个例子中，首先创建了一个名为"GridLayout 示例"的主窗口，并设置了它的关闭操作和尺寸。接着，创建了一个 JPanel 实例，并为其指定了一个 GridLayout 布局管理器，该布局管理器设置为 3 行 4 列，组件间的水平和垂直间距均为 5 像素。然后，使用循环向这个面板中添加了 12 个按钮，每个按钮都标有唯一的编号。最后，将这个面板添加到主窗口中，并使主窗口可见。

14.4 常用的面板

面板也是一个 Swing 容器，可以容纳其他组件，但它必须被添加到其他容器中。Swing 中常用的面板包括 JPanel 面板和 JScrollPane 滚动面板。

14.4.1 JPanel 面板

JPanel 主要用于组合和组织多个组件。它本身不提供任何装饰（如边框或标题），这使得它非常适合作为布局管理的基础单元。通过使用 JPanel，开发者可以将相关的控件分组，并根据需要应用不同的布局管理器，从而构建复杂且功能丰富的用户界面。例如，在一个包含多个功能模块的应用程序中，可以使用多个 JPanel 实例来分别承载各个模块的 UI 元素。这样不仅有助于保持代码的整洁性和可维护性，还能通过嵌套 JPanel 来实现更灵活的布局结构。

创建一个 JPanel 对象非常简单，只需使用无参构造方法即可：

```
JPanel panel = new JPanel();
```

默认情况下，JPanel 使用 FlowLayout 作为其布局管理器，这意味着添加到 JPanel 中的组件会按照从左到右的顺序排列。当然，也可以根据需要指定其他布局管理器，如 BorderLayout 或 GridLayout。

下面是一个简单的示例，演示了如何向 JPanel 中添加组件，并将其添加到更大的容器（如 JFrame）中。

```
import javax.swing.*;
import java.awt.*;

public class SimpleJPanelExample {

    public static void main(String[] args) {
        // 创建主窗口（JFrame）
        JFrame frame = new JFrame("JPanel 示例");
        frame.setDefaultCloseOperation(JFrame.EXIT_ON_CLOSE);
        frame.setSize(400, 300);

        JPanel panel = new JPanel();   // 创建面板（JPanel）

        // 向面板中添加按钮
        panel.add(new JButton("按钮一"));
        panel.add(new JButton("按钮二"));

        frame.add(panel);              // 将面板添加到主窗口

        frame.setVisible(true);        // 显示主窗口
    }
}
```

运行结果如图 14.7 所示。

图 14.7　JPanel 面板示例运行结果

此代码创建了一个包含两个按钮的 JPanel，并将其添加到了 JFrame 中。由于未指定布局管理器，JPanel 使用了默认的 FlowLayout，因此按钮会按照添加顺序从左至右排列。

14.4.2　JScrollPane 滚动面板

JScrollPane 用于为包含大量数据或较大组件的区域提供滚动功能。这意味着当组件的内容超出其视口（即可见区域）时，用户可以通过滚动条查看剩余部分。特别是在处理表格、文本区域或其他需要展示大量信息的组件时，JScrollPane 的重要性尤为突出。

创建一个 JScrollPane 实例通常涉及将其围绕另一个组件（如 JTextArea、JList 或另一个 JPanel）包装起来。下面是一个简单的示例，演示了如何指定视口视图，并调整滚动条策略。

```java
import javax.swing.*;

public class SimpleJScrollPaneExample {

    public static void main(String[] args) {
        // 创建主窗口（JFrame）
        JFrame frame = new JFrame("JScrollPane 示例");
        frame.setDefaultCloseOperation(JFrame.EXIT_ON_CLOSE);
        frame.setSize(300, 200);

        // 创建一个较大的组件，这里使用 JTextArea 作为例子
        JTextArea textArea = new JTextArea(20, 50);
        for (int i = 1; i <= 20; i++) {
            textArea.append("这是第 " + i + " 行文本\n");
        }

        // 创建 JScrollPane 实例并设置视口视图
        JScrollPane scrollPane = new JScrollPane(textArea);

        // 设置水平和垂直滚动条策略
        scrollPane.setVerticalScrollBarPolicy(JScrollPane.VERTICAL_SCROLLBAR_ALWAYS);
        scrollPane.setHorizontalScrollBarPolicy(JScrollPane.HORIZONTAL_SCROLLBAR_AS_NEEDED);

        frame.add(scrollPane); // 将 JScrollPane 添加到主窗口

        frame.setVisible(true); // 显示主窗口
    }
}
```

运行结果如图 14.8 所示。

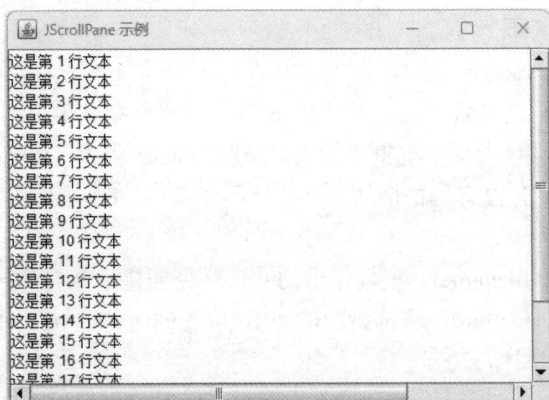

图 14.8　JScrollPane 滚动面板示例运行结果

在这个示例中，首先创建了一个包含多行文本的 JTextArea，然后创建了一个 JScrollPane 并将 JTextArea 作为其视口视图。通过调用 setVerticalScrollBarPolicy 和 setHorizontalScrollBarPolicy 方法，可以控制滚动条的行为。在这个例子中，垂直滚动条总是显示，而水平滚动条则根据需要显示。

14.5　标签组件与图标

在 GUI 开发中，标签组件和图标是不可或缺的元素。它们不仅能够向用户提供清晰的信息提示，还能通过视觉效果提升界面的吸引力和易用性。Swing 提供了丰富的工具来支持这些功能，其中 JLabel 和 ImageIcon 是两个重要的组成部分。

14.5.1　JLabel 标签组件

JLabel 是 Swing 中的一个基本组件，用于显示文本、图像或同时显示两者。它通常用来向用户提供信息或标识其他组件（如按钮或文本框）。与其他可交互组件不同，JLabel 本身不响应用户的直接输入事件，但可以通过设置图标、字体、颜色等属性来增强其视觉效果和信息传达能力。以下是 JLabel 的几种常用构造方法。

- JLabel()：创建一个没有文本和图标的空 JLabel 实例。
- JLabel(String text)：创建一个带有指定文本的 JLabel 实例。例如：

```
JLabel label = new JLabel("欢迎!");
```

- JLabel(Icon image)：创建一个带有指定图标的 JLabel 实例。例如：

```
JLabel iconLabel = new JLabel(new ImageIcon("path/to/icon.png"));
```

- JLabel(String text, Icon icon, int horizontalAlignment)：创建一个同时包含文本和图标的 JLabel 实例，并指定它们在标签中的水平对齐方式。水平对齐方式可以是 SwingConstants.LEFT、SwingConstants.CENTER、SwingConstants.RIGHT 或 SwingConstants.LEADING。

通过这些构造方法，开发者可以根据实际需求灵活地创建标签组件，从而为用户提供直观的信息展示。

14.5.2 图标的使用

在 Swing 应用程序中，图标（Icon）是用于增强用户界面视觉效果的重要元素。它们通常与按钮、标签等组件结合使用，以提供更直观的用户体验。Swing 提供了 ImageIcon 类作为实现 Icon 接口的一个具体类，允许开发者轻松地加载和显示图像文件。ImageIcon 提供了以下多种构造方法来满足不同的初始化需求。

- ImageIcon(String filename)：根据指定的文件路径创建一个 ImageIcon 实例。
- ImageIcon(URL location)：根据指定的 URL 位置创建一个 ImageIcon 实例。这非常适合从网络资源加载图标。
- ImageIcon(Image image)：使用已经存在的 Image 对象创建一个 ImageIcon 实例。这对于动态生成图像或处理已有图像数据非常有用。

下面是一个完整的 Java 代码示例，演示了如何使用图标。

```java
import javax.swing.*;
import java.awt.*;
import java.net.URL;

public class ImageIconExample {

    public static void main(String[] args) {
        // 创建并设置主窗口（JFrame）
        JFrame frame = new JFrame("图标使用示例");
        frame.setDefaultCloseOperation(JFrame.EXIT_ON_CLOSE);
        frame.setSize(400, 300);
        frame.setLayout(new FlowLayout()); // 设置布局管理器为 FlowLayout

        // 使用本地路径创建 ImageIcon 实例
        ImageIcon localIcon = new ImageIcon("path/to/local/icon.png"); // 请替换为自己的图片路径
        if (localIcon.getImageLoadStatus() != MediaTracker.COMPLETE) {
            System.out.println("无法加载本地图标，请检查路径。");
        }

        // 使用 URL 创建 ImageIcon 实例
        try {
            URL url = new URL("https://upload.wikimedia.org/wikipedia/commons/6/6a/Java-logo.png");
            ImageIcon webIcon = new ImageIcon(url);
            JLabel webLabel = new JLabel(webIcon);
            frame.add(webLabel); // 将带有网络图标的 JLabel 添加到窗口
        } catch (Exception e) {
            System.out.println("无法加载网络图标：" + e.getMessage());
        }

        // 创建一个同时包含文本和图标的 JLabel，并指定水平对齐方式为中心对齐
        JLabel combinedLabel = new JLabel("带有图标的文本", localIcon, SwingConstants.CENTER);

        // 将带有本地图标的 JLabel 添加到窗口
        frame.add(combinedLabel);

        // 显示主窗口
        frame.setVisible(true);
    }
}
```

运行结果如图 14.9 所示。

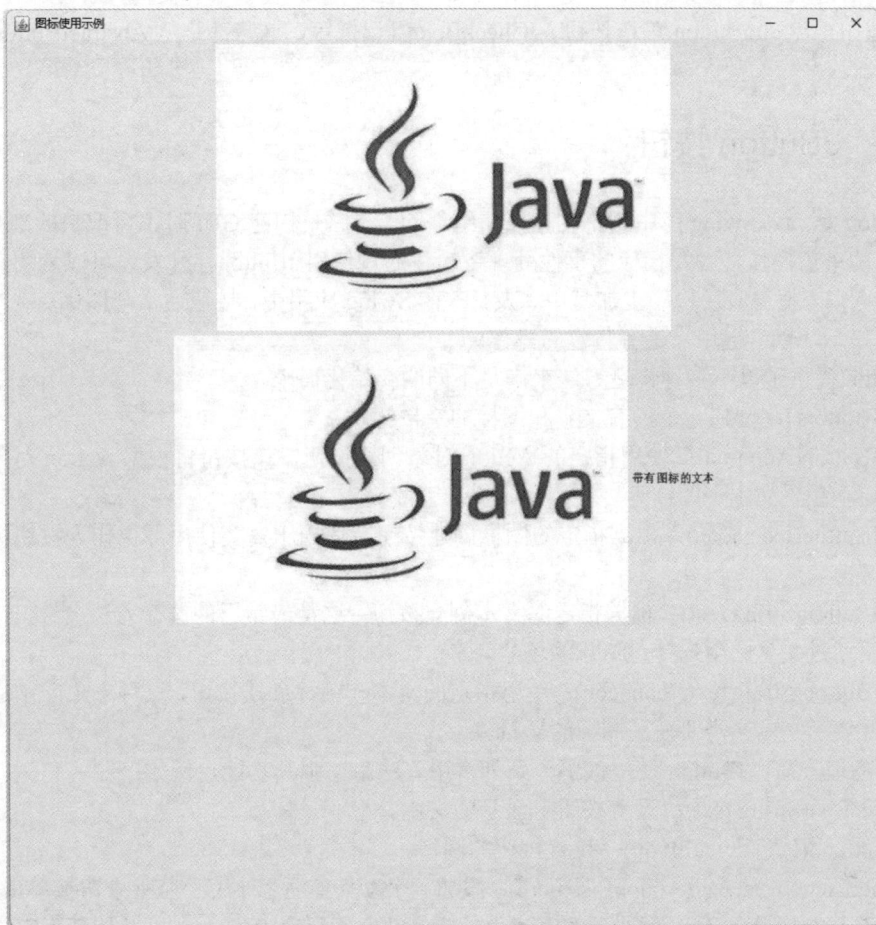

图 14.9　图标的使用示例运行结果

（1）创建主窗口：首先创建一个 JFrame 实例作为应用程序的主窗口，并设置关闭操作、大小以及布局管理器（这里使用了 FlowLayout）。

（2）加载图标：尝试从本地文件系统加载一个图标，使用的是 ImageIcon(String filename)构造方法。请注意，需要替换 path/to/local/icon.png 为实际存在的图片路径。另外还尝试从网络加载一个图标，使用的是 ImageIcon(URL location)构造方法，并将该图标添加到了一个 JLabel 中。

（3）创建并配置带有图标的 JLabel：创建了一个同时包含文本和图标的 JLabel 实例，这里的图标是从本地文件系统加载的。指定了文本和图标的水平对齐方式为中心对齐。

（4）将组件添加到主窗口：最后，将这两个 JLabel 实例（一个只含网络图标，另一个同时含有文本和本地图标）添加到了主窗口中。

（5）显示主窗口：通过调用 frame.setVisible(true)方法使主窗口及其内容可见。

14.6　按　钮　组　件

按钮在 Swing 中是比较常用的组件，用于触发特定动作。Swing 提供了多种按钮组件，如

JButton 按钮、JRadioButton 单选按钮、JCheckBox 复选框等，这些都是从 AbstractButton 类中继承而来的。

14.6.1　JButton 按钮

JButton 是 Java Swing 库中用于创建按钮组件的类。它是构建 GUI 时不可或缺的部分，能够响应用户的单击操作，触发相应的事件处理逻辑。通过使用 JButton，开发者可以为用户提供直观的操作入口，使得应用程序更加易用和友好。在 Swing 应用中，按钮通常与图标、文本或两者结合一起显示，以引导用户进行特定的操作。

JButton 提供了以下多种构造方法来满足不同的初始化需求。

- JButton()：创建一个没有文本和图标的空按钮。
- JButton(Action a)：使用指定的 Action 对象创建按钮，该按钮将根据 Action 对象的属性自动设置文本、图标等。
- JButton(Icon icon)：根据指定的图标创建按钮，适用于需要使用图像作为按钮标识符的情况。
- JButton(String text)：根据指定的文本创建按钮，这是最常用的构造方法之一，适合于需要通过文字向用户传达信息的场景。
- JButton(String text, Icon icon)：使用指定的文本和图标创建按钮，这种方式非常适合既需要展示文本又需要使用图标的场景。

除了构造方法，JButton 还提供了一系列常用方法来增强其功能，例如：

- setText(String text)：设置按钮上显示的文本。
- setIcon(Icon defaultIcon)：设置按钮的图标。
- addActionListener(ActionListener l)：添加一个动作监听器，用于监听按钮被单击的事件。

以下是一个完整的 Java 代码示例，演示了如何创建并配置 JButton，以及如何为它添加动作监听器来处理单击事件。

```java
import javax.swing.*;
import java.awt.event.ActionEvent;
import java.awt.event.ActionListener;

public class JButtonExample {

    public static void main(String[] args) {
        // 创建主窗口（JFrame）
        JFrame frame = new JFrame("JButton 示例");
        frame.setDefaultCloseOperation(JFrame.EXIT_ON_CLOSE);
        frame.setSize(300, 200);

        // 创建一个带有文本的 JButton 实例
        JButton buttonWithText = new JButton("单击我");

        // 添加动作监听器到按钮
        buttonWithText.addActionListener(new ActionListener() {
            @Override
            public void actionPerformed(ActionEvent e) {
                JOptionPane.showMessageDialog(frame, "你单击了带文本的按钮！");
            }
        });

        // 创建一个带有文本和图标的 JButton 实例
        ImageIcon icon = new ImageIcon("path/to/icon.png"); // 替换为自己的图片路径
        JButton buttonWithTextAndIcon = new JButton("单击我", icon);
```

```
// 添加动作监听器到按钮
buttonWithTextAndIcon.addActionListener(new ActionListener() {
    @Override
    public void actionPerformed(ActionEvent e) {
        JOptionPane.showMessageDialog(frame, "你单击了带文本和图标的按钮！");
    }
});

// 将按钮添加到内容面板
frame.getContentPane().add(buttonWithText, BorderLayout.NORTH);
frame.getContentPane().add(buttonWithTextAndIcon, BorderLayout.SOUTH);

// 显示主窗口
frame.setVisible(true);
}
```

运行结果如图 14.10 所示。

图 14.10　JButton 按钮示例运行结果

（1）创建主窗口：首先，创建一个 JFrame 实例，并设置关闭操作、大小。这里选择 EXIT_ON_CLOSE，这意味着当用户关闭窗口时，程序会退出。

（2）创建带有文本的按钮：创建一个 JButton 实例，只传入文本参数。然后，给这个按钮添加一个 ActionListener，当按钮被单击时，会弹出一个消息框提示用户。

（3）创建带有文本和图标的按钮：接下来，创建另一个 JButton 实例，这次不仅传入了文本，还传入了一个图标。同样地，也给这个按钮添加一个 ActionListener，当按钮被单击时，也会弹出一个消息框提示用户。

（4）布局管理：使用了 BorderLayout 布局管理器来安排两个按钮的位置，一个位于北边（顶部），另一个位于南边（底部）。

（5）显示主窗口：最后，通过调用 frame.setVisible(true)使主窗口及其内容可见。

14.6.2　JRadioButton 单选按钮

JRadioButton 是 Swing 库中用于创建单选按钮的组件，允许用户从一组选项中选择一个。单选按钮通常成组使用，确保在同一时刻只能选择一个选项。这种交互方式非常适合于需要用户提供单一选择的场景，例如性别选择、偏好设置等。为了实现这一功能，JRadioButton 通常与 ButtonGroup 结合使用，后者负责管理一组单选按钮的选择状态。

1. 单选按钮

JRadioButton 提供了以下多种构造方法来满足不同的初始化需求。

- JRadioButton()：创建一个没有文本和图标的空单选按钮。
- JRadioButton(Icon icon)：根据指定的图标创建单选按钮，适用于需要图像作为标识符的情况。
- JRadioButton(String text)：根据指定的文本创建单选按钮，这是最常用的构造方法之一，适合于通过文字向用户传达信息的场景。
- JRadioButton(String text, Icon icon)：使用指定的文本和图标创建单选按钮，这种方式非常适合既需要展示文本又需要使用图标的场景。

2. 按钮组

为了确保一组中的单选按钮遵循"单选"规则（即同一时间只能选择一个），需要使用 ButtonGroup 类将这些按钮分组。ButtonGroup 并不直接参与布局管理，它只是用来控制哪些 JRadioButton 属于同一个逻辑组，并确保组内只有一个按钮处于选中状态。

以下是一个完整的 Java 代码示例，演示了如何创建并配置 JRadioButton，以及如何使用 ButtonGroup 来管理单选按钮的状态。

```java
import javax.swing.*;
import java.awt.*;
import java.awt.event.ActionEvent;
import java.awt.event.ActionListener;

public class JRadioButtonExample {

    public static void main(String[] args) {
        // 创建主窗口（JFrame）
        JFrame frame = new JFrame("JRadioButton 示例");
        frame.setDefaultCloseOperation(JFrame.EXIT_ON_CLOSE);
        frame.setSize(300, 200);

        // 创建面板（JPanel），并设置其布局为 FlowLayout
        JPanel panel = new JPanel();
        panel.setLayout(new FlowLayout());

        // 创建一个按钮组（ButtonGroup）
        ButtonGroup buttonGroup = new ButtonGroup();

        // 创建三个 JRadioButton 实例，并添加到按钮组中
        JRadioButton option1 = new JRadioButton("选项一");
        JRadioButton option2 = new JRadioButton("选项二");
        JRadioButton option3 = new JRadioButton("选项三");

        buttonGroup.add(option1);
```

```
        buttonGroup.add(option2);
        buttonGroup.add(option3);

        // 将单选按钮添加到面板
        panel.add(option1);
        panel.add(option2);
        panel.add(option3);

        // 添加动作监听器到第一个单选按钮
        option1.addActionListener(new ActionListener() {
            @Override
            public void actionPerformed(ActionEvent e) {
                JOptionPane.showMessageDialog(frame, "你选择了选项一！");
            }
        });

        // 添加动作监听器到第二个单选按钮
        option2.addActionListener(new ActionListener() {
            @Override
            public void actionPerformed(ActionEvent e) {
                JOptionPane.showMessageDialog(frame, "你选择了选项二！");
            }
        });

        // 添加动作监听器到第三个单选按钮
        option3.addActionListener(new ActionListener() {
            @Override
            public void actionPerformed(ActionEvent e) {
                JOptionPane.showMessageDialog(frame, "你选择了选项三！");
            }
        });

        frame.add(panel);        // 将面板添加到主窗口

        frame.setVisible(true); // 显示主窗口
    }
}
```

运行结果如图 14.11 所示。

图 14.11　JRadioButton 单选按钮示例运行结果

（1）创建主窗口：首先创建一个 JFrame 实例，并设置关闭操作为 EXIT_ON_CLOSE，这意味着当用户关闭窗口时程序会退出，同时也设置了窗口大小。

（2）创建面板：接着，创建一个 JPanel 实例，并设置它的布局为 FlowLayout，这使得所有组件按照添加顺序从左至右排列。

（3）创建按钮组：然后，创建一个 ButtonGroup 实例，用于管理一组 JRadioButton 的选择状态，确保在同一时刻只能有一个按钮被选中。

（4）创建并配置单选按钮：创建三个 JRadioButton 实例，并将它们都添加到之前创建的

ButtonGroup 中。这样就实现了"单选"的效果。每个单选按钮还分别添加 ActionListener，用于在按钮被单击时显示相应的消息框。

（5）将单选按钮添加到面板：将这三个单选按钮添加到面板上，以便它们能够显示在窗口中。

（6）显示主窗口：最后，通过调用 frame.setVisible(true)使主窗口及其内容变得可见，让用户可以与之交互。

14.6.3　JCheckBox 复选框

JCheckBox 是 Swing 库中用于创建复选框组件的类，允许用户从一组选项中选择多个选项。与单选按钮不同，复选框可以独立地被选中或取消选中，这使得它们非常适合需要用户提供多选设置的场景，例如兴趣爱好选择、功能启用/禁用等。通过使用 JCheckBox，开发者可以为用户提供灵活的选择方式，以适应不同的需求和偏好。

JCheckBox 提供了多种构造方法来满足不同的初始化需求。

- JCheckBox()：创建一个没有文本和图标的空复选框。
- JCheckBox(Icon icon)：根据指定的图标创建复选框，适用于需要图像作为标识符的情况。
- JCheckBox(String text)：根据指定的文本创建复选框，这是最常用的构造方法之一，适合于通过文字向用户传达信息的场景。
- JCheckBox(String text, Icon icon)：使用指定的文本和图标创建复选框，这种方式非常适合既需要展示文本又需要使用图标的场景。
- JCheckBox(String text, boolean selected)：根据指定的文本和初始选中状态创建复选框，其中 selected 参数决定复选框是否默认选中。

以下是一个完整的 Java 代码示例，演示了如何创建并配置 JCheckBox，以及如何为它添加事件监听器来处理用户的交互行为。

```java
import javax.swing.*;
import java.awt.*;
import java.awt.event.ActionEvent;
import java.awt.event.ActionListener;

public class JCheckBoxExample {

    public static void main(String[] args) {
        // 创建主窗口（JFrame）
        JFrame frame = new JFrame("JCheckBox 示例");
        frame.setDefaultCloseOperation(JFrame.EXIT_ON_CLOSE);
        frame.setSize(300, 200);

        // 创建面板（JPanel），并设置其布局为 FlowLayout
        JPanel panel = new JPanel();
        panel.setLayout(new FlowLayout());

        // 创建三个 JCheckBox 实例
        JCheckBox option1 = new JCheckBox("选项一");
        JCheckBox option2 = new JCheckBox("选项二");
        JCheckBox option3 = new JCheckBox("选项三");

        // 将复选框添加到面板
        panel.add(option1);
        panel.add(option2);
        panel.add(option3);

        // 添加动作监听器到第一个复选框
        option1.addActionListener(new ActionListener() {
            @Override
```

```
        public void actionPerformed(ActionEvent e) {
            JOptionPane.showMessageDialog(frame, "你" + (option1.isSelected() ? "选择了" : "取消了") +
"选项一！");
        }
    });

    // 添加动作监听器到第二个复选框
    option2.addActionListener(new ActionListener() {
        @Override
        public void actionPerformed(ActionEvent e) {
            JOptionPane.showMessageDialog(frame, "你" + (option2.isSelected() ? "选择了" : "取消了") +
"选项二！");
        }
    });

    // 添加动作监听器到第三个复选框
    option3.addActionListener(new ActionListener() {
        @Override
        public void actionPerformed(ActionEvent e) {
            JOptionPane.showMessageDialog(frame, "你" + (option3.isSelected() ? "选择了" : "取消了") +
"选项三！");
        }
    });

    // 创建"确认选择"按钮，用于显示所有选中的复选框
    JButton confirmButton = new JButton("确认选择");
    confirmButton.addActionListener(new ActionListener() {
        @Override
        public void actionPerformed(ActionEvent e) {
            StringBuilder message = new StringBuilder("你选择了:\n");
            if (option1.isSelected()) message.append("选项一\n");
            if (option2.isSelected()) message.append("选项二\n");
            if (option3.isSelected()) message.append("选项三\n");
            if (message.length() == "你选择了:\n".length()) message.append("无");
            JOptionPane.showMessageDialog(frame, message.toString());
        }
    });
    panel.add(confirmButton);

    // 将面板添加到主窗口
    frame.add(panel);

    // 显示主窗口
    frame.setVisible(true);
    }
}
```

运行结果如图 14.12 所示。

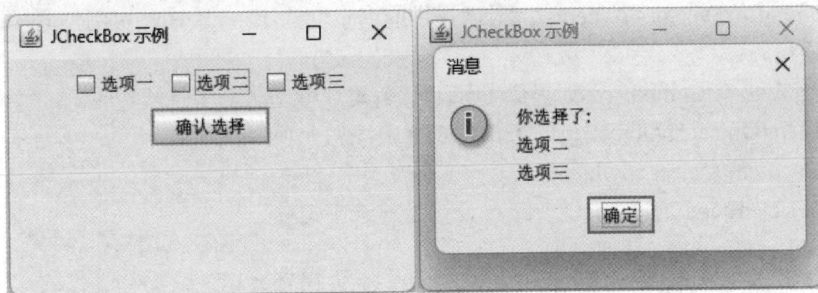

图 14.12　JCheckBox 复选框示例运行结果

（1）创建主窗口：首先，创建一个 JFrame 实例，并设置关闭操作为 EXIT_ON_CLOSE，这意味着当用户关闭窗口时程序会退出，同时也设置了窗口大小。

（2）创建面板：接着，创建一个 JPanel 实例，并设置它的布局为 FlowLayout，这使得所有

组件按照添加顺序从左至右排列。

（3）创建并配置复选框：创建三个 JCheckBox 实例，并将它们都添加到面板上。每个复选框分别添加了一个 ActionListener，用于在复选框状态改变时（即选中或取消选中时）显示相应的消息框。

（4）创建"确认选择"按钮：为了方便查看当前选中的所有复选框，还创建"确认选择"按钮。当用户单击这个按钮时，会弹出一个消息框，列出所有已被选中的复选框。

（5）将面板添加到主窗口：将面板添加到主窗口中，以便所有组件都能够正确显示。

（6）显示主窗口：最后，通过调用 frame.setVisible(true)使主窗口及其内容变得可见，让用户可以与之交互。

14.7 列 表 组 件

在 Swing 中，列表组件是用户界面中常见的交互元素，用于显示一组选项供用户选择。Swing 提供了两种主要的列表组件：下拉列表框（JComboBox）和列表框（JList）。这两种组件各有特点，适用于不同的使用场景。

14.7.1 JComboBox 下拉列表框

JComboBox 是 Swing 库中用于创建下拉列表框的组件，允许用户从预定义的一组选项中选择一个值。它非常适合用于需要用户提供单一选择的场景，如选择日期、城市、颜色等。通过使用 JComboBox，开发者可以为用户提供直观且易于操作的选择界面，同时还能省省宝贵的屏幕空间，因为只有在用户单击下拉箭头时才会显示所有选项。

JComboBox 提供了多种构造方法来满足不同的初始化需求。

- JComboBox()：创建一个空的 JComboBox 实例。
- JComboBox(ComboBoxModel aModel)：使用指定的数据模型创建 JComboBox 实例。这适用于需要自定义数据模型的情况。
- JComboBox(Object[] items)：根据提供的对象数组创建 JComboBox 实例，适合于静态选项集。
- JComboBox(Vector<?> items)：根据提供的向量创建 JComboBox 实例，同样适用于静态选项集。

除了构造方法，JComboBox 还提供了如下一系列常用方法来增强其功能。

- addItem(Object anObject)：向下拉列表框中添加一项。
- removeItem(Object anObject)：从下拉列表框中移除一项。
- setSelectedItem(Object anObject)：设置当前选中的项。
- getSelectedItem()：获取当前选中的项。
- addActionListener(ActionListener l)：添加动作监听器，用于监听项被选中的事件。

以下是一个完整的 Java 代码示例，演示了如何创建并配置 JComboBox，以及如何为其添加事件监听器以响应用户的交互行为。

```
import javax.swing.*;
import java.awt.event.ActionEvent;
import java.awt.event.ActionListener;
```

```
public class JComboBoxExample {

    public static void main(String[] args) {
        // 创建主窗口（JFrame）
        JFrame frame = new JFrame("JComboBox 示例");
        frame.setDefaultCloseOperation(JFrame.EXIT_ON_CLOSE);
        frame.setSize(300, 200);

        // 创建面板（JPanel），并设置其布局为 FlowLayout
        JPanel panel = new JPanel();
        panel.setLayout(new FlowLayout());

        // 创建一个包含几个选项的 JComboBox 实例
        String[] options = {"选项一", "选项二", "选项三"};
        JComboBox<String> comboBox = new JComboBox<>(options);

        // 添加一个额外的选项到 JComboBox
        comboBox.addItem("选项四");

        // 将 JComboBox 添加到面板
        panel.add(comboBox);

        // 添加动作监听器到 JComboBox
        comboBox.addActionListener(new ActionListener() {
            @Override
            public void actionPerformed(ActionEvent e) {
                // 获取当前选中的项
                String selectedOption = (String) comboBox.getSelectedItem();
                JOptionPane.showMessageDialog(frame, "你选择了: " + selectedOption);
            }
        });

        // 创建"确认选择"按钮，用于显示当前选中的选项
        JButton confirmButton = new JButton("确认选择");
        confirmButton.addActionListener(new ActionListener() {
            @Override
            public void actionPerformed(ActionEvent e) {
                String selectedOption = (String) comboBox.getSelectedItem();
                JOptionPane.showMessageDialog(frame, "你选择了: " + selectedOption);
            }
        });
        panel.add(confirmButton);

        // 将面板添加到主窗口
        frame.add(panel);

        // 显示主窗口
        frame.setVisible(true);
    }
}
```

运行结果如图 14.13 所示。

图 14.13　JComboBox 下拉列表框示例运行结果

（1）创建主窗口：首先，创建一个 JFrame 实例，并设置关闭操作为 EXIT_ON_CLOSE，这意味着当用户关闭窗口时程序会退出，同时也设置了窗口大小。

（2）创建面板：接着，创建一个 JPanel 实例，并设置它的布局为 FlowLayout，这使得所有组件按照添加顺序从左至右排列。

（3）创建并配置 JComboBox：创建一个 JComboBox 实例，初始包含三个选项（"选项一"、"选项二"和"选项三"）。此外，还使用 addItem 方法动态地添加一个额外的选项（"选项四"）。

（4）添加动作监听器：为 JComboBox 添加一个 ActionListener，这样每当用户从下拉列表中选择一个新选项时，都会弹出一个消息框显示所选的选项。

（5）创建"确认选择"按钮：为了方便查看当前选中的选项，还创建"确认选择"按钮。当用户单击这个按钮时，会弹出一个消息框显示当前选中的选项。

（6）将面板添加到主窗口：将面板添加到主窗口中，以便所有组件都能够正确显示。

（7）显示主窗口：最后，通过调用 frame.setVisible(true)使主窗口及其内容变得可见，让用户可以与之交互。

14.7.2　JList 列表框

JList 是 Swing 库中用于创建列表框的组件，允许用户从一个可滚动的选项列表中选择一项或多项。与 JComboBox 不同，JList 可以同时显示多个选项，并且支持单选或多选模式，这使得它非常适合用于需要提供大量选项供用户选择的场景。通过使用 JList，开发者能够为用户提供一种直观的方式来浏览和选择数据，特别适合于数据量较大的情况。

JList 提供了多种构造方法来满足不同的初始化需求。

- JList()：创建一个空的 JList 实例。
- JList(ListModel model)：使用指定的数据模型创建 JList 实例。这适用于需要自定义数据模型的情况。
- JList(Object[] listData)：根据提供的对象数组创建 JList 实例，适合于静态选项集。
- JList(Vector<?> listData)：根据提供的向量创建 JList 实例，同样适用于静态选项集。

以下是一个完整的 Java 代码示例，演示了如何创建并配置 JList，以及如何为其添加事件监听器以响应用户的交互行为。

```
import javax.swing.*;
import java.awt.*;
import javax.swing.event.ListSelectionEvent;
import javax.swing.event.ListSelectionListener;

public class JListExample {

    public static void main(String[] args) {
        // 创建主窗口（JFrame）
        JFrame frame = new JFrame("JList 示例");
        frame.setDefaultCloseOperation(JFrame.EXIT_ON_CLOSE);
        frame.setSize(300, 200);

        // 创建面板（JPanel），并设置其布局为 BorderLayout
        JPanel panel = new JPanel();
        panel.setLayout(new BorderLayout());

        // 创建一个包含几个选项的 JList 实例
        String[] options = {"苹果", "香蕉", "橙子", "草莓", "蓝莓"};
```

```
    JList<String> list = new JList<>(options);

    // 设置列表为允许多选模式
    list.setSelectionMode(ListSelectionModel.MULTIPLE_INTERVAL_SELECTION);

    // 添加列表到带有滚动条的容器中
    JScrollPane scrollPane = new JScrollPane(list);
    panel.add(scrollPane, BorderLayout.CENTER);

    // 添加列表选择监听器
    list.addListSelectionListener(new ListSelectionListener() {
        @Override
        public void valueChanged(ListSelectionEvent e) {
            if (!e.getValueIsAdjusting()) { // 防止在调整过程中多次触发
                StringBuilder selectedItems = new StringBuilder("你选择了:\n");
                for (Object item : list.getSelectedValuesList()) {
                    selectedItems.append(item).append("\n");
                }
                JOptionPane.showMessageDialog(frame, selectedItems.toString());
            }
        }
    });

    // 创建"确认选择"按钮, 用于显示当前选中的选项
    JButton confirmButton = new JButton("确认选择");
    confirmButton.addActionListener(e -> {
        StringBuilder selectedItems = new StringBuilder("你选择了:\n");
        for (Object item : list.getSelectedValuesList()) {
            selectedItems.append(item).append("\n");
        }
        JOptionPane.showMessageDialog(frame, selectedItems.toString());
    });
    panel.add(confirmButton, BorderLayout.SOUTH);

    // 将面板添加到主窗口
    frame.add(panel);

    // 显示主窗口
    frame.setVisible(true);
    }
}
```

运行结果如图 14.14 所示。

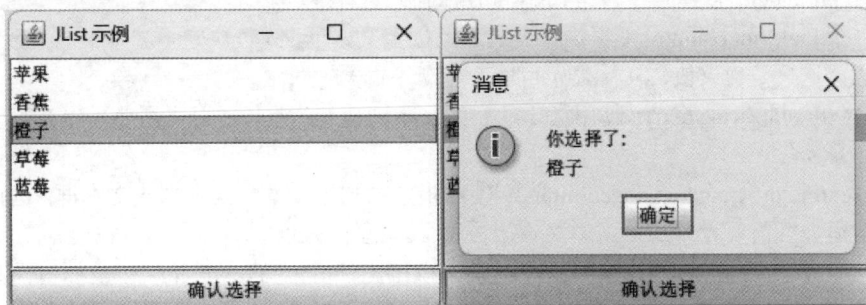

图 14.14　JList 列表框代码示例运行结果

（1）创建主窗口：首先，创建一个 JFrame 实例，并设置关闭操作为 EXIT_ON_CLOSE，这

意味着当用户关闭窗口时程序会退出，同时也设置了窗口大小。

（2）创建面板：接着，创建一个 JPanel 实例，并设置它的布局为 BorderLayout，以便可以将组件合理地放置在不同的位置（如中心和南边）。

（3）创建并配置 JList：创建一个 JList 实例，初始包含五个水果名称的选项。为了支持多选，设置了选择模式为 MULTIPLE_INTERVAL_SELECTION，这样用户可以选择不连续的多个项。

（4）添加滚动条：由于 JList 可能包含很多选项，超出了窗口的可视范围，因此将 JList 放入一个 JScrollPane 中，这样即使选项超出可见区域，用户也可以通过滚动查看所有选项。

（5）添加列表选择监听器：为 JList 添加一个 ListSelectionListener，每当用户更改所选项目时都会触发此监听器。为了避免在用户拖动选择时频繁弹出消息框，检查 getValueIsAdjusting() 方法返回的值是否为 false。

（6）创建"确认选择"按钮：为了方便查看当前选中的选项，还创建了"确认选择"按钮。当用户单击这个按钮时，会弹出一个消息框显示当前选中的所有选项。

（7）将面板添加到主窗口：将面板添加到主窗口中，确保所有组件都能够正确显示。

（8）显示主窗口：最后，通过调用 frame.setVisible(true) 使主窗口及其内容变得可见，让用户可以与之交互。

14.8 文 本 组 件

在实际的项目开发中，文本组件是最为广泛使用的界面元素之一。它们不仅用于显示信息，还允许用户输入和编辑数据。Swing 提供了多种文本组件来满足不同的需求，包括单行文本框（JTextField）、密码框（JPasswordField）、多行文本域（JTextArea）等。

14.8.1 JTextField 文本框

JTextField 是 Swing 库中用于创建单行文本输入框的组件，允许用户在 GUI 中输入文本信息。它是构建交互式应用程序时不可或缺的部分，适用于需要用户输入简短文字的场景，例如输入用户名、搜索关键词或填写表单等。通过使用 JTextField，开发者可以为用户提供一个直观且易于操作的文本输入区域，并能够对用户的输入进行处理和响应。

JTextField 提供了多种构造方法来满足不同的初始化需求。

- JTextField()：创建一个没有初始文本的空文本框。
- JTextField(int columns)：根据指定的列数创建文本框。列数决定了文本框的大致宽度（注意，这只是建议值，实际显示可能会有所不同）。
- JTextField(String text)：使用指定的初始文本创建文本框，适合于需要预填充某些文本的场景。
- JTextField(String text, int columns)：使用指定的初始文本和列数创建文本框，这种方式非常适合既需要设置初始文本又希望控制文本框宽度的情况。

以下是一个完整的 Java 代码示例，演示了如何创建并配置 JTextField，以及如何为其添加事件监听器以响应用户的交互行为。

```
import javax.swing.*;
import java.awt.*;
import java.awt.event.ActionEvent;
```

```java
import java.awt.event.ActionListener;

public class JTextFieldExample {

    public static void main(String[] args) {
        // 创建主窗口（JFrame）
        JFrame frame = new JFrame("JTextField 示例");
        frame.setDefaultCloseOperation(JFrame.EXIT_ON_CLOSE);
        frame.setSize(300, 200);

        // 创建面板（JPanel），并设置其布局为 FlowLayout
        JPanel panel = new JPanel();
        panel.setLayout(new FlowLayout());

        // 创建一个带有提示文本的 JTextField 实例
        JTextField textField = new JTextField("请输入文本...", 20);

        // 添加焦点监听器，当文本框获得焦点时清除提示文本
        textField.addFocusListener(new java.awt.event.FocusAdapter() {
            public void focusGained(java.awt.event.FocusEvent evt) {
                if (textField.getText().equals("请输入文本...")) {
                    textField.setText("");
                }
            }

            public void focusLost(java.awt.event.FocusEvent evt) {
                if (textField.getText().isEmpty()) {
                    textField.setText("请输入文本...");
                }
            }
        });

        panel.add(textField); // 将 JTextField 添加到面板

        // 创建“确认输入”按钮，用于显示当前输入的文本
        JButton confirmButton = new JButton("确认输入");
        confirmButton.addActionListener(new ActionListener() {
            @Override
            public void actionPerformed(ActionEvent e) {
                String inputText = textField.getText();
                JOptionPane.showMessageDialog(frame, "你输入的是: " + inputText);
            }
        });
        panel.add(confirmButton);

        // 将面板添加到主窗口
        frame.add(panel);

        // 显示主窗口
        frame.setVisible(true);
    }
}
```

运行结果如图 14.15 所示。

图 14.15　JTextField 文本框示例运行结果

（1）创建主窗口：首先，创建一个 JFrame 实例，并设置关闭操作为 EXIT_ON_CLOSE，这意味着当用户关闭窗口时程序会退出，同时也设置了窗口大小。

（2）创建面板：接着，创建一个 JPanel 实例，并设置它的布局为 FlowLayout，这使得所有组件按照添加顺序从左至右排列。

（3）创建并配置 JTextField：创建一个 JTextField 实例，设置初始文本为"请输入文本..."，并且指定列数为 20，这影响了文本框的宽度。为了提供更好的用户体验，还为该文本框添加了焦点监听器，这样当用户单击文本框时会自动清除提示文本，如果用户未输入任何内容离开文本框，则恢复提示文本。

（4）添加"确认输入"按钮：为了方便查看用户输入的内容，还创建"确认输入"按钮。当用户单击这个按钮时，会弹出一个消息框显示用户输入的文本。

（5）将面板添加到主窗口：将面板添加到了主窗口中，确保所有组件都能够正确显示。

（6）显示主窗口：最后，通过调用 frame.setVisible(true)使主窗口及其内容变得可见，让用户可以与之交互。

14.8.2 JPasswordField 密码框

JPasswordField 是 Swing 库中用于创建密码输入框的组件，它允许用户在 GUI 中安全地输入敏感信息如密码。与普通文本框不同的是，JPasswordField 会隐藏用户输入的实际字符，通常以星号（*）或圆点（·）代替显示，从而保护用户的隐私和数据安全。它是构建需要用户认证、登录等功能的应用程序时不可或缺的部分，确保了用户输入的安全性。

JPasswordField 提供了多种构造方法来满足不同的初始化需求。

- JPasswordField()：创建一个没有初始文本的空密码框。
- JPasswordField(int columns)：根据指定的列数创建密码框。列数决定了密码框的大致宽度（注意，这只是建议值，实际显示可能会有所不同）。
- JPasswordField(String text)：使用指定的初始文本创建密码框，虽然不推荐预填充密码，但在某些场景下可能有用。
- JPasswordField(String text, int columns)：使用指定的初始文本和列数创建密码框，这种方式适合既需要设置初始文本又希望控制密码框宽度的情况。

以下是一个完整的 Java 代码示例，演示了如何创建并配置 JPasswordField，以及如何为其添加事件监听器以响应用户的交互行为。

```java
import javax.swing.*;
import java.awt.event.ActionEvent;
import java.awt.event.ActionListener;
import java.awt.*;

public class JPasswordFieldExample {

    public static void main(String[] args) {
        // 创建主窗口（JFrame）
        JFrame frame = new JFrame("JPasswordField 示例");
        frame.setDefaultCloseOperation(JFrame.EXIT_ON_CLOSE);
        frame.setSize(300, 150);

        // 创建面板（JPanel），并设置其布局为 GridLayout
        JPanel panel = new JPanel();
        panel.setLayout(new GridLayout(2, 2));
```

```
// 创建一个 JLabel 和一个 JPasswordField 实例
JLabel label = new JLabel("请输入密码:");
JPasswordField passwordField = new JPasswordField(15); // 设置密码框宽度

// 将 JLabel 和 JPasswordField 添加到面板
panel.add(label);
panel.add(passwordField);

// 创建"确认密码"按钮, 用于显示当前输入的密码
JButton confirmButton = new JButton("确认密码");
confirmButton.addActionListener(new ActionListener() {
    @Override
    public void actionPerformed(ActionEvent e) {
        // 获取密码框中的密码字符数组, 并转换为字符串
        char[] passwordChars = passwordField.getPassword();
        String password = new String(passwordChars);
        JOptionPane.showMessageDialog(frame, "你输入的密码是: " + password);

        // 清除密码框内容
        passwordField.setText("");
    }
});
panel.add(confirmButton);

// 添加一个清除按钮, 用于清空密码框
JButton clearButton = new JButton("清除密码");
clearButton.addActionListener(e -> passwordField.setText(""));
panel.add(clearButton);

frame.add(panel);        // 将面板添加到主窗口

frame.setVisible(true); // 显示主窗口
    }
}
```

运行结果如图 14.16 所示。

图 14.16　JPasswordField 密码框示例运行结果

（1）创建主窗口：创建一个 JFrame 实例，并设置关闭操作为 EXIT_ON_CLOSE，这意味着当用户关闭窗口时程序会退出，同时也设置了窗口大小。

（2）创建面板：创建一个 JPanel 实例，并设置它的布局为 GridLayout，这使得所有组件可以按照网格形式排列，这里使用了两行两列的布局方式。

（3）创建并配置 JPasswordField：创建一个 JPasswordField 实例，并通过指定列数来设定密码框的宽度。为了提示用户输入密码，还创建一个 JLabel 标签，并将这两个组件添加到了面板上。

（4）添加"确认密码"按钮：为了方便查看用户输入的密码（仅用于演示目的），还创建"确认密码"按钮。当用户单击这个按钮时，会弹出一个消息框显示用户输入的密码，并且随后清空密码框的内容，保证安全性。

（5）添加清除按钮：提供一个清除按钮，用户可以通过单击此按钮快速清空密码框内的内容。

（6）将面板添加到主窗口：将面板添加到主窗口中，确保所有组件都能够正确显示。

（7）显示主窗口：通过调用 frame.setVisible(true)使主窗口及其内容变得可见，让用户可以与之交互。

14.8.3　JTextArea 文本域

JTextArea 是 Swing 库中用于创建多行文本输入区域的组件，允许用户在 GUI 中输入和编辑较长的文本信息。与单行文本框 JTextField 不同，JTextArea 支持多行文本输入，并且可以设置为自动换行或滚动显示超出视区的文本。它非常适合用于需要用户输入大量文本的场景，如输入备注、描述或者聊天消息等。通过使用 JTextArea，开发者能够提供一个灵活的文本编辑环境，满足用户的多样化需求。

JTextArea 提供了多种构造方法来满足不同的初始化需求。

- JTextArea()：创建一个没有初始文本的空文本域。
- JTextArea(int rows, int columns)：根据指定的行数和列数创建文本域，这影响了文本域的初始大小（注意，这只是建议值，实际显示可能会有所不同）。
- JTextArea(String text)：使用指定的初始文本创建文本域，适合于需要预填充某些文本的场景。
- JTextArea(String text, int rows, int columns)：使用指定的初始文本以及行数和列数创建文本域，这种方式非常适合既需要设置初始文本又希望控制文本域大小的情况。

以下是一个完整的 Java 代码示例，演示了如何创建并配置 JTextArea，以及如何将其与滚动面板结合使用以处理大量文本输入，并添加事件监听器以响应用户的交互行为。

```java
import javax.swing.*;
import java.awt.*;
import java.awt.event.ActionEvent;
import java.awt.event.ActionListener;

public class JTextAreaExample {

    public static void main(String[] args) {
        // 创建主窗口（JFrame）
        JFrame frame = new JFrame("JTextArea 示例");
        frame.setDefaultCloseOperation(JFrame.EXIT_ON_CLOSE);
        frame.setSize(400, 300);

        // 创建面板（JPanel），并设置其布局为 BorderLayout
        JPanel panel = new JPanel();
        panel.setLayout(new BorderLayout());
```

```
// 创建一个带有初始文本的 JTextArea 实例，并设置行列数
JTextArea textArea = new JTextArea("请输入你的文本...", 15, 30);
textArea.setLineWrap(true);          // 设置自动换行
textArea.setWrapStyleWord(true);  // 设置按单词换行

// 将 JTextArea 放入 JScrollPane 中，以便可以滚动查看超过可视范围的文本
JScrollPane scrollPane = new JScrollPane(textArea);
panel.add(scrollPane, BorderLayout.CENTER);

// 创建"确认输入"按钮，用于显示当前输入的文本
JButton confirmButton = new JButton("确认输入");
confirmButton.addActionListener(new ActionListener() {
    @Override
    public void actionPerformed(ActionEvent e) {
        String inputText = textArea.getText();
        JOptionPane.showMessageDialog(frame, "你输入的是:\n" + inputText);
    }
});
panel.add(confirmButton, BorderLayout.SOUTH);

// 将面板添加到主窗口
frame.add(panel);

// 显示主窗口
frame.setVisible(true);
    }
}
```

运行结果如图 14.17 所示。

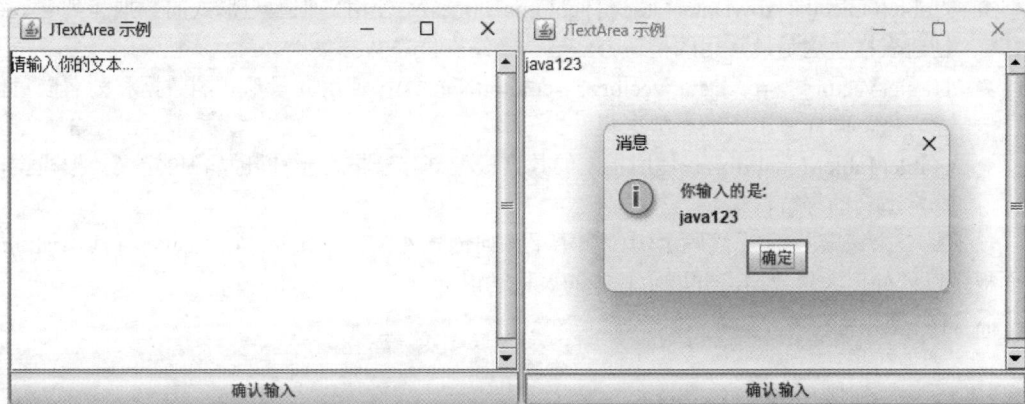

图 14.17　JTextArea 文本域示例运行结果

（1）创建主窗口：创建一个 JFrame 实例，并设置关闭操作为 EXIT_ON_CLOSE，这意味着当用户关闭窗口时程序会退出，同时也设置窗口大小。

（2）创建面板：创建一个 JPanel 实例，并设置它的布局为 BorderLayout，这样可以将组件合理地放置在不同的位置（如中心和南边）。

（3）创建并配置 JTextArea：创建一个 JTextArea 实例，设置初始文本为"请输入你的文本..."，并且指定行数和列数来影响文本域的大小。为了提升用户体验，启用自动换行和按单词换行的功能，确保长文本能够正确换行显示。

（4）添加滚动条：由于 JTextArea 可能包含大量文本，超出了窗口的可视范围，因此将 JTextArea 放入一个 JScrollPane 中，这样即使文本超出可见区域，用户也可以通过滚动查看所有内容。

（5）添加"确认输入"按钮：为了方便查看用户输入的内容，还创建"确认输入"按钮。当用户单击这个按钮时，会弹出一个消息框显示用户输入的所有文本。

（6）将面板添加到主窗口：将面板添加到了主窗口中，确保所有组件都能够正确显示。

（7）显示主窗口：通过调用 frame.setVisible(true) 使主窗口及其内容变得可见，让用户可以与之进行交互。

14.9　表格组件

14.9.1　创建表格

JTable 是 Swing 库中用于创建和显示表格数据的组件，它支持多列数据展示，并提供排序、编辑等功能，方便用户查看和操作结构化数据。JTable 通常与数据模型（TableModel）一起使用，实现了数据与视图的分离，便于管理和更新数据。通过 JTable，开发者能够为用户提供直观的方式来浏览和管理信息。

JTable 提供了多种构造方法来满足不同的初始化需求。

- JTable()：创建一个没有数据和列名的空表格。
- JTable(int numRows, int numColumns)：根据指定的行数和列数创建一个表格，适合需要预先定义表格大小的情况。
- JTable(Object[][] rowData, Object[] columnNames)：使用二维数组形式的数据和列名数组创建表格，这是最常用的构造方法之一，适合静态数据集。
- JTable(Vector<?> rowData, Vector<?> columnNames)：使用向量形式的数据和列名向量创建表格，同样适用于静态数据集。
- JTable(TableModel dm)：使用指定的数据模型创建表格，允许开发者自定义数据模型，非常适合动态数据集。

以下是一个完整的 Java 代码示例，演示了如何创建并配置 JTable，以及如何将其添加到滚动面板中以便处理大量数据，并展示基本的表格功能。

```java
import javax.swing.*;
import java.awt.*;

public class JTableExample {

    public static void main(String[] args) {
        // 创建主窗口（JFrame）
        JFrame frame = new JFrame("JTable 示例");
        frame.setDefaultCloseOperation(JFrame.EXIT_ON_CLOSE);
        frame.setSize(400, 300);

        // 定义表头（列名）和数据
        String[] columnNames = {"姓名", "年龄", "职业"};
        Object[][] data = {
            {"张三", 25, "工程师"},
            {"李四", 30, "设计师"},
            {"王五", 22, "教师"}
        };

        // 使用数据和列名创建 JTable 实例
        JTable table = new JTable(data, columnNames);

        // 将 JTable 放入 JScrollPane 中，以便可以滚动查看超过可视范围的数据
        JScrollPane scrollPane = new JScrollPane(table);
        frame.add(scrollPane, BorderLayout.CENTER);
```

```
    // 显示主窗口
    frame.setVisible(true);
  }
}
```

运行结果如图 14.18 所示。

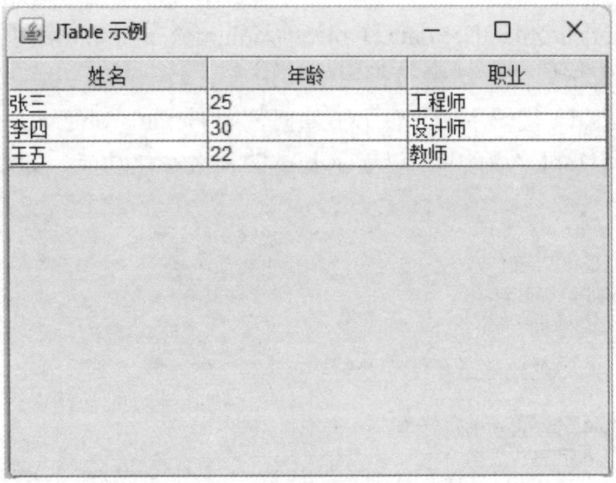

图 14.18 创建表格示例运行结果

（1）创建主窗口：创建了一个 JFrame 实例，并设置了关闭操作为 EXIT_ON_CLOSE，这意味着当用户关闭窗口时程序会退出，同时也设置了窗口大小。

（2）定义表头和数据：接着，定义了表格的列名（"姓名""年龄""职业"）和一些示例数据，这些数据被组织成一个二维数组，每一行代表一条记录。

（3）创建并配置 JTable：使用提供的数据和列名创建了一个 JTable 实例。这样，表格就会根据提供的数据自动填充内容，并且每列都会按照给定的列名进行命名。

（4）添加滚动条：由于表格可能包含大量的数据，超出了窗口的可视范围，因此将 JTable 放入了一个 JScrollPane 中。这样即使数据超出可见区域，用户也可以通过滚动查看所有内容。

（5）将面板添加到主窗口：将包含表格的滚动面板添加到了主窗口中，确保表格能够正确显示。

（6）显示主窗口：通过调用 frame.setVisible(true)使主窗口及其内容变得可见，让用户可以与之交互。

14.9.2 DefaultTableModel 表格数据模型

DefaultTableModel 是 Swing 库中用于管理 JTable 数据的一个实现类，它实现了 TableModel 接口。DefaultTableModel 提供了一种简便的方法来操作表格的数据，包括添加、删除和修改行或列，以及管理数据的显示方式。通过使用 DefaultTableModel，开发者可以轻松地创建动态表格，支持对表格数据进行增删改查等操作，而无须手动处理复杂的事件监听器和数据更新逻辑。

DefaultTableModel 提供了多种构造方法以适应不同的初始化需求。

- DefaultTableModel()：创建一个没有列名和数据的空表格模型。
- DefaultTableModel(int rowCount, int columnCount)：根据指定的行数和列数创建一个表格模型，适合于需要预先定义表格大小的情况。初始时所有单元格均为空。
- DefaultTableModel(Vector<?> columnNames, int rowCount)：使用列名向量和指定的行数

创建表格模型。这种方式非常适合于希望用向量形式提供列名的情况。

- DefaultTableModel(Object[] columnNames, int rowCount)：类似于上一种方法，但接收的是对象数组而非向量，为那些偏好使用数组的开发者提供了便利。
- DefaultTableModel(Vector<? extends Vector<?>> data, Vector<?> columnNames)：使用数据向量（每个内部向量代表一行）和列名向量创建表格模型，适用于静态数据集。
- DefaultTableModel(Object[][] data, Object[] columnNames)：使用二维数组形式的数据和列名数组创建表格模型，这是最常用的构造方法之一，特别适合于静态数据集。

以下是一个完整的 Java 代码示例，演示了如何使用 DefaultTableModel 来创建并配置一个表格模型，并将其应用于 JTable 实例中，以展示基本的表格操作功能，如添加新行。

```java
import javax.swing.*;
import java.awt.*;
import java.awt.event.ActionEvent;
import java.awt.event.ActionListener;
import javax.swing.table.DefaultTableModel;

public class DefaultTableModelExample {

    public static void main(String[] args) {
        // 创建主窗口（JFrame）
        JFrame frame = new JFrame("DefaultTableModel 示例");
        frame.setDefaultCloseOperation(JFrame.EXIT_ON_CLOSE);
        frame.setSize(500, 300);

        // 定义表头（列名）
        String[] columnNames = {"姓名", "年龄", "职业"};

        // 初始化数据
        Object[][] data = {
            {"张三", 25, "工程师"},
            {"李四", 30, "设计师"},
            {"王五", 22, "教师"}
        };

        // 使用数据和列名创建 DefaultTableModel 实例
        DefaultTableModel tableModel = new DefaultTableModel(data, columnNames);

        // 使用表格模型创建 JTable 实例
        JTable table = new JTable(tableModel);

        // 将 JTable 放入 JScrollPane 中，以便可以滚动查看超过可视范围的数据
        JScrollPane scrollPane = new JScrollPane(table);
        frame.add(scrollPane, BorderLayout.CENTER);

        // 添加按钮用于增加新行
        JButton addButton = new JButton("添加一行");
        addButton.addActionListener(new ActionListener() {
            @Override
            public void actionPerformed(ActionEvent e) {
                // 向表格模型中添加一行新的数据
                tableModel.addRow(new Object[]{"赵六", 28, "医生"});
            }
        });
        frame.add(addButton, BorderLayout.SOUTH);

        // 显示主窗口
        frame.setVisible(true);
    }
}
```

运行结果如图 14.19 所示。

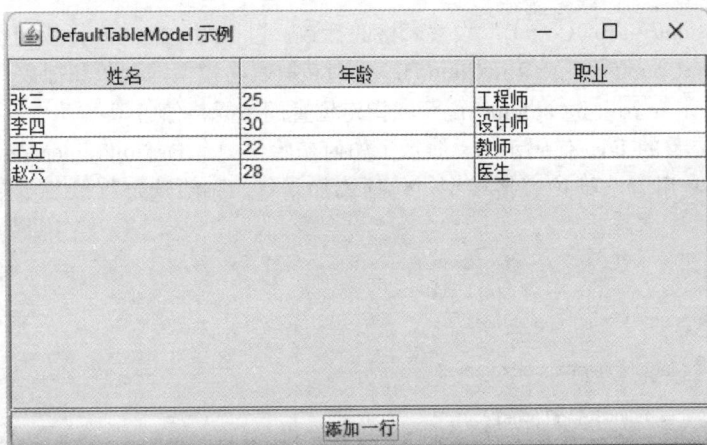

图 14.19　表格数据模型示例运行结果

（1）创建主窗口：首先，创建了一个 JFrame 实例，并设置了关闭操作为 EXIT_ON_CLOSE，这意味着当用户关闭窗口时程序会退出，同时也设置了窗口大小。

（2）定义表头和初始化数据：接着，定义了表格的列名（如"姓名""年龄""职业"）和一些初始数据，这些数据被组织成一个二维数组，每一行代表一条记录。

（3）创建并配置 DefaultTableModel：使用提供的数据和列名创建了一个 DefaultTableModel 实例。这样就建立了一个基础的数据模型，之后可以通过这个模型对表格的数据进行各种操作。

（4）基于数据模型创建 JTable：使用 DefaultTableModel 实例创建了一个 JTable 实例，将表格模型与视图关联起来，使表格能够根据数据模型自动填充内容。

（5）添加滚动条：由于表格可能包含大量的数据，超出了窗口的可视范围，因此将 JTable 放入了一个 JScrollPane 中。这样即使数据超出可见区域，用户也可以通过滚动查看所有内容。

（6）添加交互功能：为了展示如何动态更新表格数据，还添加了一个按钮，当单击该按钮时，会向表格模型中添加一行新的数据。这里使用了 addRow()方法来实现这一功能，使得每次单击按钮都会在表格末尾新增一行预设数据。

（7）将面板添加到主窗口：将包含表格的滚动面板以及添加按钮都添加到了主窗口中，确保它们能够正确显示。

（8）显示主窗口：最后，通过调用 frame.setVisible(true)使主窗口及其内容变得可见，让用户可以与之交互。

14.9.3　维护表格模型

在 Swing 应用程序中，JTable 与 TableModel（如 DefaultTableModel）的结合使用是展示和管理结构化数据的关键。维护表格模型不仅是指创建表格和填充初始数据，它还涉及对表格数据进行动态更新、添加或删除行、修改单元格内容等操作。通过合理地维护表格模型，开发者能够为用户提供一个灵活且响应迅速的数据浏览和编辑环境。这不仅增强了用户体验，也使得数据处理更加直观高效。

DefaultTableModel 提供了多种方法来维护表格模型中的数据。

- addRow(Vector rowData) 或 addRow(Object[] rowData)：向表格模型中添加新行。
- removeRow(int row)：从表格模型中移除指定索引的行。
- setValueAt(Object aValue, int row, int column)：更新指定位置的单元格值。

- setRowCount(int rowCount)：设置表格的行数，可以用于清空表格或调整表格大小。
- getColumnCount() 和 getRowCount()：分别获取表格模型的列数和行数。
- getValueAt(int row, int column)：获取指定位置的单元格值。

以下是一个完整的 Java 代码示例，演示了如何初始化一个 DefaultTableModel 实例，并展示了如何利用上述常用方法维护表格模型，包括添加新行、删除选定行以及更新特定单元格的内容。

```java
import javax.swing.*;
import java.awt.*;
import javax.swing.table.DefaultTableModel;

public class TableModelMaintenanceExample {

    public static void main(String[] args) {
        // 创建主窗口（JFrame）
        JFrame frame = new JFrame("维护表格模型 示例");
        frame.setDefaultCloseOperation(JFrame.EXIT_ON_CLOSE);
        frame.setSize(600, 400);

        // 定义表头（列名）
        String[] columnNames = {"姓名", "年龄", "职业"};

        // 初始化数据
        Object[][] data = {
            {"张三", 25, "工程师"},
            {"李四", 30, "设计师"},
            {"王五", 22, "教师"}
        };

        // 使用数据和列名创建 DefaultTableModel 实例
        DefaultTableModel tableModel = new DefaultTableModel(data, columnNames);

        // 使用表格模型创建 JTable 实例
        JTable table = new JTable(tableModel);

        // 将 JTable 放入 JScrollPane 中，以便可以滚动查看超过可视范围的数据
        JScrollPane scrollPane = new JScrollPane(table);
        frame.add(scrollPane, BorderLayout.CENTER);

        // 添加按钮用于增加新行
        JButton addButton = new JButton("添加一行");
        addButton.addActionListener(e -> tableModel.addRow(new Object[]{"赵六", 28, "医生"}));
        frame.add(addButton, BorderLayout.NORTH);

        // 添加按钮用于删除选中行
        JButton deleteButton = new JButton("删除选中行");
        deleteButton.addActionListener(e -> {
            int selectedRow = table.getSelectedRow();
            if (selectedRow != -1) {
                tableModel.removeRow(selectedRow);
            } else {
                JOptionPane.showMessageDialog(frame, "请选择要删除的行! ");
            }
        });
        frame.add(deleteButton, BorderLayout.WEST);

        // 添加按钮用于更新选中单元格
        JButton updateButton = new JButton("更新选中单元格");
        updateButton.addActionListener(e -> {
            int selectedRow = table.getSelectedRow();
            int selectedColumn = table.getSelectedColumn();
            if (selectedRow != -1 && selectedColumn != -1) {
                String newValue = JOptionPane.showInputDialog(frame, "输入新的值:");
                if (newValue != null && !newValue.isEmpty()) {
                    tableModel.setValueAt(newValue, selectedRow, selectedColumn);
```

```
            }
        } else {
            JOptionPane.showMessageDialog(frame, "请选择要更新的单元格！ ");
        }
    });
    frame.add(updateButton, BorderLayout.EAST);

    // 显示主窗口
    frame.setVisible(true);
    }
}
```

运行结果如图 14.20 所示。

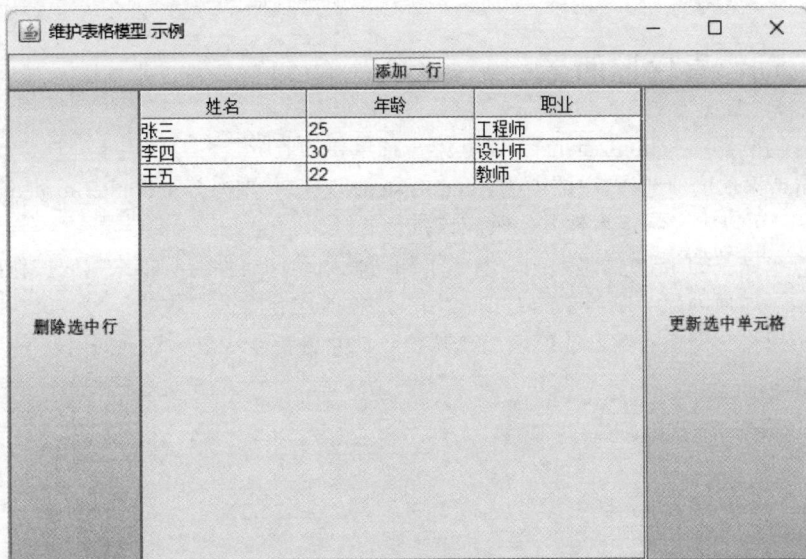

图 14.20　维护表格模型示例运行结果

（1）创建主窗口：创建了一个 JFrame 实例，并设置了关闭操作为 EXIT_ON_CLOSE，这意味着当用户关闭窗口时程序会退出，同时也设置了窗口大小。

（2）定义表头和初始化数据：接着，定义了表格的列名（如"姓名""年龄""职业"）和一些初始数据，这些数据被组织成一个二维数组，每一行代表一条记录。

（3）创建并配置 DefaultTableModel：使用提供的数据和列名创建了一个 DefaultTableModel 实例，这样就建立了一个基础的数据模型。

（4）基于数据模型创建 JTable：使用 DefaultTableModel 实例创建了一个 JTable 实例，将表格模型与视图关联起来，使表格能够根据数据模型自动填充内容。

（5）添加交互功能。

● 添加新行：通过单击按钮，向表格模型中添加一行新的数据。这里使用了 addRow()方法。

● 删除选中行：检查用户是否选择了某一行，如果选择了，则从表格模型中移除该行；否则提示用户选择要删除的行。这里使用了 removeRow()方法。

● 更新选中单元格：检查用户是否选择了某个单元格，如果选择了，则弹出对话框让用户输入新的值，并更新选定单元格的内容；否则提示用户选择要更新的单元格。这里使用了 setValueAt()方法。

（6）将面板添加到主窗口：将包含表格的滚动面板以及三个功能按钮都添加到了主窗口中，确保它们能够正确显示。

（7）显示主窗口：通过调用 frame.setVisible(true)使主窗口及其内容变得可见，让用户可以与之交互。

14.10　事件监听器

在 Swing 应用程序中，用户与界面的交互（如单击按钮、选择菜单项等）通常会触发相应的事件。为了响应这些用户操作，开发者需要为组件注册事件监听器。

14.10.1　动作事件监听器

动作事件监听器（ActionListener）是其中一种重要的监听器，专门用于处理"动作"事件，比如按钮单击或菜单选项选择。通过实现 ActionListener 接口并重写其 actionPerformed(ActionEvent e)方法，开发者可以定义特定事件发生时应该执行的操作。

以下是一个完整的 Java 代码示例，演示了如何使用动作事件监听器来响应按钮单击事件。这个例子展示了如何创建一个简单的 GUI 应用程序，其中包含两个按钮："增加"和"减少"。单击这两个按钮将分别使计数器的值增加或减少一，并更新显示在标签上的当前值。

```java
import javax.swing.*;
import java.awt.event.ActionEvent;
import java.awt.event.ActionListener;
import java.awt.*;

public class ActionListenerExample {

    public static void main(String[] args) {
        // 创建主窗口（JFrame）
        JFrame frame = new JFrame("动作事件监听器 示例");
        frame.setDefaultCloseOperation(JFrame.EXIT_ON_CLOSE);
        frame.setSize(300, 200);
        frame.setLayout(new FlowLayout());

        int[] counter = {0}; // 初始化计数器

        // 创建标签用于显示计数器值
        JLabel label = new JLabel("计数器: " + counter[0]);
        frame.add(label);

        // 创建"增加"按钮，并为其添加动作事件监听器
        JButton increaseButton = new JButton("增加");
        increaseButton.addActionListener(new ActionListener() {
            @Override
            public void actionPerformed(ActionEvent e) {
                counter[0]++;
                label.setText("计数器: " + counter[0]);
            }
        });
        frame.add(increaseButton);

        // 创建"减少"按钮，并为其添加动作事件监听器
        JButton decreaseButton = new JButton("减少");
        decreaseButton.addActionListener(new ActionListener() {
            @Override
            public void actionPerformed(ActionEvent e) {
                counter[0]--;
                label.setText("计数器: " + counter[0]);
            }
```

```
        });
        frame.add(decreaseButton);

        frame.setVisible(true); // 显示主窗口
    }
}
```

运行结果如图 14.21 所示。

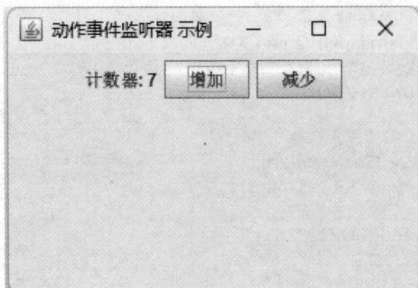

图 14.21　动作事件监听器示例运行结果

（1）创建主窗口：创建了一个 JFrame 实例，并设置了关闭操作为 EXIT_ON_CLOSE，这意味着当用户关闭窗口时程序会退出。同时设置了窗口大小，并选择了流式布局（FlowLayout）以方便组件自动排列。

（2）初始化计数器：这里使用了一个包含单个整数元素的数组作为计数器。由于 Java 中的基本数据类型无法在匿名内部类中直接修改，所以采用数组的形式绕过这一限制。

（3）创建并配置标签：创建了一个 JLabel 实例用于显示当前计数器的值，并将其添加到了主窗口中。

（4）创建并配置按钮及其监听器。

● "增加" 按钮：创建了一个名为 "增加" 的按钮，并为其添加了一个动作事件监听器。当该按钮被单击时，计数器加一，并更新标签显示的新值。

● "减少" 按钮：类似地，创建了一个名为 "减少" 的按钮，其监听器会在每次单击时减少计数器的值，并更新标签显示。

（5）将组件添加到主窗口：所有创建的组件（标签和两个按钮）都被添加到了主窗口中，以便它们能够正确显示。

（6）显示主窗口：通过调用 frame.setVisible(true)使主窗口及其内容变得可见，让用户可以与之交互。

14.10.2　键盘事件监听器

在 Swing 应用程序中，处理用户与界面的交互不限于鼠标单击和移动，键盘输入也是用户与应用进行互动的重要方式之一。为了响应用户的键盘操作，开发者可以使用键盘事件监听器（KeyListener）来捕获按键按下、释放或打字等事件。通过实现 KeyListener 接口并重写其三个方法——keyPressed(KeyEvent e)、keyReleased(KeyEvent e)和 keyTyped(KeyEvent e)，可以针对不同的键盘事件定义具体的响应逻辑。

以下是一个完整的 Java 代码示例，演示了如何使用键盘事件监听器来响应用户按下的键。在这个例子中，将创建一个简单的 GUI 应用程序，其中包含一个文本框。当用户在文本框中按下任何键时，都会弹出一个对话框显示所按下的字符。

```
import javax.swing.*;
import java.awt.event.KeyAdapter;
import java.awt.event.KeyEvent;
import java.awt.*;

public class KeyListenerExample {

    public static void main(String[] args) {
        // 创建主窗口（JFrame）
        JFrame frame = new JFrame("键盘事件监听器 示例");
        frame.setDefaultCloseOperation(JFrame.EXIT_ON_CLOSE);
        frame.setSize(350, 200);
        frame.setLayout(new FlowLayout());

        // 创建文本框，并为其添加键盘事件监听器
        JTextField textField = new JTextField(20);
        textField.addKeyListener(new KeyAdapter() {
            @Override
            public void keyPressed(KeyEvent e) {
                // 获取按下的键对应的字符
                char keyChar = e.getKeyChar();
                // 显示按下的字符
                JOptionPane.showMessageDialog(frame, "你按下了: " + keyChar);
            }
        });

        frame.add(textField); // 将文本框添加到主窗口

        frame.setVisible(true); // 显示主窗口
    }
}
```

运行结果如图 14.22 所示。

图 14.22 键盘事件监听器示例运行结果

（1）创建主窗口。创建了一个 JFrame 实例，并设置了关闭操作为 EXIT_ON_CLOSE，这意味着当用户关闭窗口时程序会退出。同时设置了窗口大小，并选择了流式布局(FlowLayout)以方便组件自动排列。

（2）创建文本框及其键盘事件监听器。

● 创建了一个 JTextField 实例，用于接收用户输入。

● 使用 KeyAdapter 类简化了对 KeyListener 接口的实现，因为 KeyAdapter 已经提供了所有必要的空实现，这样只需覆盖感兴趣的事件处理方法即可。在这里，只关心 keyPressed(KeyEvent e)方法，它会在每次按键时被调用。

● 在 keyPressed()方法中，通过 KeyEvent 对象获取按下的键对应的字符，并通过 JOptionPane.showMessageDialog()方法弹出一个对话框显示该字符。

（3）将文本框添加到主窗口。将创建的文本框添加到了主窗口中，以便它能够正确显示并接收用户输入。

（4）显示主窗口。通过调用 frame.setVisible(true)使主窗口及其内容变得可见，让用户可以与之交互。

14.10.3 鼠标事件监听器

在 Swing 应用程序中，鼠标事件监听器（MouseListener）用于捕获用户与界面组件的交互，如单击、按下、释放和移动鼠标等操作。通过实现 MouseListener 接口并重写其五个方法——mouseClicked(MouseEvent e)、mousePressed(MouseEvent e)、mouseReleased(MouseEvent e)、mouseEntered(MouseEvent e)和 mouseExited(MouseEvent e)，开发者可以针对不同的鼠标事件定义具体的响应逻辑。

使用鼠标事件监听器的一个关键优势在于它能为用户提供直观的操作反馈。例如，在一个绘图程序中，当用户将鼠标悬停在某个工具图标上时显示提示信息，或者在单击按钮时改变按钮的颜色以指示已被按下，这些都可以通过监听鼠标事件来实现。

以下是一个完整的 Java 代码示例，演示了如何使用鼠标事件监听器来响应不同类型的鼠标事件。在这个例子中，将创建一个简单的 GUI 应用程序，其中包含一个面板。当用户在面板上执行不同的鼠标操作（如单击、双击、进入或离开面板）时，相应的消息将会显示在控制台上。

```java
import javax.swing.*;
import java.awt.event.MouseAdapter;
import java.awt.event.MouseEvent;

public class MouseListenerExample {

    public static void main(String[] args) {
        // 创建主窗口（JFrame）
        JFrame frame = new JFrame("鼠标事件监听器 示例");
        frame.setDefaultCloseOperation(JFrame.EXIT_ON_CLOSE);
        frame.setSize(400, 300);

        // 创建面板（JPanel），并为其添加鼠标事件监听器
        JPanel panel = new JPanel();
        panel.addMouseListener(new MouseAdapter() {
            @Override
            public void mouseClicked(MouseEvent e) {
                System.out.println("鼠标单击: " + e.getClickCount() + "次");
                if (e.getClickCount() == 2) {
                    JOptionPane.showMessageDialog(panel, "你双击了面板！");
                }
            }

            @Override
            public void mousePressed(MouseEvent e) {
                System.out.println("鼠标按下: 按钮" + e.getButton());
            }

            @Override
            public void mouseReleased(MouseEvent e) {
                System.out.println("鼠标释放");
            }

            @Override
            public void mouseEntered(MouseEvent e) {
                System.out.println("鼠标进入面板");
            }

            @Override
            public void mouseExited(MouseEvent e) {
```

```
                System.out.println("鼠标离开面板");
            }
        });

        frame.add(panel);      // 将面板添加到主窗口

        frame.setVisible(true); // 显示主窗口
    }
}
```

运行结果如图 14.23 所示。

图 14.23　鼠标事件监听器示例运行结果

（1）创建主窗口。创建了一个 JFrame 实例，并设置了关闭操作为 EXIT_ON_CLOSE，这意味着当用户关闭窗口时程序会退出。同时设置了窗口大小。

（2）创建面板及其鼠标事件监听器。

● 创建了一个 JPanel 实例，作为接收鼠标事件的基础组件。

● 使用 MouseAdapter 类简化了对 MouseListener 接口的实现，因为 MouseAdapter 已经提供了所有必要的空实现，这样只需覆盖感兴趣的事件处理方法即可。

● 在各个方法中，根据不同的鼠标事件打印相应的信息到控制台，并在双击面板时弹出一个对话框显示提示信息。

■ mouseClicked(MouseEvent e)：检测鼠标单击次数，如果是双击，则弹出对话框。

■ mousePressed(MouseEvent e)：记录鼠标按下时的信息。

■ mouseReleased(MouseEvent e)：记录鼠标释放的信息。

■ mouseEntered(MouseEvent e)：记录鼠标进入面板的信息。

■ mouseExited(MouseEvent e)：记录鼠标离开面板的信息。

（3）将面板添加到主窗口。将创建的面板添加到了主窗口中，以便它能够正确显示并接收鼠标事件。

（4）显示主窗口。最后，通过调用 frame.setVisible(true)使主窗口及其内容变得可见，让用户可以与之交互。

14.11　文心快码智能辅助

下面将结合文心快码的功能，设计一个简单的计算器应用程序，具体需求如下。

● 用户可以通过按钮输入数字、操作符（加减乘除）以及执行计算。

● 支持基本的四则运算，并处理异常情况（如除以零错误）。

● 界面简洁直观，用户体验良好。

为了实现这个需求，可以借助文心快码生成部分代码片段，例如，创建按钮和事件监听器的实现。操作步骤如下。

（1）创建主窗口。输入描述：使用 Swing 创建一个主窗口，标题为"简易计算器"，大小为 300×400，使用 BorderLayout 布局。

（2）添加显示框。输入描述：在窗口顶部添加一个不可编辑的文本框，用于显示结果，字体为 Arial，字号为 24。

（3）创建按钮面板。输入描述：在窗口底部添加一个 4×4 的按钮网格，包含数字键、操作符和功能键。

（4）实现事件监听器。输入描述：为按钮添加事件监听器，处理数字输入、操作符输入和等号计算逻辑。

（5）实现计算逻辑。输入描述：实现一个方法，根据当前操作符和输入值执行加减乘除运算，并处理除以零的错误。

实现该需求的完整示例代码如下。

```java
import javax.swing.*;
import java.awt.*;
import java.awt.event.ActionEvent;
import java.awt.event.ActionListener;

public class SimpleCalculator {
    private JTextField resultField;
    private String currentInput = "";
    private String previousInput = "";
    private String operator = "";

    public static void main(String[] args) {
        new SimpleCalculator().createAndShowGUI(); // 创建计算器实例并显示窗口
    }

    private void createAndShowGUI() {
        JFrame frame = new JFrame("简易计算器");    // 创建一个 JFrame 实例

        frame.setSize(300, 400);                      // 设置窗口大小

        frame.setLayout(new BorderLayout());          // 设置布局管理器为 BorderLayout

        // 创建不可编辑的文本框用于显示结果
        resultField = new JTextField();
        resultField.setEditable(false);
        resultField.setFont(new Font("Arial", Font.PLAIN, 24));
        resultField.setBorder(BorderFactory.createEmptyBorder(10, 10, 10, 10));
        frame.add(resultField, BorderLayout.NORTH);

        // 创建按钮网格的面板
        JPanel buttonPanel = new JPanel();
        buttonPanel.setLayout(new GridLayout(4, 4, 5, 5));

        // 创建按钮并添加事件监听器
        String[] buttons = {
            "7", "8", "9", "/",
            "4", "5", "6", "*",
            "1", "2", "3", "-",
            "0", "C", "=", "+"
```

```java
        };
        for (String buttonText : buttons) {
            JButton button = new JButton(buttonText);
            button.addActionListener(new ButtonHandler());
            buttonPanel.add(button);
        }

        frame.add(buttonPanel, BorderLayout.SOUTH);// 将按钮面板添加到窗口的底部

        // 设置默认关闭操作，退出程序
        frame.setDefaultCloseOperation(JFrame.EXIT_ON_CLOSE);

        frame.setVisible(true);                         // 设置窗口可见
    }

    private class ButtonHandler implements ActionListener {
        @Override
        public void actionPerformed(ActionEvent e) {
            JButton button = (JButton) e.getSource();
            String buttonText = button.getText();

            switch (buttonText) {
                case "0": case "1": case "2": case "3": case "4":
                case "5": case "6": case "7": case "8": case "9":
                    currentInput += buttonText;
                    resultField.setText(currentInput);
                    break;
                case "+": case "-": case "*": case "/":
                    if (!previousInput.isEmpty()) {
                        calculate();
                    }
                    operator = buttonText;
                    previousInput = currentInput;
                    currentInput = "";
                    break;
                case "=":
                    calculate();
                    break;
                case "C":
                    clear();
                    break;
                default:
                    // 处理其他按钮（如果有的话）
                    break;
            }
        }

        private void calculate() {
            if (!previousInput.isEmpty() && !currentInput.isEmpty() && !operator.isEmpty()) {
                try {
                    double result = performOperation(operator, Double.parseDouble(previousInput), Double.
parseDouble(currentInput));
                    currentInput = String.valueOf(result);
                    resultField.setText(currentInput);
                    previousInput = currentInput;
                    operator = "";
                } catch (ArithmeticException e) {
                    JOptionPane.showMessageDialog(null, "除数不能为零！");
                }
            }
        }

        private void clear() {
            currentInput = "";
```

```
                previousInput = "";
                operator = "";
                resultField.setText("");
        }
    }

private double performOperation(String operator, double operand1, double operand2) throws ArithmeticException {
    switch (operator) {
        case "+":
            return operand1 + operand2;
        case "-":
            return operand1 - operand2;
        case "*":
            return operand1 * operand2;
        case "/":
            if (operand2 == 0) {
                throw new ArithmeticException("除数不能为零！");
            }
            return operand1 / operand2;
        default:
            throw new IllegalArgumentException("无效的操作符：" + operator);
    }
}
}
```

运行结果如图 14.24 所示。

图 14.24 计算器案例的运行结果

第 15 章　Java 绘图

要开发高级应用程序，就必须掌握一定的图像处理技术。Java 绘图在开发中扮演着至关重要的角色，尤其是在需要定制用户界面、创建图形应用或进行图像处理时不可或缺。本章将讲解 Java 绘图的基础知识及图像处理技术。

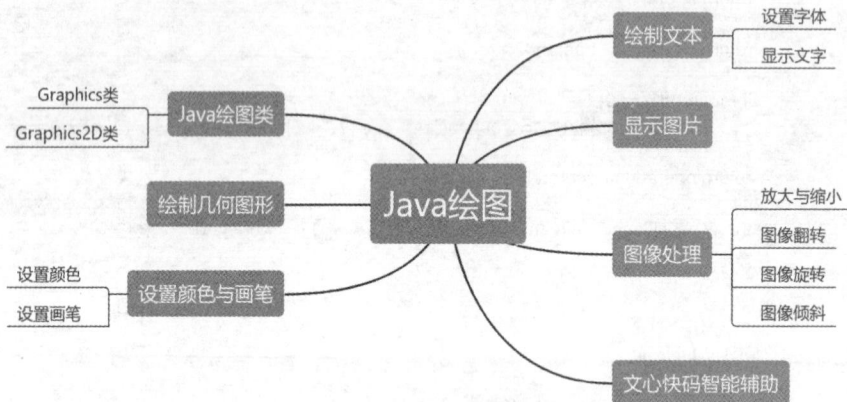

15.1　Java 绘图类

绘图类主要用于执行图形绘制和图像处理操作。这些类主要位于 java.awt（Abstract Window Toolkit）和 javax.swing 包中，提供了丰富的 API，用于创建自定义的 GUI，绘制几何形状、文本，以及加载和显示图像等。Java 绘图类的核心是 Graphics 类及其子类 Graphics2D，本节先介绍这两类。

15.1.1　Graphics 类

Graphics 类是 Java 中用于执行基本绘图操作的基础类。它提供了一系列方法，可用于在组件上绘制图形、文本和图像。通常情况下，通过重写 paintComponent(Graphics g)方法来获得一个 Graphics 对象，并在这个上下文中使用它进行自定义绘图。这种方法允许根据应用的需求灵活地绘制各种元素。

使用 Graphics 类进行基本绘图的方法非常直观。例如，可以使用 drawLine(int x1, int y1, int x2, int y2)方法绘制一条直线，使用 drawRect(int x, int y, int width, int height)和 fillRect(int x, int y, int width, int height)分别绘制矩形边框和填充矩形。类似地，drawOval(int x, int y, int width, int height)和 fillOval(int x, int y, int width, int height)用于绘制椭圆边框或填充椭圆。

15.1.2　Graphics2D 类

Graphics2D 作为 Graphics 的子类，提供了更高级的二维图形渲染功能。除了支持所有

Graphics 的功能，它还增加了抗锯齿、渐变填充、仿射变换等特性，使得绘图操作更加灵活且功能强大。特别是在处理复杂的图形和动画时，Graphics2D 相较于 Graphics 具有显著的优势。

使用 Graphics2D 实现的一些高级绘图技巧包括应用线型（setStroke(Stroke s)）、渐变色（GradientPaint 或 LinearGradientPaint）和复合操作（setComposite(Composite comp)）。这些功能能够帮助创建具有深度感和真实感的图形。

15.2　绘制几何图形

在 Java 中，绘制几何图形是一个常见的需求，无论是创建简单的用户界面还是开发复杂的游戏和动画。本节将介绍如何使用 Graphics 类及其子类 Graphics2D 实现这一目标。

Graphics 类是 Java AWT（Abstract Window Toolkit）包中的一个重要类，它提供了多种方法用于在组件上绘制几何图形、文本以及图像。下面列举了一些最常用的绘图方法。

- **绘制线条**：使用 drawLine(int x1, int y1, int x2, int y2)可以在指定坐标点之间绘制一条直线。
- **矩形与正方形**：可以使用 drawRect(int x, int y, int width, int height)绘制矩形或正方形边框，而 fillRect(int x, int y, int width, int height)则用于填充矩形或正方形区域。
- **椭圆与圆形**：类似地，drawOval(int x, int y, int width, int height)用于绘制椭圆或圆的边框，fillOval(int x, int y, int width, int height)则用于填充它们。
- **多边形**：通过 drawPolygon(int[] xPoints, int[] yPoints, int nPoints)绘制多边形边框，fillPolygon(int[] xPoints, int[] yPoints, int nPoints)用于填充多边形。

此外，Graphics 类还允许设置颜色和字体，例如通过 setColor(Color c)改变当前绘图的颜色，以及使用 setFont(Font font)指定绘制文本时使用的字体。以下是一个简单的例子，演示了如何使用上述部分方法来绘制不同的图形。

```java
import javax.swing.*;
import java.awt.*;
import java.awt.Graphics;
import java.awt.Color;

public class DrawingShapes extends JPanel {
    @Override
    protected void paintComponent(Graphics g) {
        super.paintComponent(g);

        g.setColor(Color.BLUE);        // 设置颜色并绘制线条
        g.drawLine(10, 10, 100, 100);  // 绘制一条直线

        g.setColor(Color.RED);         // 设置颜色并绘制矩形
        g.drawRect(120, 10, 80, 80);   // 绘制矩形边框
        g.fillRect(220, 10, 80, 80);   // 填充矩形

        g.setColor(Color.GREEN);       // 设置颜色并绘制椭圆
        g.drawOval(10, 120, 80, 80);   // 绘制椭圆边框
        g.fillOval(120, 120, 80, 80);  // 填充椭圆

        // 设置颜色并绘制多边形
        int[] xPoints = {230, 280, 240};
        int[] yPoints = {170, 170, 220};
        g.setColor(Color.ORANGE);
        g.drawPolygon(xPoints, yPoints, 3); // 绘制三角形边框
```

```
        g.fillPolygon(xPoints, yPoints, 3); // 填充三角形
    }

    public static void main(String[] args) {
        JFrame frame = new JFrame("绘制几何图形");
        frame.setDefaultCloseOperation(JFrame.EXIT_ON_CLOSE);
        frame.setSize(400, 300);
        frame.add(new DrawingShapes());
        frame.setVisible(true);
    }
}
```

运行结果如图 15.1 所示。

Graphics2D 作为 Graphics 类的子类，提供了更多的功能和更高的灵活性，支持抗锯齿、渐变填充、仿射变换等特性。使用 Graphics2D 可以轻松实现复杂的图形效果。要使用 Graphics2D，只需将 Graphics 对象转换为 Graphics2D 类型即可。

下面的例子展示了如何利用 Graphics2D 创建一个具有线性渐变效果的矩形。这里，定义了一个从红色到蓝色的渐变，并将其应用于一个填充的矩形。

```
import javax.swing.*;
import java.awt.*;
import java.awt.Graphics;
import java.awt.Color;

public class AdvancedDrawing extends JPanel {
    @Override
    protected void paintComponent(Graphics g) {
        super.paintComponent(g);
        Graphics2D g2d = (Graphics2D) g;
        // 创建并应用线性渐变
        GradientPaint gradient = new GradientPaint(70, 70, Color.RED, 150, 150, Color.BLUE, true);
        g2d.setPaint(gradient);
        g2d.fillRect(70, 70, 100, 100);
    }

    public static void main(String[] args) {
        JFrame frame = new JFrame("高级绘图示例");
        frame.setDefaultCloseOperation(JFrame.EXIT_ON_CLOSE);
        frame.setSize(300, 300);
        frame.add(new AdvancedDrawing());
        frame.setVisible(true);
    }
}
```

运行结果如图 15.2 所示。

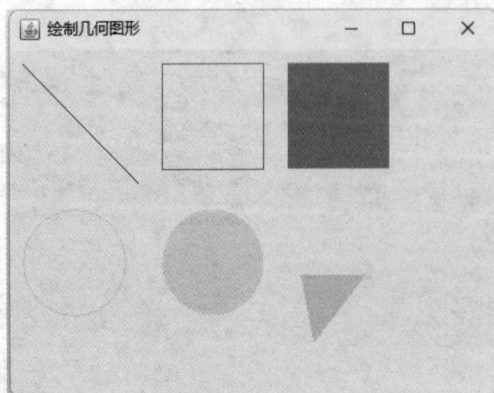

图 15.1 Graphics 类示例运行结果

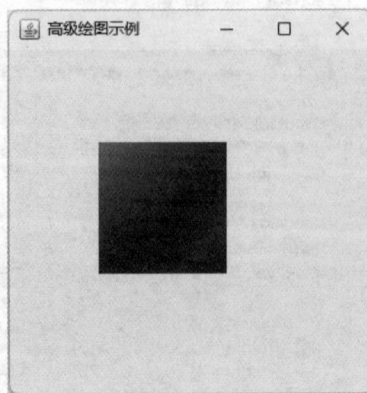

图 15.2 Graphics2D 类示例运行结果

15.3 设置颜色与画笔

在 Java 的图形绘制中,颜色和画笔是两个非常重要的元素,它们不仅决定了图形的外观,还能够通过颜色的变化和渐变效果增强视觉体验,使绘图更加生动且富有表现力。本节将详细介绍如何在 Java 中设置颜色、使用透明度以及实现渐变填充。

15.3.1 设置颜色

1. 颜色基础

Color 类是 Java 绘图中用于定义和管理颜色的核心类。它允许通过指定 RGB 值(红、绿、蓝)或直接使用预定义的颜色常量(如 Color.RED、Color.BLUE 等)来创建颜色对象。这些颜色对象可以应用到各种图形元素上,从而赋予它们特定的视觉效果。

2. 设置绘图颜色

Graphics 类提供了 setColor(Color c)方法,用于设置当前的绘图颜色。一旦调用了这个方法,所有后续的绘图操作(如绘制线条、矩形、椭圆、文本等)都会使用该颜色进行渲染,直到再次调用 setColor()更改颜色为止。

3. 透明度支持

除了 RGB 值,Color 类还支持透明度(alpha 通道)。透明度的取值范围为 0~255,其中 0 表示完全透明,255 表示完全不透明。通过 new Color(int r, int g, int b, int a)构造函数,可以创建带有透明度的颜色。

4. 渐变色

除了纯色和透明度,Java 还支持通过 GradientPaint 类创建线性渐变色。渐变色可以让图形从一种颜色平滑过渡到另一种颜色,从而产生更加丰富的视觉效果。

5. 设置颜色示例

以下是一个综合代码示例,包含了四种情况:纯色设置、动态切换颜色、透明度支持以及渐变色。这个示例将绘制一个包含多种颜色效果的图形界面。

```java
import java.awt.Color;
import java.awt.GradientPaint;
import java.awt.Graphics;
import java.awt.Graphics2D;
import javax.swing.JFrame;
import javax.swing.JPanel;

public class ComprehensiveColorExample extends JPanel {

    @Override
    protected void paintComponent(Graphics g) {
        super.paintComponent(g);
        Graphics2D g2d = (Graphics2D) g;

        // 1. 设置纯色并绘制矩形(红色)
```

```
        g.setColor(Color.RED);
        g.fillRect(50, 50, 100, 100);

        // 2. 动态切换颜色并绘制椭圆（蓝色）
        g.setColor(Color.BLUE);
        g.fillOval(200, 50, 100, 100);

        // 3. 使用透明度绘制半透明的矩形（绿色，半透明）
        Color semiTransparentGreen = new Color(0, 255, 0, 128); // 半透明绿色
        g.setColor(semiTransparentGreen);
        g.fillRect(100, 100, 100, 100);

        // 4. 使用渐变色绘制矩形（从黄色到橙色的渐变）
        GradientPaint gradient = new GradientPaint(50, 200, Color.YELLOW, 250, 200, Color.ORANGE);
        g2d.setPaint(gradient);
        g2d.fillRect(50, 200, 200, 100);
    }

    public static void main(String[] args) {
        // 创建窗口并显示
        JFrame frame = new JFrame("Comprehensive Color Example");
        frame.setDefaultCloseOperation(JFrame.EXIT_ON_CLOSE);
        frame.setSize(400, 400);
        frame.add(new ComprehensiveColorExample());
        frame.setVisible(true);
    }
}
```

运行结果如图 15.3 所示。

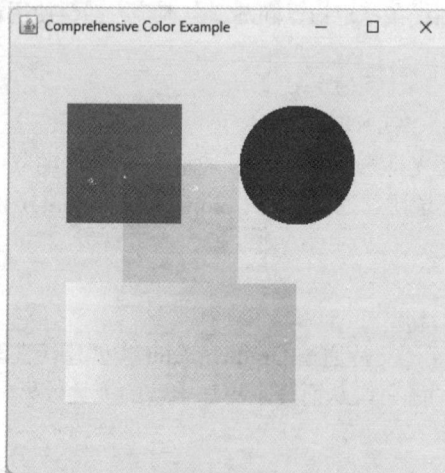

图 15.3　设置颜色示例运行结果

（1）使用纯色绘制矩形：使用 g.setColor(Color.RED)设置绘图颜色为红色，并通过 fillRect()
方法绘制了一个红色矩形。

（2）动态切换颜色并绘制椭圆：接着调用 g.setColor(Color.BLUE)将绘图颜色切换为蓝色，并
使用 fillOval()方法绘制了一个蓝色椭圆。

（3）透明度支持：使用 new Color(0, 255, 0, 128)创建了一个半透明的绿色颜色对象（透明度
值为 128）。然后通过 setColor()方法将其应用到绘图中，并绘制了一个半透明的矩形。由于透明
度的存在，该矩形与下方的图形会产生叠加效果。

（4）使用渐变色绘制矩形：使用 GradientPaint 类创建了一个从黄色到橙色的线性渐变色对
象，并通过 g2d.setPaint()方法将其应用到 Graphics2D 对象中。最后，使用 fillRect()方法绘制了一
个带有渐变填充的矩形。

15.3.2　设置画笔

在 Java 绘图中，除了颜色的设置，画笔（Stroke）的选择和配置同样至关重要。它决定了线条的外观样式、粗细、端点样式以及连接样式等属性。通过合理地设置画笔，可以极大地提升图形的表现力和视觉效果。

1. 画笔基础

Stroke 接口及其默认实现类 BasicStroke 是 Java 用于定义线条样式的工具。BasicStroke 允许控制线条的宽度、端点样式、连接样式以及虚线模式等多种属性。这些属性对于绘制具有特定风格的线条或边框非常关键，比如在绘制地图时，可借助它们呈现清晰且精确的边界线，或者在游戏开发中，用来表示路径或区域的分割线。

2. 设置画笔样式

为了使用自定义的画笔样式，Java 提供了 Graphics2D 类的 setStroke(Stroke s)方法。通过这个方法，可以将一个 BasicStroke 对象应用到当前的绘图上下文中。BasicStroke 构造函数允许指定以下参数。

- 线条宽度：以浮点数形式指定线条的宽度。
- 端点样式：例如 CAP_BUTT（无额外装饰）、CAP_ROUND（圆形端点）、CAP_SQUARE（方形端点）。
- 连接样式：如 JOIN_MITER（锐角连接）、JOIN_BEVEL（斜切连接）、JOIN_ROUND（圆滑连接）。
- 虚线模式：可以通过一个浮点数组来指定虚线的模式，例如 new float[]{5, 5}表示 5 个像素的实线后跟 5 个像素的空白。

3. 虚线绘制

BasicStroke 的虚线模式数组（如 new float[]{5, 5}）允许创建间断的线条。这不仅可用于简单分隔线，还可以结合颜色变化创造复杂的装饰性线条，增强界面的美观度和信息传达能力。

4. 设置画笔示例

为了展示颜色和画笔设置的综合应用，考虑绘制一条带有渐变色的虚线路径，或者使用粗线条和透明填充绘制一个高亮区域。这种组合不仅能够提高图形的视觉吸引力，还能有效传达信息。以下是一个简单的示例程序，演示如何在实际绘图场景中灵活运用颜色和画笔设置，以满足设计需求。

```
import java.awt.BasicStroke;
import java.awt.Color;
import java.awt.GradientPaint;
import java.awt.Graphics;
import java.awt.Graphics2D;
import javax.swing.JFrame;
import javax.swing.JPanel;

public class CombinedExample extends JPanel {
    @Override
    protected void paintComponent(Graphics g) {
        super.paintComponent(g);
        Graphics2D g2d = (Graphics2D) g;

        // 渐变色虚线
```

```
        GradientPaint gradient = new GradientPaint(50, 300, Color.YELLOW, 250, 300, Color.ORANGE);
        g2d.setPaint(gradient);
        float[] dashPattern = {10.0f, 5.0f};
        BasicStroke dashedStroke = new BasicStroke(3.0f, BasicStroke.CAP_BUTT, BasicStroke.JOIN_BEVEL,
0, dashPattern, 0);
        g2d.setStroke(dashedStroke);
        g2d.drawLine(50, 300, 250, 300);

        // 粗线条和透明填充的高亮区域
        g2d.setStroke(new BasicStroke(5.0f));
        g2d.setColor(new Color(0, 255, 0, 128)); // 半透明绿色
        g2d.fillOval(100, 100, 100, 100);
        g2d.setColor(Color.BLACK);
        g2d.drawOval(100, 100, 100, 100);
    }

    public static void main(String[] args) {
        JFrame frame = new JFrame("Combined Example");
        frame.setDefaultCloseOperation(JFrame.EXIT_ON_CLOSE);
        frame.setSize(350, 400);
        frame.add(new CombinedExample());
        frame.setVisible(true);
    }
}
```

运行结果如图 15.4 所示。

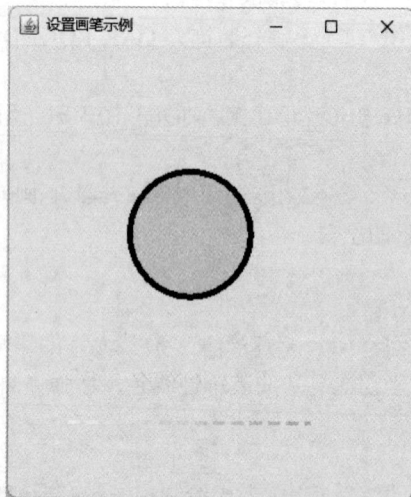

图 15.4　设置画笔示例运行结果

15.4　绘 制 文 本

在 Java 的图形用户界面开发中，绘制文本是一个非常基础但又极其重要的功能。无论是显示按钮上的文字、表单中的提示信息，还是自定义控件中的标签，正确且美观地呈现文本都是提升用户体验的关键。本节将详细介绍如何在 Swing 应用程序中设置字体以及如何显示文字。

15.4.1　设置字体

Font 类是 Java 中用于控制文本外观的主要工具。通过指定字体名称、样式和大小，可以定

制文本的视觉效果。合理地使用字体不仅能够提高可读性，还能增强应用程序的专业感。创建一个 Font 对象的基本语法如下：

```
Font font = new Font(String name, int style, int size);
```

- name：字体名称，例如 "Serif"、"SansSerif"和"Monospaced" 等。
- style：字体样式，可以选择 Font.PLAIN, Font.BOLD, Font.ITALIC 或它们的组合（如 Font.BOLD | Font.ITALIC）。
- size：字体大小，以点为单位。

一旦创建了 Font 对象，就可以通过 Graphics 对象的 setFont(Font f)方法将其应用于绘图操作。下面是一个简单的例子，演示如何在 Swing 组件上设置并应用自定义字体。

```
import javax.swing.*;
import java.awt.*;
import java.awt.Color;
import javax.swing.JFrame;
import javax.swing.JPanel;

public class FontExample extends JPanel {
    @Override
    protected void paintComponent(Graphics g) {
        super.paintComponent(g);

        // 创建一个新的字体对象
        Font customFont = new Font("Serif", Font.BOLD | Font.ITALIC, 20);

        // 将该字体设置为当前绘图字体
        g.setFont(customFont);

        // 设置绘图颜色为蓝色
        g.setColor(Color.BLUE);

        // 在坐标(50, 50)处绘制字符串（50, 50 是基线位置）
        g.drawString("Hello, World!", 50, 50);
    }

    public static void main(String[] args) {
        JFrame frame = new JFrame("Font Example");
        frame.setDefaultCloseOperation(JFrame.EXIT_ON_CLOSE);
        frame.setSize(300, 200);
        frame.add(new FontExample());
        frame.setVisible(true);
    }
}
```

运行结果如图 15.5 所示。

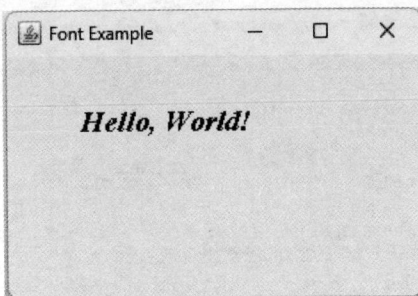

图 15.5　设置字体示例运行结果

在这个例子中，首先创建了一个名为 customFont 的 Font 对象，指定了字体名称为"Serif"，样式为粗斜体，并设置了字体大小为 20 点。然后，通过调用 g.setFont(customFont)将这个字体应用到绘图环境中。最后，使用 g.drawString()方法在画布上绘制了一段带有特定字体样式的文本。

15.4.2　显示文字

在 Java 图形界面编程中，显示文字是构建用户界面的重要组成部分。无论是简单的标签、按钮上的文字，还是复杂的多行文本块，正确地显示和格式化文本对于提升用户体验至关重要。本节将详细介绍如何使用 Graphics 和 Graphics2D 类的方法来显示文字，并探讨相关的语法及实际应用案例。

在 Java 中，绘制文本的核心方法是 drawString，它有两种主要形式。

第一种形式是整数坐标版本，示例代码如下：

```
void drawString(String str, int x, int y)
```

- str：要绘制的字符串。
- x, y：绘制起点的坐标，其中 y 表示基线的位置（而非文本框的顶部边缘）。
- 适用于大多数基本绘图场景，特别是当不需要高精度时。

第二种形式是浮点坐标版本，示例代码如下：

```
void drawString(String str, float x, float y)
```

- str：要绘制的字符串。
- x, y：绘制起点的坐标，支持浮点精度。
- 这种方法通常用于 Graphics2D 对象，适合需要更高精度的场景，例如缩放、旋转或平移后的文本绘制。

下面是一个综合示例，演示如何同时使用两种 drawString 方法，并展示它们在不同场景下的应用。

```
import javax.swing.*;
import java.awt.*;
import java.awt.Color;

    class TextDrawingExample extends JPanel {
      @Override
      protected void paintComponent(Graphics g) {
          super.paintComponent(g);

          Graphics2D g2d = (Graphics2D) g;                    // 将 Graphics 对象强制转换为 Graphics2D 对象

          Font font = new Font(Font.SANS_SERIF, Font.BOLD, 24);  // 设置字体和颜色
          g2d.setFont(font);
          g2d.setColor(Color.BLUE);

          g2d.drawString("整数坐标", 50, 50);                   // 使用整数坐标版本绘制文本

          g2d.drawString("浮点坐标", 50.5f, 100.5f);            // 使用浮点坐标版本绘制文本

          // 高级应用：结合几何变换绘制旋转文本
          g2d.setColor(Color.RED);
          g2d.translate(200, 150); // 平移到指定位置
          g2d.rotate(Math.toRadians(45)); // 旋转 45 度
          g2d.drawString("旋转文本", 0.0f, 0.0f); // 使用浮点坐标绘制
      }

      public static void main(String[] args) {
          JFrame frame = new JFrame("文本绘图示例");
          frame.setDefaultCloseOperation(JFrame.EXIT_ON_CLOSE);
          frame.setSize(400, 300);
```

```
            frame.add(new TextDrawingExample());
            frame.setVisible(true);
        }
    }
```

运行结果如图 15.6 所示。

（1）整数坐标版本：调用了 g2d.drawString("整数坐标", 50, 50)，在(50, 50)位置绘制了一段文本。这种方式简单直接，适合普通的文本绘制需求。

（2）浮点坐标版本：调用了 g2d.drawString("浮点坐标", 50.5f, 100.5f)，在(50.5, 100.5)位置绘制了另一段文本。通过浮点坐标，可以实现更精细的位置控制。

（3）结合几何变换：在第三个部分，展示了如何利用 Graphics2D 的几何变换功能（平移和旋转）来绘制一段旋转的文本。这里必须使用浮点坐标的 drawString 方法，因为几何变换后的位置通常是浮点值。

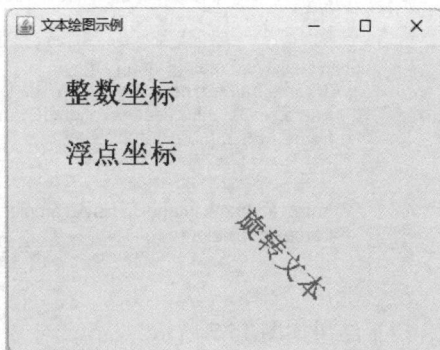

图 15.6　显示文字示例运行结果

15.5　显　示　图　片

显示图片的核心方法是 Graphics 类的 drawImage()方法。这个方法有多种重载形式，可以根据不同的需求选择合适的版本。以下是两种常用的语法。第一种是基本语法，示例代码如下：

```
boolean drawImage(Image img, int x, int y, ImageObserver observer)
```

● img：要绘制的图片对象，通常通过 ImageIcon 或 Toolkit 类加载。
● x, y：图片左上角的坐标位置。
● observer：通常传入当前组件（this），用于监听图片加载状态。
第二种是缩放语法，示例代码如下：

```
boolean drawImage(Image img, int x, int y, int width, int height, ImageObserver observer)
```

● width, height：指定图片绘制时的目标宽度和高度，可以用来实现图片的缩放。
下面是一个综合示例，演示如何加载图片并使用 drawImage()方法将其显示在 Swing 组件中，还将展示如何对图片进行缩放操作。

```
import javax.swing.*;
import java.awt.*;
import java.awt.Color;

public class ImageDisplayExample extends JPanel {
    private Image image; // 定义图片对象

    public ImageDisplayExample() {
        // 使用 ImageIcon 加载图片
        ImageIcon icon = new ImageIcon("example.jpg"); // 替换为你的图片路径
        image = icon.getImage();
    }

    @Override
    protected void paintComponent(Graphics g) {
        super.paintComponent(g);
```

```
        g.drawImage(image, 50, 50, this); // 在(50, 50)位置绘制原始尺寸的图片

        // 在(300, 50)位置绘制缩放后的图片
        g.drawImage(image, 300, 50, 150, 100, this); // 缩放到 150×100 像素
    }

    public static void main(String[] args) {
        JFrame frame = new JFrame("Image Display Example");
        frame.setDefaultCloseOperation(JFrame.EXIT_ON_CLOSE);
        frame.setSize(500, 300);

        // 添加自定义面板到窗口
        frame.add(new ImageDisplayExample());
        frame.setVisible(true);
    }
}
```

运行结果如图 15.7 所示。

（1）加载图片。

● 使用 ImageIcon 类加载了一张名为 example.jpg 的图片文件，并通过 getImage()方法获取了对应的 Image 对象。这种方式简单易用，适合大多数场景。

● 如果需要支持更多图片格式或动态加载资源，也可以使用 Toolkit.getDefaultToolkit().getImage(String filename)。

（2）绘制图片。

● 第一次调用 g.drawImage(image, 50, 50, this)，在(50, 50)位置以原始尺寸绘制图片。

● 第二次调用 g.drawImage(image, 300, 50, 150, 100, this)，在(300, 50)位置绘制一张缩小到 150 像素×100 像素的图片。这种缩放功能非常适合需要动态调整图片大小的场景。

图 15.7　显示图片示例运行结果

（3）图片加载状态。

● ImageObserver 参数（这里传入 this）用于监听图片的加载状态。如果图片尚未完全加载，

系统会自动重新绘制，直到图片完全显示。

15.6　图　像　处　理

在现代图形界面开发中，图像处理是一项非常重要的功能。无论是调整图像的大小、裁剪图像，还是对图像进行旋转或滤镜处理，这些操作都能显著提升应用程序的视觉表现力和用户体验。本节将介绍如何通过 Java 实现图像处理。

15.6.1　放大与缩小

在 Java 中，使用 Graphics2D 类的 drawImage()方法并结合缩放变换可以实现图像的放大与缩小。以下是相关方法的语法：

```
boolean drawImage(Image img, int x, int y, int width, int height, ImageObserver observer);
```

- img：要绘制的图像对象。
- x, y：图像左上角的坐标位置。
- width, height：目标图像的宽度和高度（用于实现缩放）。
- observer：一个 ImageObserver 对象，通常传入 this 即可。

以下是一个完整的代码示例，展示了如何通过 Graphics2D 实现图像的放大与缩小操作。

```java
import java.awt.Graphics;
import java.awt.Graphics2D;
import java.awt.Image;
import java.awt.geom.AffineTransform;
import javax.swing.ImageIcon;
import javax.swing.JFrame;
import javax.swing.JPanel;

public class ImageScalingExample extends JPanel {

    private Image image;

    public ImageScalingExample() {
        // 加载图像
        image = new ImageIcon("example.jpg").getImage(); // 替换为实际的图片路径
    }

    @Override
    protected void paintComponent(Graphics g) {
        super.paintComponent(g);
        Graphics2D g2d = (Graphics2D) g;

        // 原始图像绘制
        g2d.drawImage(image, 50, 50, 200, 200, this); // 绘制原始图像（200×200）

        // 缩小图像绘制
        g2d.drawImage(image, 300, 50, 100, 100, this); // 缩小到 100×100

        // 放大图像绘制
        g2d.drawImage(image, 50, 300, 400, 400, this); // 放大到 400×400

        // 使用 AffineTransform 进行缩放
        AffineTransform transform = new AffineTransform();
        transform.scale(0.5, 0.5); // 缩小到原图的一半
        g2d.setTransform(transform);
```

```
            g2d.drawImage(image, 300, 300, this); // 在新坐标系下绘制图像
    }

    public static void main(String[] args) {
        JFrame frame = new JFrame("Image Scaling Example");
        frame.setDefaultCloseOperation(JFrame.EXIT_ON_CLOSE);
        frame.setSize(800, 600);
        frame.add(new ImageScalingExample());
        frame.setVisible(true);
    }
}
```

运行结果如图 15.8 所示。

图 15.8　放大与缩小示例运行结果

（1）加载图像：使用 ImageIcon 类加载图像文件，并将其转换为 Image 对象。这一步是图像处理的基础。

（2）原始图像绘制：使用 drawImage()方法在指定位置绘制原始图像。通过设置目标宽度和高度为 200×200，确保图像按固定尺寸显示。

（3）缩小图像绘制：将目标宽度和高度设置为 100×100，从而实现图像的缩小效果。

（4）放大图像绘制：将目标宽度和高度设置为 400×400，从而实现图像的放大效果。

（5）使用 AffineTransform 进行缩放：AffineTransform 类提供了一种更灵活的方式来应用几

何变换。在这里，通过 transform.scale(0.5, 0.5)将图像缩小到原图的一半，并在新坐标系下重新绘制图像。

15.6.2　图像翻转

通过 Graphics2D 类和 AffineTransform 类，可以轻松实现图像的水平翻转、垂直翻转以及同时进行两者结合的翻转操作。要实现图像翻转，通常会使用 AffineTransform 类。以下是常用的方法：

```
scale(sx, sy);        // 缩放变换，sx 为负值表示水平翻转，sy 为负值表示垂直翻转
translate(tx, ty);    // 平移变换，用于调整翻转后图像的位置
```

- sx：水平方向的缩放因子。若为正值，则保持原样；若为负值，则实现水平翻转。
- sy：垂直方向的缩放因子。若为正值，则保持原样；若为负值，则实现垂直翻转。
- tx, ty：平移距离，用于调整翻转后图像的位置。例如，水平翻转时通常需要向右平移图像宽度的距离，避免图像被裁剪。

以下是一个完整的代码示例，展示如何通过 Graphics2D 和 AffineTransform 类实现图像的水平翻转、垂直翻转以及同时进行两者结合的翻转操作：

```java
import java.awt.Graphics2D;
import java.awt.Image;
import java.awt.geom.AffineTransform;
import javax.swing.ImageIcon;
import javax.swing.JFrame;
import javax.swing.JPanel;

class ImageFlipExample extends JPanel {

    private Image image;

    public ImageFlipExample() {
        // 加载图像
        image = new ImageIcon("img.png").getImage();  // 替换为实际的图片路径
    }

    @Override
    protected void paintComponent(Graphics g) {
        super.paintComponent(g);
        Graphics2D g2d = (Graphics2D) g;

        int imgWidth = image.getWidth(this);        // 获取图像宽度
        int imgHeight = image.getHeight(this);       // 获取图像高度

        // 原始图像绘制
        g2d.drawImage(image, 500, 500, this);

        // 水平翻转
        AffineTransform horizontalFlip = new AffineTransform();
        horizontalFlip.scale(-1, 1);                 // 水平翻转
        horizontalFlip.translate(-imgWidth, 0);       // 向右平移图像宽度的距离
        g2d.setTransform(horizontalFlip);
        g2d.drawImage(image, 10, 500, this);

        // 垂直翻转
        AffineTransform verticalFlip = new AffineTransform();
        verticalFlip.scale(1, -1);                   // 垂直翻转
        verticalFlip.translate(0, -imgHeight);        // 向下平移图像高度的距离
        g2d.setTransform(verticalFlip);
        g2d.drawImage(image, -10, 10, this);

        // 水平和垂直同时翻转
```

```
        AffineTransform fullFlip = new AffineTransform();
        fullFlip.scale(-1, -1);                    // 水平和垂直翻转
        fullFlip.translate(-imgWidth, -imgHeight);  // 向右和向下平移
        g2d.setTransform(fullFlip);
        g2d.drawImage(image, -500, 10, this);
    }

    public static void main(String[] args) {
        JFrame frame = new JFrame("图像翻转示例");
        frame.setDefaultCloseOperation(JFrame.EXIT_ON_CLOSE);
        frame.setSize(1000, 1000);
        frame.add(new ImageFlipExample());
        frame.setVisible(true);
    }
}
```

运行结果如图 15.9 所示。

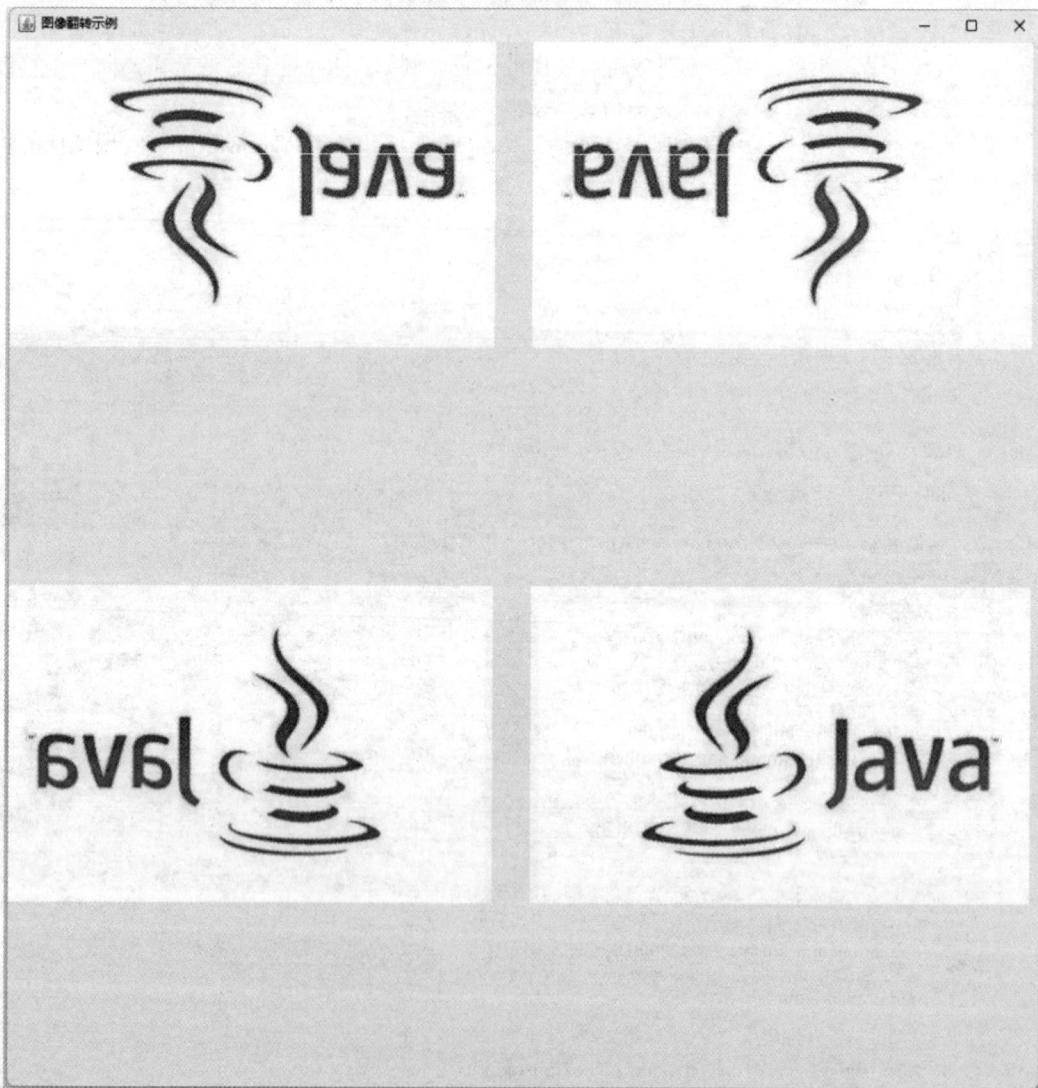

图 15.9　图像翻转示例运行结果

（1）加载图像。使用 ImageIcon 类加载图像文件，并将其转换为 Image 对象。这一步确保程

序能够正确读取和操作图像数据。

（2）原始图像绘制。使用 drawImage()方法在指定位置绘制原始图像，作为参考基准。

（3）水平翻转。通过 scale(−1, 1)实现水平翻转，并通过 translate(-imgWidth, 0)将图像向右平移其宽度的距离，避免图像被裁剪。

（4）垂直翻转。通过 scale(1, −1)实现垂直翻转，并通过 translate(0, -imgHeight)将图像向下平移其高度的距离，确保图像完整显示。

（5）水平和垂直同时翻转。通过 scale(−1, −1)同时实现水平和垂直翻转，并通过 translate(-imgWidth, -imgHeight)将图像向右和向下平移，调整其位置。

15.6.3　图像旋转

图像旋转的核心是使用 AffineTransform 类的 rotate()方法。以下是常用的语法：

```
rotate(angle, centerX, centerY); // 绕指定中心点旋转指定角度
```

- angle：旋转角度，单位为弧度（radians）。若需要以角度为单位，则可以通过 Math.toRadians (degrees)将角度转换为弧度。
- centerX, centerY：旋转中心点的坐标。默认情况下，旋转会以原点(0, 0)为中心，但通常需要指定图像的中心点作为旋转中心。

以下是一个完整的代码示例，展示如何通过 Graphics2D 和 AffineTransform 类实现图像的旋转操作：

```java
import java.awt.Graphics;
import java.awt.Graphics2D;
import java.awt.Image;
import java.awt.geom.AffineTransform;
import javax.swing.ImageIcon;
import javax.swing.JFrame;
import javax.swing.JPanel;

public class ImageRotationExample extends JPanel {

    private Image image;

    public ImageRotationExample() {
        // 加载图像
        image = new ImageIcon("example.jpg").getImage(); // 替换为实际的图片路径
    }

    @Override
    protected void paintComponent(Graphics g) {
        super.paintComponent(g);
        Graphics2D g2d = (Graphics2D) g;

        int imgWidth = image.getWidth(this);              // 获取图像宽度
        int imgHeight = image.getHeight(this);            // 获取图像高度

        // 原始图像绘制
        g2d.drawImage(image, 50, 50, this);

        // 定义旋转中心点
        int centerX = 300; // 旋转中心点的 x 坐标
        int centerY = 300; // 旋转中心点的 y 坐标

        // 旋转 45 度
```

```
        AffineTransform rotateTransform = new AffineTransform();
        rotateTransform.translate(centerX, centerY);              // 将旋转中心移动到指定位置
        rotateTransform.rotate(Math.toRadians(45));               // 旋转 45 度
        rotateTransform.translate(-imgWidth / 2, -imgHeight / 2); // 调整图像位置
        g2d.setTransform(rotateTransform);
        g2d.drawImage(image, 0, 0, this);

        // 旋转 90 度
        AffineTransform rotateTransform90 = new AffineTransform();
        rotateTransform90.translate(centerX, centerY);              // 将旋转中心移动到指定位置
        rotateTransform90.rotate(Math.toRadians(90));               // 旋转 90 度
        rotateTransform90.translate(-imgWidth / 2, -imgHeight / 2); // 调整图像位置
        g2d.setTransform(rotateTransform90);
        g2d.drawImage(image, 0, 0, this);
    }

    public static void main(String[] args) {
        JFrame frame = new JFrame("Image Rotation Example");
        frame.setDefaultCloseOperation(JFrame.EXIT_ON_CLOSE);
        frame.setSize(800, 600);
        frame.add(new ImageRotationExample());
        frame.setVisible(true);
    }
}
```

运行结果如图 15.10 所示。

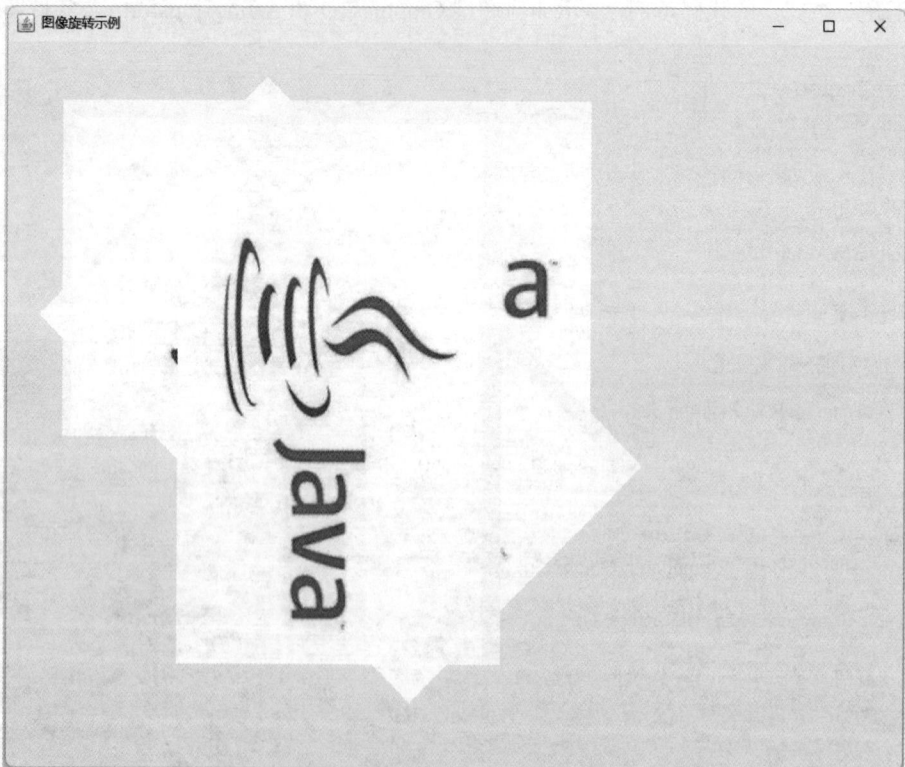

图 15.10　图像旋转示例运行结果

（1）加载图像。使用 ImageIcon 类加载图像文件，并将其转换为 Image 对象。这一步确保程序能够正确读取和操作图像数据。

（2）原始图像绘制。使用 drawImage() 方法在指定位置绘制原始图像，作为参考基准。

（3）定义旋转中心点。通常会选择图像的中心点作为旋转中心。通过计算图像的宽度和高度的一半，可以得到中心点的坐标。

（4）旋转 45 度。通过 rotate(Math.toRadians(45)) 实现 45 度的旋转，并通过 translate() 方法将旋转中心移动到指定位置，同时调整图像的位置以确保其完整显示。

（5）旋转 90 度。类似于 45 度旋转，通过 rotate(Math.toRadians(90)) 实现 90 度的旋转，并通过相同的平移操作调整图像位置。

15.6.4　图像倾斜

图像倾斜的核心是使用 AffineTransform 类的 shear() 方法。以下是常用的语法：

```
shear(shx, shy);
```

- shx：水平方向的倾斜因子。正值表示向右倾斜，负值表示向左倾斜。
- shy：垂直方向的倾斜因子。正值表示向下倾斜，负值表示向上倾斜。

以下是一个完整的代码示例，展示如何通过 Graphics2D 和 AffineTransform 类实现图像的水平倾斜和垂直倾斜操作，以及水平和垂直同时倾斜操作：

```java
import java.awt.Graphics;
import java.awt.Graphics2D;
import java.awt.Image;
import java.awt.geom.AffineTransform;
import javax.swing.ImageIcon;
import javax.swing.JFrame;
import javax.swing.JPanel;

public class ImageShearExample extends JPanel {

    private Image image;

    public ImageShearExample() {
        // 加载图像
        image = new ImageIcon("example.jpg").getImage(); // 替换为实际的图片路径
    }

    @Override
    protected void paintComponent(Graphics g) {
        super.paintComponent(g);
        Graphics2D g2d = (Graphics2D) g;

        int imgWidth = image.getWidth(this); // 获取图像宽度
        int imgHeight = image.getHeight(this); // 获取图像高度

        // 原始图像绘制
        g2d.drawImage(image, 50, 50, this);

        // 水平倾斜
        AffineTransform horizontalShear = new AffineTransform();
        horizontalShear.shear(0.5, 0); // 水平倾斜因子为 0.5
        g2d.setTransform(horizontalShear);
        g2d.drawImage(image, 300, 50, this);

        // 垂直倾斜
        AffineTransform verticalShear = new AffineTransform();
        verticalShear.shear(0, 0.5); // 垂直倾斜因子为 0.5
        g2d.setTransform(verticalShear);
        g2d.drawImage(image, 50, 300, this);

        // 水平和垂直同时倾斜
        AffineTransform fullShear = new AffineTransform();
        fullShear.shear(0.5, 0.5); // 水平和垂直倾斜因子均为 0.5
```

```
        g2d.setTransform(fullShear);
        g2d.drawImage(image, 300, 300, this);
    }

    public static void main(String[] args) {
        JFrame frame = new JFrame("Image Shear Example");
        frame.setDefaultCloseOperation(JFrame.EXIT_ON_CLOSE);
        frame.setSize(800, 600);
        frame.add(new ImageShearExample());
        frame.setVisible(true);
    }
}
```

运行结果如图 15.11 所示。

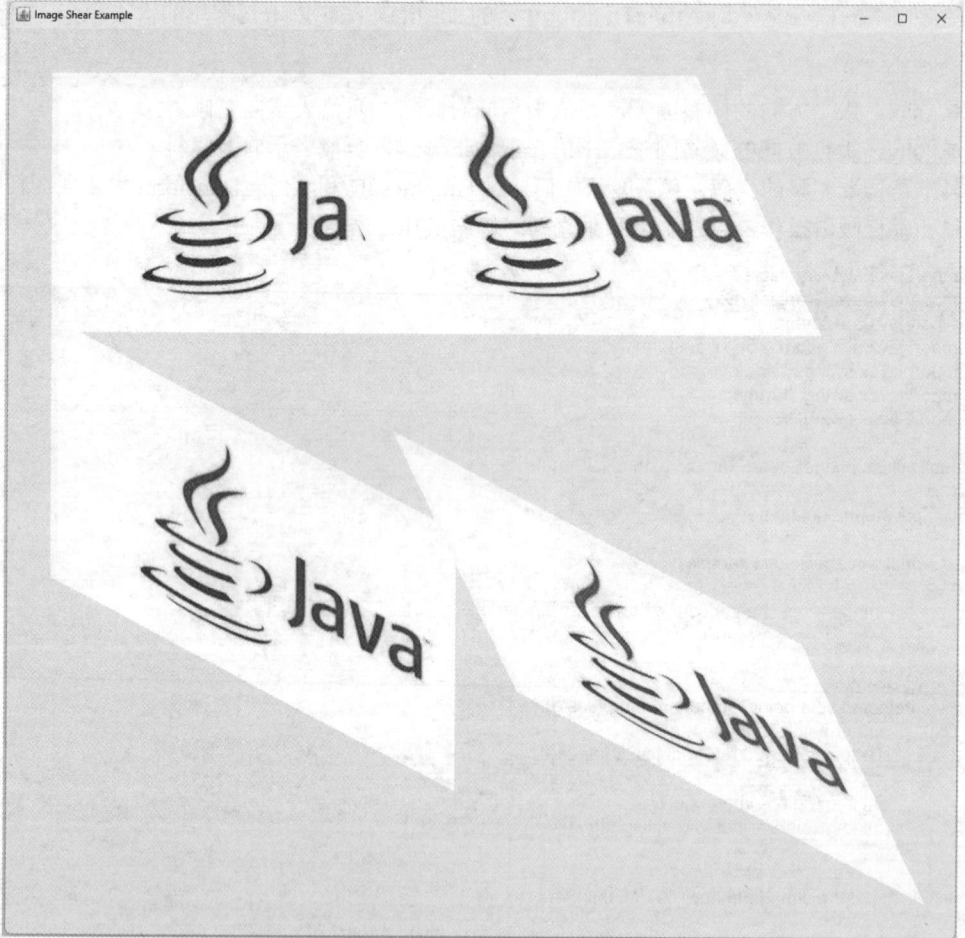

图 15.11　图像倾斜示例运行结果

（1）加载图像。使用 ImageIcon 类加载图像文件，并将其转换为 Image 对象。这一步确保程序能够正确读取和操作图像数据。

（2）原始图像绘制。使用 drawImage() 方法在指定位置绘制原始图像，作为参考基准。

（3）水平倾斜。通过 shear(0.5, 0) 实现水平方向的倾斜，其中 0.5 表示倾斜的程度。正值会使图像向右倾斜，负值会使图像向左倾斜。

（4）垂直倾斜。通过 shear(0, 0.5) 实现垂直方向的倾斜，其中 0.5 表示倾斜的程度。正值会使图像向下倾斜，负值会使图像向上倾斜。

（5）水平和垂直同时倾斜。通过 shear(0.5, 0.5)同时实现水平和垂直方向的倾斜，从而生成更加复杂的效果。

15.7 文心快码智能辅助

下面将结合文心快码的智能辅助功能，设计一个简单的 Java 绘图案例：绘制一个带有动态效果的彩虹色圆环，并通过鼠标单击改变颜色。目标是创建一个 Java 程序，使用 Graphics2D 类绘制一个彩虹色的圆环，并实现以下功能。

● 圆环的颜色由红、橙、黄、绿、蓝、靛、紫组成。

● 当用户单击窗口时，圆环的颜色会随机变化。

● 圆环的绘制和颜色变化需要尽量简洁高效。

为了实现这个需求，可以借助文心快码生成部分代码片段，例如，颜色生成和事件监听器的实现。操作步骤如下。

（1）创建主窗口。创建一个自定义 JPanel，用于绘制彩虹色渐变圆环。

（2）自定义绘图面板。在自定义 JPanel 中绘制彩虹色圆环。

（3）添加动态颜色渐变效果。使用 Timer 实现颜色渐变效果，每隔 50 毫秒调整颜色。

（4）添加鼠标单击事件。添加鼠标单击事件，单击窗口时随机改变圆环的颜色。

（5）组装界面。将自定义绘图面板添加到主窗口，并显示窗口。

本示例的完整参考代码如下。

```java
import javax.swing.*;
import java.awt.*;
import java.awt.event.MouseAdapter;
import java.awt.event.MouseEvent;
import java.util.Random;

public class RainbowRingApp {

    public static void main(String[] args) {
        SwingUtilities.invokeLater(() -> {
            JFrame frame = new JFrame("动态彩虹圆环");
            frame.setDefaultCloseOperation(JFrame.EXIT_ON_CLOSE);
            frame.setSize(500, 500);
            frame.setLocationRelativeTo(null);

            RainbowRingPanel panel = new RainbowRingPanel();

            // 动态颜色渐变
            Timer timer = new Timer(50, e -> {
                float hue = (System.currentTimeMillis() % 10000) / 10000.0f;
                Color newColor = Color.getHSBColor(hue, 1.0f, 1.0f);
                panel.setColor(newColor);
            });
            timer.start();

            // 鼠标单击事件
            panel.addMouseListener(new MouseAdapter() {
                @Override
                public void mouseClicked(MouseEvent e) {
                    Random random = new Random();
                    // 生成随机颜色
```

```
                        Color randomColor = new Color(random.nextInt(256), random.nextInt(256), random.
nextInt(256));
                        panel.setColor(randomColor); // 更新颜色
                        panel.repaint(); // 强制重绘
                    }
                });

                frame.add(panel);
                frame.setVisible(true);
            });
        }
    }

    class RainbowRingPanel extends JPanel {
        private Color currentColor = Color.RED;

        @Override
        protected void paintComponent(Graphics g) {
            super.paintComponent(g);
            Graphics2D g2d = (Graphics2D) g;
            g2d.setRenderingHint(RenderingHints.KEY_ANTIALIASING, RenderingHints.VALUE_ANTIALIAS_ON);

            int centerX = getWidth() / 2;
            int centerY = getHeight() / 2;
            int outerRadius = 150;
            int lineWidth = 20;

            g2d.setColor(currentColor);
            g2d.setStroke(new BasicStroke(lineWidth));
            g2d.drawOval(centerX - outerRadius, centerY - outerRadius, 2 * outerRadius, 2 * outerRadius);
        }

        public void setColor(Color color) {
            this.currentColor = color;
            repaint(); // 调用 repaint 方法触发重新绘制
        }
    }
```

运行结果如图 15.12 所示。

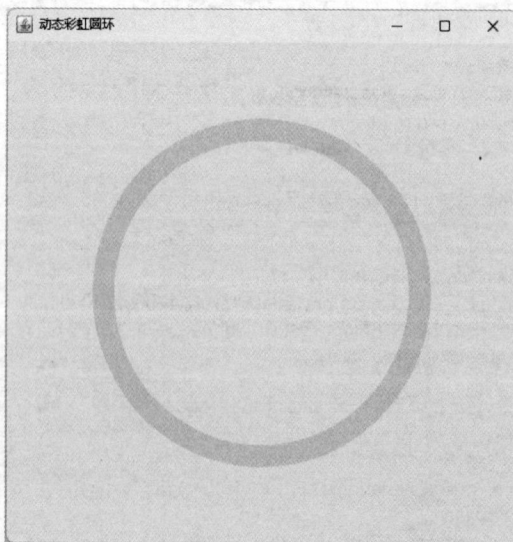

图 15.12 动态彩虹色圆环案例运行结果

第16章 推箱子游戏

Java 语言可以用于设计端游（客户端游戏），然而它在这一领域的普及程度不及 C++。主要原因在于 Java 运行于 JVM 之上导致的性能瓶颈和不可预测的垃圾回收延迟，这对实时性要求高的游戏来说是个问题。此外，主流游戏引擎如 Unity 和 Unreal Engine 不支持 Java，且其游戏开发生态系统和社区支持相对 C++ 和 C# 而言较为薄弱。但是，桌面游戏（如推箱子、贪吃蛇、俄罗斯方块等经典游戏）是可以用 Java 语言来编写的。本章将使用 Swing 和 AWT 编写一个推箱子游戏。

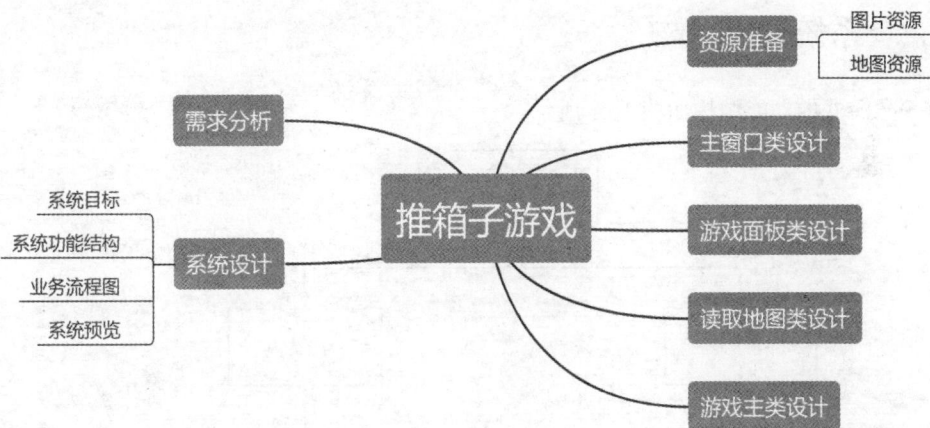

16.1 需求分析

推箱子游戏的目标是将所有箱子推到指定的目标位置，玩家通过控制角色在游戏地图上移动来实现这一目标。每个关卡可能有多个箱子和目标位置，玩家需要策略性地移动以确保每个箱子都能到达其对应的目标位置。具体功能需求如下。

- 游戏初始化：游戏开始时，应加载一个初始的游戏场景，包括墙壁、地面、箱子、目标点以及玩家。
- 玩家操作：玩家可以通过键盘的方向键（上、下、左、右）来控制角色的移动。角色只能沿着空旷的地面或目标点移动，不能穿过墙壁或其他障碍物。
- 箱子推动逻辑：当玩家尝试将角色移动至与箱子相邻的位置时，如果该方向的下一个格子为空或者为目标点，则可以将箱子推向那个位置；否则，角色不能移动也不能推动箱子。
- 胜利条件检测：每当一个箱子被推到目标点时，该目标点即被视为完成。当所有的箱子都位于各自的目标点时，触发胜利条件，并显示相应的提示信息。
- 游戏重置功能：提供重新开始当前关卡的功能，以便玩家可以尝试不同的解决方案或从错误中恢复。
- 选择关卡功能：可以自由选择关卡，避免玩家一直卡在一关过不去。

16.2 系 统 设 计

16.2.1 系统目标

　　系统的目标是创建一个功能完整、界面友好的推箱子游戏。该系统应能够支持玩家通过键盘控制游戏角色，将所有箱子推到指定位置，并在完成任务时给予反馈。此外，系统还应该易于扩展，以便未来添加新的关卡或特性。

16.2.2 系统功能结构

　　推箱子游戏的功能结构如图 16.1 所示。

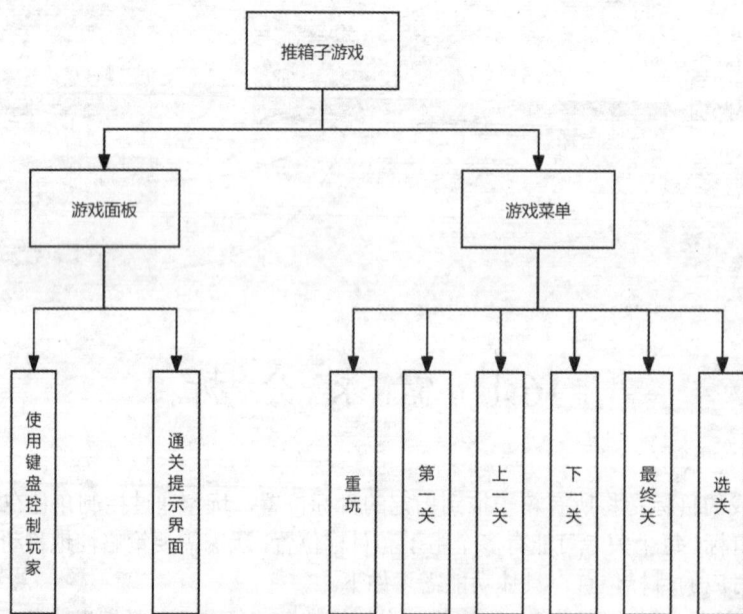

图 16.1　推箱子游戏功能结构图

16.2.3 业务流程图

　　推箱子游戏的业务流程如图 16.2 所示。

16.2.4 系统预览

　　推箱子游戏由三个界面组成，分别为游戏界面、选关界面和通关界面。运行程序后即可进入游戏界面，游戏界面效果如图 16.3 所示。在游戏界面可以通过键盘控制游戏角色，将所有箱子推到指定位置，通关时会弹出提示框，如图 16.4 所示。若玩家想自由选择关卡，也可以单击右侧菜单栏中的"选关"按钮，会弹出选关界面，如图 16.5 所示。

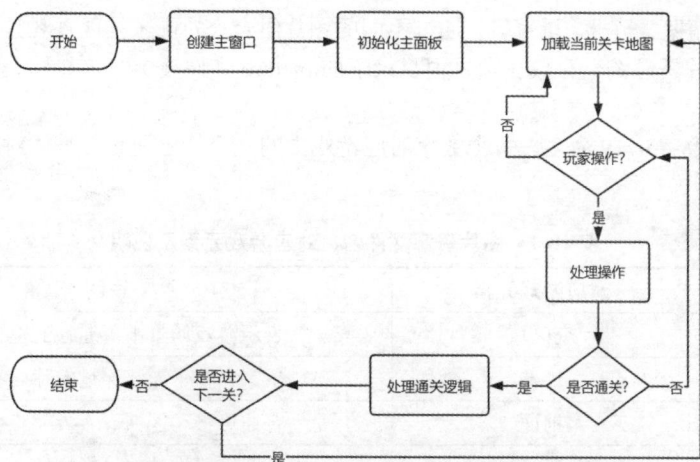

图 16.2　推箱子游戏业务流程图

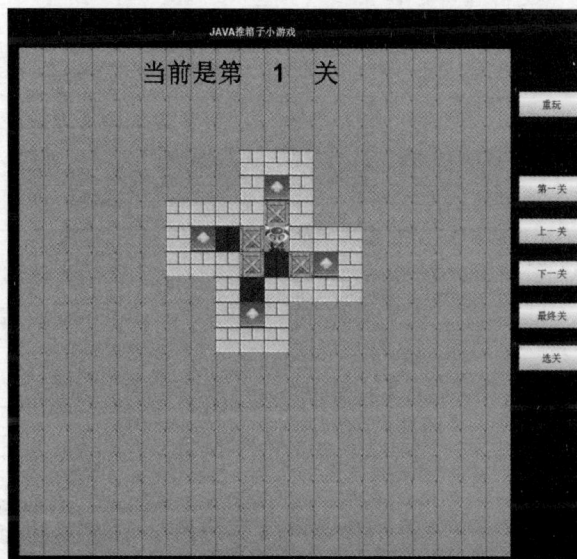

图 16.3　游戏界面

图 16.4　通关界面

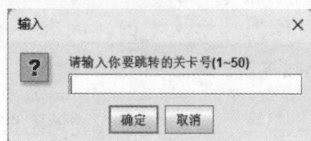

图 16.5　选关界面

16.3　资　源　准　备

16.3.1　图片资源

在推箱子游戏中，图片资源是构建游戏界面视觉效果的关键元素。这些图片用于表示游戏中的各种元素，如墙壁、箱子、玩家等，通过不同的图片组合，为玩家呈现直观且具有吸引力的游戏场景。所有图片资源统一存放在项目根目录下的 picture 文件夹中。该文件夹结构清晰，便于管理和维护。

图片资源以数字 0～9 命名，每个数字对应游戏中的一个特定元素，具体对应关系如表 16.1 所示。

表 16.1　图片资源文件名、对应游戏元素及说明

图片资源文件名	对应游戏元素	说明
0.gif	空区域	表示游戏场景中可通行的空白区域
1.gif	墙壁	玩家和箱子无法穿过的障碍物
2.gif	地面	普通可移动区域
3.gif	箱子	玩家需要推动的目标物体
4.gif	目标点	箱子需要被推到的位置
5.gif	玩家（默认方向）	玩家的初始状态
6.gif	玩家（向左移动）	玩家向左移动时的状态
7.gif	玩家（向右移动）	玩家向右移动时的状态
8.gif	玩家（向上移动）	玩家向上移动时的状态
9.gif	箱子在目标点上	表示箱子已经被推到目标位置

若需要替换或扩展图片资源，只需将新的图片文件按照上述命名规则放置在 picture 文件夹中，并确保图片格式为 .gif。同时，若要增加新的游戏元素和对应的图片，需要在代码中相应地修改图片加载和绘制逻辑。

16.3.2　地图资源

地图资源定义了游戏中每个关卡的布局和元素分布。每个关卡的地图由一个二维数字矩阵表示，通过不同的数字组合来描述墙壁、箱子、目标点和玩家的初始位置等信息。地图资源存放在项目根目录下的 maps 文件夹中，每个关卡对应一个以关卡编号命名的 .map 文件，例如 1.map 表示第一关的地图。

.map 文件为纯文本文件，内容是一个 20×20 的数字矩阵，每个数字代表一个特定的游戏元素，具体含义如表 16.2 所示。

表 16.2　地图资源文件中数字、对应游戏元素及说明

数字	对应游戏元素	说明
0	空区域	可通行的空白区域
1	墙壁	玩家和箱子无法穿过的障碍物
2	地面	普通可移动区域
3	箱子	玩家需要推动的目标物体
4	目标点	箱子需要被推到的位置
5	玩家	玩家的初始位置
9	箱子在目标点上	表示箱子已经被推到目标位置

若要创建新的关卡，只需在 maps 文件夹中创建一个新的 .map 文件，并按照上述格式编写地图数据。若要修改现有关卡，直接编辑对应的 .map 文件即可。修改完成后，游戏在加载该关卡时会自动使用新的地图数据。

16.4　主窗口类设计

1. 设计思路

MainFrame 类继承自 JFrame 并实现了 ActionListener 接口，主要负责创建和管理推箱子游戏的主窗口。其设计思路基于模块化和事件驱动的原则，将窗口的各个组件（如菜单、按钮、标签等）的创建和管理封装在不同的方法中。主窗口类的整体结构如下。

（1）窗口初始化：在构造函数中完成窗口的基本设置，如标题、大小、位置、关闭操作等，并创建和添加各种组件。

（2）组件创建：将菜单、标签和按钮的创建分别封装在独立的方法中，使代码结构清晰。

（3）事件处理：通过 actionPerformed 方法处理用户的操作事件，根据事件源执行相应的操作，如重新开始游戏、切换关卡、退出游戏等。

2. 代码实现

（1）类定义和成员变量声明的示例代码如下：

```
class MainFrame extends JFrame implements ActionListener {
    private JLabel gameInfoLabel;    // 显示游戏信息的标签
    // 各种操作按钮
    private JButton restartButton, previousLevelButton, nextLevelButton, chooseLevelButton, firstLevelButton,
    lastLevelButton;
    private MainPanel mainPanel;    // 游戏主面板
    // 菜单中的菜单项
    private MenuItem restartMenuItem, previousLevelMenuItem, nextLevelMenuItem, chooseLevelMenuItem,
    exitMenuItem, aboutAuthorMenuItem;
}
```

- JLabel gameInfoLabel：用于显示游戏的相关信息，如游戏名称、版本等。
- JButton 系列按钮：包括重玩、上一关、下一关、选关、第一关、最终关等操作按钮。
- MainPanel mainPanel：游戏的主面板，负责游戏的绘制和玩家操作的处理。
- MenuItem 系列菜单项：对应菜单中的各个选项，如重新开始、上一关、下一关、选关、退出、关于作者等。

（2）构造函数的示例代码如下：

```
public MainFrame() {
super("推箱子小游戏");                              // 设置窗口标题
setSize(720, 720);                                 // 设置窗口大小
setVisible(true);                                  // 显示窗口
setResizable(false);                               // 禁止调整窗口大小
setLocation(300, 20);                              // 设置窗口位置
setDefaultCloseOperation(JFrame.EXIT_ON_CLOSE);    // 设置窗口关闭操作

Container contentPane = getContentPane();          // 获取窗口的内容面板
contentPane.setLayout(null);                       // 设置内容面板的布局为绝对布局
contentPane.setBackground(Color.black);            // 设置内容面板的背景颜色为黑色

createMenus();                                      // 创建菜单
createLabel();                                      // 创建标签
```

```
    createButtons();                                          // 创建按钮

    mainPanel = new MainPanel();                              // 创建主面板实例
    add(mainPanel);                                           // 将主面板添加到内容面板
    mainPanel.initializeLevel(mainPanel.getCurrentLevel());  // 初始化当前关卡
    mainPanel.requestFocus();                                 // 让主面板获取焦点
    validate();                                               // 验证布局
}
```

- 窗口基本设置：设置窗口的标题、大小、位置、关闭操作等，确保窗口的基本外观和行为符合要求。
- 内容面板设置：获取内容面板并设置布局为绝对布局，同时设置背景颜色为黑色。
- 组件创建：调用 createMenus、createLabel 和 createButtons 方法创建菜单、标签和按钮。
- 主面板创建与初始化：创建 MainPanel 实例并添加到内容面板，初始化当前关卡，让主面板获取焦点并验证布局。

（3）创建菜单方法 createMenus 的示例代码如下：

```
private void createMenus() {
    Menu choiceMenu = new Menu("    选择");                   // 创建"选择"菜单
    restartMenuItem = new MenuItem("    重新开始");           // 创建"重新开始"菜单项
    previousLevelMenuItem = new MenuItem("    上一关");       // 创建"上一关"菜单项
    nextLevelMenuItem = new MenuItem("    下一关");           // 创建"下一关"菜单项
    chooseLevelMenuItem = new MenuItem("    选关");           // 创建"选关"菜单项
    exitMenuItem = new MenuItem("    退出");                  // 创建"退出"菜单项

    // 将菜单项添加到"选择"菜单
    choiceMenu.add(restartMenuItem);
    choiceMenu.add(previousLevelMenuItem);
    choiceMenu.add(nextLevelMenuItem);
    choiceMenu.add(chooseLevelMenuItem);
    // 添加分隔线
    choiceMenu.addSeparator();
    choiceMenu.add(exitMenuItem);

    Menu helpMenu = new Menu("    帮助");                     // 创建"帮助"菜单
    aboutAuthorMenuItem = new MenuItem("    关于作者...");    // 创建"关于作者"菜单项
    helpMenu.add(aboutAuthorMenuItem);                       // 将"关于作者"菜单项添加到"帮助"菜单

    MenuBar menuBar = new MenuBar();                         // 创建菜单栏
    menuBar.add(choiceMenu);                                 // 将"选择"菜单添加到菜单栏
    menuBar.add(helpMenu);                                   // 将"帮助"菜单添加到菜单栏
    setMenuBar(menuBar);                                     // 设置窗口的菜单栏

    // 为菜单项添加事件监听器
    restartMenuItem.addActionListener(this);
    previousLevelMenuItem.addActionListener(this);
    nextLevelMenuItem.addActionListener(this);
    chooseLevelMenuItem.addActionListener(this);
    exitMenuItem.addActionListener(this);
    aboutAuthorMenuItem.addActionListener(this);
}
```

- 菜单创建：创建"选择"和"帮助"两个菜单，并添加相应的菜单项。
- 菜单栏设置：创建菜单栏并将两个菜单添加到菜单栏，最后将菜单栏设置为窗口的菜单栏。
- 事件监听：为每个菜单项添加事件监听器，确保用户单击菜单项时能触发相应的操作。

（4）创建标签方法 createLabel 的示例代码如下：

```
private void createLabel() {
    // 创建标签并设置显示内容和对齐方式
    gameInfoLabel = new JLabel("JAVA 推箱子小游戏", SwingConstants.CENTER);
    add(gameInfoLabel);                    // 将标签添加到窗口
```

```
gameInfoLabel.setBounds(100, 20, 400, 20);  // 设置标签的位置和大小
gameInfoLabel.setForeground(Color.white);   // 设置标签文字颜色为白色
}
```

- 标签创建：创建一个 JLabel 标签并设置显示内容和对齐方式。
- 标签添加与设置：将标签添加到窗口，设置其位置、大小和文字颜色。

（5）创建按钮方法 createButtons 的示例代码如下：

```
private void createButtons() {
    restartButton = new JButton("重玩");            // 创建"重玩"按钮
    previousLevelButton = new JButton("上一关");      // 创建"上一关"按钮
    nextLevelButton = new JButton("下一关");          // 创建"下一关"按钮
    chooseLevelButton = new JButton("选关");          // 创建"选关"按钮
    firstLevelButton = new JButton("第一关");         // 创建"第一关"按钮
    lastLevelButton = new JButton("最终关");          // 创建"最终关"按钮

    // 将按钮添加到窗口
    add(restartButton);
    add(previousLevelButton);
    add(nextLevelButton);
    add(chooseLevelButton);
    add(firstLevelButton);
    add(lastLevelButton);

    // 设置按钮的位置和大小，并添加事件监听器
    setButtonProperties(restartButton, 625, 100);
    setButtonProperties(firstLevelButton, 625, 200);
    setButtonProperties(previousLevelButton, 625, 250);
    setButtonProperties(nextLevelButton, 625, 300);
    setButtonProperties(lastLevelButton, 625, 350);
    setButtonProperties(chooseLevelButton, 625, 400);
}
```

- 按钮创建：创建重玩、上一关、下一关、选关、第一关、最终关等按钮。
- 按钮添加与设置：将按钮添加到窗口，并调用 setButtonProperties 方法设置按钮的位置、大小和事件监听器。

（6）设置按钮属性方法 setButtonProperties 的示例代码如下：

```
private void setButtonProperties(JButton button, int x, int y) {
    // 设置按钮的位置和大小
    button.setBounds(x, y, 80, 30);
    // 为按钮添加事件监听器
    button.addActionListener(this);
}
```

- 按钮位置和大小设置：使用 setBounds 方法设置按钮的位置和大小。
- 事件监听：为按钮添加事件监听器，确保用户单击按钮时能触发相应的操作。

（7）事件处理方法 actionPerformed 的示例代码如下：

```
@Override
public void actionPerformed(ActionEvent e) {
    if (e.getSource() == restartButton || e.getSource() == restartMenuItem) {
        // 重新开始当前关卡
        restartLevel();
    } else if (e.getSource() == previousLevelButton || e.getSource() == previousLevelMenuItem) {
        // 切换到上一关
        changeLevel(-1);
    } else if (e.getSource() == nextLevelButton || e.getSource() == nextLevelMenuItem) {
        // 切换到下一关
        changeLevel(1);
    } else if (e.getSource() == exitMenuItem) {
        // 退出游戏
        System.exit(0);
    } else if (e.getSource() == aboutAuthorMenuItem) {
```

```
            // 显示关于作者信息
            showAuthorInfo();
        } else if (e.getSource() == chooseLevelButton || e.getSource() == chooseLevelMenuItem) {
            // 选择关卡
            chooseLevel();
        } else if (e.getSource() == firstLevelButton) {
            // 跳转到第一关
            goToLevel(1);
        } else if (e.getSource() == lastLevelButton) {
            // 跳转到最后一关
            goToLevel(mainPanel.getMaxLevel());
        }
}
```

- 事件判断：根据事件源判断用户的操作，调用相应的方法执行具体操作。
- 操作方法调用：调用 restartLevel、changeLevel、showAuthorInfo、chooseLevel、goToLevel 等方法完成重新开始、切换关卡、显示作者信息、选择关卡等操作。

（8）其他操作方法的示例代码如下：

```
private void restartLevel() {
    // 初始化当前关卡
    mainPanel.initializeLevel(mainPanel.getCurrentLevel());
    // 让主面板获取焦点
    mainPanel.requestFocus();
}

private void changeLevel(int offset) {
    // 获取当前关卡
    int currentLevel = mainPanel.getCurrentLevel();
    // 计算新的关卡
    int newLevel = currentLevel + offset;
    if (newLevel < 1 || newLevel > mainPanel.getMaxLevel()) {
        // 如果超出关卡范围，显示提示信息
        showLevelLimitMessage(offset);
        // 让主面板获取焦点
        mainPanel.requestFocus();
    } else {
        // 设置新的关卡
        mainPanel.setCurrentLevel(newLevel);
        // 初始化新的关卡
        mainPanel.initializeLevel(newLevel);
        // 让主面板获取焦点
        mainPanel.requestFocus();
    }
}

private void showLevelLimitMessage(int offset) {
    // 根据偏移量判断提示信息
    String message = offset < 0 ? "这是第一关" : "这是最后一关";
    // 显示提示对话框
    JOptionPane.showMessageDialog(this, message);
}

private void showAuthorInfo() {
    // 显示关于作者的对话框
    JOptionPane.showMessageDialog(this, "JAVA 推箱子小游戏\n 作者：王辰飞");
}

private void chooseLevel() {
    // 弹出输入框，让用户输入要跳转的关卡号
    String levelInput = JOptionPane.showInputDialog(this, "请输入你要跳转的关卡号(1~50)");
    try {
        // 将输入的字符串转换为整数
        int targetLevel = Integer.parseInt(levelInput);
        if (targetLevel > mainPanel.getMaxLevel() || targetLevel < 1) {
            // 如果输入的关卡号超出范围，显示提示信息
```

```
            JOptionPane.showMessageDialog(this, "没有这一关，请重新输入");
            // 让主面板获取焦点
            mainPanel.requestFocus();
        } else {
            // 设置新的关卡
            mainPanel.setCurrentLevel(targetLevel);
            // 初始化新的关卡
            mainPanel.initializeLevel(targetLevel);
            // 让主面板获取焦点
            mainPanel.requestFocus();
        }
    } catch (NumberFormatException ex) {
        // 如果输入的不是有效的数字，显示提示信息
        JOptionPane.showMessageDialog(this, "输入无效，请输入有效的数字");
        // 让主面板获取焦点
        mainPanel.requestFocus();
    }
}

private void goToLevel(int level) {
    // 设置新的关卡
    mainPanel.setCurrentLevel(level);
    // 初始化新的关卡
    mainPanel.initializeLevel(level);
    // 让主面板获取焦点
    mainPanel.requestFocus();
}
```

- restartLevel：重新开始当前关卡，调用 MainPanel 的 initializeLevel 方法初始化当前关卡，并让主面板获取焦点。

- changeLevel：根据偏移量切换关卡，检查新关卡是否超出范围，若超出则显示提示信息，否则设置新关卡并初始化。

- showLevelLimitMessage：根据偏移量显示关卡范围限制的提示信息。

- showAuthorInfo：显示关于作者的信息。

- chooseLevel：弹出输入框让用户输入要跳转到的关卡号，验证输入的合法性，若合法则设置新关卡并初始化。

- goToLevel：跳转到指定关卡，设置新关卡并初始化。

16.5 游戏面板类设计

1. 设计思路

MainPanel 类继承自 JPanel 并实现了 KeyListener 接口，它是推箱子游戏的核心面板，负责游戏的绘制和玩家操作的处理。主要设计思路如下。

1）数据管理

- 地图数据：使用二维数组 gameMap 和 originalMap 分别存储当前游戏地图和原始游戏地图。originalMap 用于记录关卡的初始布局，特别是目标位置，而 gameMap 则实时反映游戏的当前状态。

- 玩家位置：使用 playerX 和 playerY 记录玩家在地图上的当前坐标。

- 图片资源：使用 Image 数组 gameImages 存储游戏中用到的图片资源，根据地图数组中的元素值来绘制相应的图片。

- 关卡信息：使用 currentLevel 记录当前游戏的关卡号，MAX_LEVEL 表示游戏的最大关

卡数。

2）初始化与绘制

- 初始化：在构造函数中初始化面板的大小、背景颜色、键盘事件监听器以及图片资源。在 initializeLevel 方法中根据当前关卡号读取地图文件，初始化地图数组和玩家位置，并触发面板重绘。

- 绘制：重写 paint 方法，根据 gameMap 数组中的元素值，使用 gameImages 数组中的图片绘制游戏地图。同时，在面板上显示当前关卡信息。

3）玩家操作处理

- 键盘事件监听：实现 KeyListener 接口的 keyPressed 方法，根据用户按下的方向键（上、下、左、右）调用 movePlayer 方法来移动玩家。

- 移动逻辑：在 movePlayer 方法中，根据目标位置的地图元素值判断是否可以移动玩家或推动箱子。如果可以移动，更新 gameMap 数组和玩家位置，并触发面板重绘。

4）关卡通关判断与处理

- 通关判断：在 isLevelCleared 方法中，遍历 originalMap 数组中的目标位置，检查 gameMap 数组中对应位置是否都有箱子。如果都有箱子，则表示当前关卡通关。

- 通关处理：在 handleLevelCleared 方法中，根据当前关卡号判断是否为最后一关。如果是最后一关，显示通关信息；否则，提示用户是否进入下一关。

2. 功能代码实现

（1）类定义与成员变量的示例代码如下：

```java
class MainPanel extends JPanel implements KeyListener {
    // 最大关卡数
    private static final int MAX_LEVEL = 50;
    // 游戏地图数组
    private int[][] gameMap, originalMap;
    // 玩家的 x 和 y 坐标
    private int playerX, playerY;
    // 游戏图片数组
    private Image[] gameImages;
    // 当前关卡的地图读取器
    private MapReader currentLevelMapReader;
    // 原始关卡的地图读取器
    private MapReader originalLevelMapReader;
    // 图片的长度
    private static final int IMAGE_LENGTH = 30;
    // 当前关卡号
    private int currentLevel = 1;
}
```

（2）构造函数的示例代码如下：

```java
/**
 * 主面板构造函数，初始化面板和图片资源
 */
public MainPanel() {
    // 设置面板的位置和大小
    setBounds(15, 50, 600, 600);
    // 设置面板的背景颜色为白色
    setBackground(Color.white);
    // 添加键盘事件监听器
    addKeyListener(this);
    // 初始化图片数组
    gameImages = new Image[10];
    for (int i = 0; i < 10; i++) {
        // 加载图片资源
```

```
        gameImages[i] = Toolkit.getDefaultToolkit().getImage("pic\\" + i + ".gif");
    }
    // 显示面板
    setVisible(true);
}
```

（3）关卡初始化方法的示例代码如下：

```
/**
 * 初始化指定关卡的游戏
 * @param level 要初始化的关卡号
 */
public void initializeLevel(int level) {
    // 创建当前关卡的地图读取器
    currentLevelMapReader = new MapReader(level);
    // 创建原始关卡的地图读取器
    originalLevelMapReader = new MapReader(level);
    // 获取当前关卡的地图数组
    gameMap = currentLevelMapReader.getMap();
    // 获取玩家的初始 x 坐标
    playerX = currentLevelMapReader.getPlayerX();
    // 获取玩家的初始 y 坐标
    playerY = currentLevelMapReader.getPlayerY();
    // 获取原始关卡的地图数组
    originalMap = originalLevelMapReader.getMap();
    // 重绘面板
    repaint();
}
```

- 创建 MapReader 对象，读取当前关卡和原始关卡的地图文件。
- 获取地图数组和玩家初始位置。
- 触发面板重绘，更新游戏界面。

（4）绘制方法的示例代码如下：

```
/**
 * 绘制面板内容，包括地图和当前关卡信息
 * @param g 图形对象
 */
@Override
public void paint(Graphics g) {
    // 调用父类的 paint 方法
    super.paint(g);
    for (int i = 0; i < 20; i++) {
        for (int j = 0; j < 20; j++) {
            // 根据地图数组绘制图片
            g.drawImage(gameImages[gameMap[j][i]], i * IMAGE_LENGTH, j * IMAGE_LENGTH, this);
        }
    }
    // 设置文字颜色为黑色
    g.setColor(new Color(0, 0, 0));
    // 设置字体
    g.setFont(new Font("宋体_2312", Font.BOLD, 30));
    // 绘制当前关卡信息
    g.drawString("当前是第", 150, 40);
    g.drawString(String.valueOf(currentLevel), 310, 40);
    g.drawString("关", 360, 40);
}
```

- 调用父类的 paint 方法。
- 根据 gameMap 数组中的元素值，使用 gameImages 数组中的图片绘制游戏地图。
- 设置文字颜色和字体，在面板上显示当前关卡信息。

（5）键盘事件处理方法的示例代码如下：

```
/**
```

```
 * 处理键盘按下事件，根据按键执行相应操作
 * @param e 键盘事件对象
 */
@Override
public void keyPressed(KeyEvent e) {
    switch (e.getKeyCode()) {
        case KeyEvent.VK_UP:
            // 按下上方向键，执行向上移动操作
            movePlayer(0, -1);
            break;
        case KeyEvent.VK_DOWN:
            // 按下下方向键，执行向下移动操作
            movePlayer(0, 1);
            break;
        case KeyEvent.VK_LEFT:
            // 按下左方向键，执行向左移动操作
            movePlayer(-1, 0);
            break;
        case KeyEvent.VK_RIGHT:
            // 按下右方向键，执行向右移动操作
            movePlayer(1, 0);
            break;
    }
    if (isLevelCleared()) {
        // 如果当前关卡已通关，处理通关逻辑
        handleLevelCleared();
    }
}
```

● 根据用户按下的方向键（上、下、左、右）调用 movePlayer 方法来移动玩家。

● 检查当前关卡是否通关，如果通关则调用 handleLevelCleared 方法进行处理。

（6）玩家移动方法的示例代码如下：

```
/**
 * 移动玩家
 * @param dx x 方向的偏移量
 * @param dy y 方向的偏移量
 */
private void movePlayer(int dx, int dy) {
    // 计算玩家移动后的新 x 坐标
    int newX = playerX + dx;
    // 计算玩家移动后的新 y 坐标
    int newY = playerY + dy;
    // 获取玩家目标位置的地图元素
    int targetCell = gameMap[newY][newX];

    // 如果目标位置是可通行区域（值为 2）或者是目标点（值为 4）
    if (targetCell == 2 || targetCell == 4) {
        // 调用更新玩家位置的方法
        updatePlayerPosition(newX, newY, dx, dy);
    }
    // 如果目标位置是箱子（值为 3）或者是已推到目标点的箱子（值为 9）
    else if (targetCell == 3 || targetCell == 9) {
        // 计算箱子移动后的新 x 坐标
        int nextX = newX + dx;
        // 计算箱子移动后的新 y 坐标
        int nextY = newY + dy;
        // 获取箱子目标位置的地图元素
        int nextCell = gameMap[nextY][nextX];
        // 如果箱子的目标位置是可通行区域（值为 2）或者目标点（值为 4）
        if (nextCell == 2 || nextCell == 4) {
            // 调用移动箱子的方法
```

```
            moveBox(newX, newY, nextX, nextY);
            // 调用更新玩家位置的方法
            updatePlayerPosition(newX, newY, dx, dy);
        }
    }
    // 重绘面板，更新界面显示
    repaint();
}
```

- 计算新位置：根据当前玩家的位置（playerX 和 playerY）以及输入的偏移量（dx 和 dy），计算玩家移动后的新位置（newX 和 newY）。
- 判断目标位置：获取玩家目标位置的地图元素 targetCell，根据其值进行不同的处理。
- 更新界面：无论玩家是否成功移动，最后都会调用 repaint()方法重绘面板，以更新界面显示。

（7）更新玩家位置方法的示例代码如下：

```
/**
 * 更新玩家的位置
 * @param newX 玩家新的 x 坐标
 * @param newY 玩家新的 y 坐标
 * @param dx x 方向的偏移量
 * @param dy y 方向的偏移量
 */
private void updatePlayerPosition(int newX, int newY, int dx, int dy) {
    // 根据原始地图判断玩家当前位置是否为目标点，如果是则更新为目标点（值为 4），否则更新为可通行
    区域（值为 2）
    gameMap[playerY][playerX] = originalMap[playerY][playerX] == 4 || originalMap[playerY][playerX] == 9 ?
4 : 2;
    // 更新玩家的 x 坐标
    playerX = newX;
    // 更新玩家的 y 坐标
    playerY = newY;
    // 根据移动方向获取对应的玩家图片索引，并更新到地图中
    gameMap[playerY][playerX] = getPlayerDirectionImageIndex(dx, dy);
}
```

- 根据原始地图更新玩家当前位置的地图元素值。
- 更新玩家的坐标。
- 根据移动方向更新玩家新位置的地图元素值。

（8）根据移动方向获取玩家图片索引方法的示例代码如下：

```
/**
 * 根据移动方向获取玩家的图片索引
 * @param dx x 方向的偏移量
 * @param dy y 方向的偏移量
 * @return 玩家的图片索引
 */
private int getPlayerDirectionImageIndex(int dx, int dy) {
    if (dx == 0 && dy == -1) return 8;
    if (dx == 0 && dy == 1) return 5;
    if (dx == -1 && dy == 0) return 6;
    if (dx == 1 && dy == 0) return 7;
    return 8;
}
```

根据玩家的移动方向（上、下、左、右）返回对应的图片索引。

（9）移动箱子方法的示例代码如下：

```
/**
```

```
 * 移动箱子
 * @param boxX 箱子的 x 坐标
 * @param boxY 箱子的 y 坐标
 * @param nextX 箱子的下一个 x 坐标
 * @param nextY 箱子的下一个 y 坐标
 */
private void moveBox(int boxX, int boxY, int nextX, int nextY) {
    // 根据移动方向更新箱子位置的地图元素
    gameMap[boxY][boxX] = getPlayerDirectionImageIndex(nextX - boxX, nextY - boxY);
    // 根据目标位置的地图元素更新箱子的下一个位置的地图元素
    gameMap[nextY][nextX] = gameMap[nextY][nextX] == 4 ? 9 : 3;
}
```

● 根据箱子的移动方向更新箱子当前位置的地图元素值。
● 根据目标位置的地图元素值更新箱子的下一个位置的地图元素值。

（10）通关判断方法的示例代码如下：

```
/**
 * 判断当前关卡是否已通关
 * @return 如果通关则返回 true，否则返回 false
 */
public boolean isLevelCleared() {
    for (int i = 0; i < 20; i++) {
        for (int j = 0; j < 20; j++) {
            if ((originalMap[i][j] == 4 || originalMap[i][j] == 9) && gameMap[i][j] != 9) {
                // 如果存在目标位置没有箱子，返回 false
                return false;
            }
        }
    }
    // 所有目标位置都有箱子，返回 true
    return true;
}
```

遍历 originalMap 数组中的目标位置，检查 gameMap 数组中对应位置是否都有箱子。如果存在目标位置没有箱子，则返回 false；否则返回 true。

（11）通关处理方法的示例代码如下：

```
/**
 * 处理关卡通关逻辑
 */
private void handleLevelCleared() {
    if (currentLevel == MAX_LEVEL) {
        // 如果是最后一关，显示通关信息
        JOptionPane.showMessageDialog(this, "恭喜你通关最后一关，游戏结束");
    } else {
        // 提示用户是否进入下一关
        String msg = "恭喜你通过第" + currentLevel + "关!!!\n 是否要进入下一关？ ";
        int choice = JOptionPane.showConfirmDialog(null, msg, "提示", JOptionPane.YES_NO_OPTION);
        if (choice == JOptionPane.YES_OPTION) {
            // 用户选择进入下一关，更新关卡号并初始化新关卡
            currentLevel++;
            initializeLevel(currentLevel);
        } else {
            // 用户选择不进入下一关，退出游戏
            System.exit(0);
        }
    }
}
```

● 如果当前关卡是最后一关，显示通关信息。

● 否则，提示用户是否进入下一关。如果用户选择进入下一关，则更新关卡号并调用 initializeLevel()方法初始化新关卡；否则，退出游戏。

16.6 读取地图类设计

1. 设计思路

MapReader 类的主要功能是读取指定关卡的地图文件，并将文件内容解析为二维数组形式的地图数据，同时记录玩家的初始位置。具体设计思路如下。

● 封装性：将地图文件的读取和解析操作封装在一个独立的类中，提高代码的可维护性和可复用性。

● 灵活性：通过传入关卡号作为参数，支持读取不同关卡的地图文件。

● 异常处理：在读取文件过程中，使用 try-with-resources 语句确保资源的正确关闭，并捕获可能出现的 IOException 异常，增强程序的健壮性。

2. 代码实现

（1）类的定义和成员变量的示例代码如下：

```
class MapReader {
    // 关卡号
    private int level;
    // 玩家的 x 坐标
    private int playerX;
    // 玩家的 y 坐标
    private int playerY;
    // 地图数组
    private int[][] map = new int[20][20];
}
```

● level：用于存储要读取的关卡号。

● playerX 和 playerY：分别存储玩家在地图中的初始 x 坐标和 y 坐标。

● map：一个 20×20 的二维整数数组，用于存储解析后的地图数据。

（2）构造函数的示例代码如下：

```
/**
 * 地图读取类构造函数，读取指定关卡的地图文件
 * @param level 要读取的关卡号
 */
public MapReader(int level) {
    this.level = level;
    try (BufferedReader reader = new BufferedReader(new FileReader("maps\\" + level + ".map"))) {
        StringBuilder content = new StringBuilder();
        String line;
        while ((line = reader.readLine()) != null) {
            // 逐行读取文件内容
            content.append(line);
        }
        int[] contentArray = new int[content.length()];
        for (int i = 0; i < content.length(); i++) {
            // 将字符转换为整数
            contentArray[i] = content.charAt(i) - '0';
        }
        int index = 0;
        for (int i = 0; i < 20; i++) {
```

```
            for (int j = 0; j < 20; j++) {
                // 将一维数组转换为二维数组
                map[i][j] = contentArray[index];
                if (map[i][j] == 5) {
                    // 找到玩家的初始位置
                    playerX = j;
                    playerY = i;
                }
                index++;
            }
        }
    } catch (IOException e) {
        // 处理文件读取异常
        e.printStackTrace();
    }
}
```

功能实现如下：

①使用 BufferedReader 和 FileReader 打开指定关卡的地图文件。

②逐行读取文件内容，并将其存储在 StringBuilder 中。

③将 StringBuilder 中的内容转换为一维整数数组 contentArray。

④遍历一维数组，将其转换为 20×20 的二维数组 map。

⑤在转换过程中，查找值为 5 的元素，该元素表示玩家的初始位置，记录其 x 坐标和 y 坐标。

⑥使用 try-with-resources 语句确保 BufferedReader 和 FileReader 在使用完毕后自动关闭。

⑦捕获 IOException 异常，并打印异常堆栈信息。

（3）调用 getMap()方法的示例代码如下：

```
/**
 * 获取地图数组
 * @return 地图数组
 */
public int[][] getMap() {
    return map;
}
```

● 功能：返回解析后的二维地图数组。

● 返回值： int[][] 类型的二维数组，表示地图数据。

（4）调用 getPlayerX()方法的示例代码如下：

```
/**
 * 获取玩家的 x 坐标
 * @return 玩家的 x 坐标
 */
public int getPlayerX() {
    return playerX;
}
```

● 功能：返回玩家的初始 x 坐标。

● 返回值：int 类型的整数，表示玩家的初始 x 坐标。

（5）调用 getPlayerY()方法的示例代码如下：

```
/**
 * 获取玩家的 y 坐标
 * @return 玩家的 y 坐标
 */
public int getPlayerY() {
    return playerY;
}
```

- 功能：返回玩家的初始 y 坐标。
- 返回值：int 类型的整数，表示玩家的初始 y 坐标。

16.7 游戏主类设计

SokobanGame 类是整个推箱子游戏的入口点，它的主要作用是启动游戏。在 Java 程序中，main()方法是程序的入口，当运行 Java 程序时，JVM 会自动调用 main()方法。因此，SokobanGame 类的设计思路就是定义一个 main()方法，在该方法中创建游戏的主窗口实例，从而启动整个游戏。

```java
/**
 * 推箱子游戏主类，包含程序入口
 */
public class SokobanGame {
    /**
     * 程序入口，创建主窗口实例
     * @param args 命令行参数
     */
    public static void main(String[] args) {
        new MainFrame();
    }
}
```